これならわかる ─400点以上の図，写真による詳細解説─

# 道路橋の点検

一般財団法人 首都高速道路技術センター 編

書籍のコピー，スキャン，デジタル化等による複製は，
著作権法上での例外を除き禁じられています．

# 刊行に寄せて

　一般財団法人首都高速道路技術センターは，道路に関する技術の総合的な調査，試験，研究および技術開発を行うために設立されました．その中でも道路の点検，健全度診断や維持管理システム開発には特に力を注いできています．

　首都高速道路は1962年（昭和37年）に京橋〜芝浦間4.5kmが開通以来，2015年（平成27年）に中央環状線が全線完成し，53年を経て供用延長は310kmに達しました．この間首都圏の大動脈として重要な役割を果たしてきましたが，交通量の増加や交通荷重の増大によってその大部分が構造物（約80〜90%）である道路ストックは酷使を重ね老朽化が著しく進行してきています．

　道路の使命は，安全で快適かつ信頼されるサービスを常に提供することにあります．そのためには，道路ストックのメンテナンス（維持管理，更新あるいは保全，長寿命化）は不可欠であり，点検，診断，措置，記録のメンテナンスサイクルを途切れることなく繰り返すことが重要となります．その際必要とされるメンテナンスの技術革新とその確立は近年，「メンテナンス元年」と言われるように始まったところであり，今が技術の育成という観点から極めて重要な時と言えましょう．

　今般，社会インフラメンテナンスに関して，重大な事故が生じるなどの厳しい状況を受けて，道路法等の改正がなされ，道路の維持，点検，措置を講じることが義務化されました．さらに，国土交通省令や告示により，技術を有する者の近接目視による5年に1度の定期点検および健全度診断を4段階で判定することが規定され，引き続いて構造物ごとに具体的な点検方法を定めた「点検要領」が公表されました．また，時を同じくして日本道路協会からも「道路橋点検必携」が刊行されています．

　本書は，急激に変化した時代を通して多種，多様で複雑な構造物を多数管理してきた首都高速道路の関係者が，永年のメンテナンス現場における実務から得た知見に基づき，点検のための既存データの分析，現地踏査，点検計画の策定，点検作業の実務，正確な報告，記録について取りまとめた現場の書であり，経験知の書であります．

　道路の点検はメンテナンスの原点であり，メンテナンスの命を支配するものです．全国の市町村道から高速道路まで含めた点検に携わる多くの技術者にとって，本書は現場の現象を正確に把握し，正しい診断を可能にする書として役立つことを期待しています．

元土木学会会長　橋本　鋼太郎

# 推薦に寄せて

　本書は，プロのためにプロが書いた道路橋の点検に関する本質的な技術の手引き書です．したがって橋梁の技術に関してプロとして携わった経験のある読者にとって，本書は極めて明快に重要なポイントが書かれており，読みやすく，また，論理的にも十分に納得しながら最新の道路橋点検技術を楽しく学べる本と言えます．本書で取り上げた点検の対象となる道路橋は数十年間の供用の経歴を持つものが多いでしょうが，それらに加えて最近供用したばかりの巨大な東京ゲートブリッジの点検技術も示されており，本書を読みながら橋梁技術の最先端を学ぶこともできます．

　一方，鋼構造やコンクリート構造の設計施工，維持管理に経験の乏しい読者にとっては，本書は小説を読むような訳にはいかない高度な専門書といえます．なぜかというと専門用語が次々と出てきて文章の意味を理解するには用語の意味から学ばなければなりません．しかし，このような読者の方は用語の意味にこだわることなく読み飛ばし，肝心の点検のところを先ず熟読されることをお勧めします．知らない用語などは，そのうちに耳学問や研修などで学ぶことができますし，しばらく経験を積んでから本書を読み直していただくとすっきりと読みやすくなると思います．本書がすらすらと読めるようになった時，点検技術者として一人前になった証となります．

　橋梁の点検は橋梁の診断にとっての必須な情報です．アナロジー（類似）的に考えるならば，橋梁の目視点検は医者の問診のようなものですが，決定的に異なることとして橋梁は人間のような生き物ではないということです．したがって，橋梁の点検者は医師の役割と検査される側の橋梁の両者になったつもりで人間の五感と神経とを働かせて業務に当たることになります．点検の結果を反映させて診断を行うことになりますが，橋梁には多くのタイプがありますし供用年数も異なります．また，構成されている材料や部材も千差万別です．さらに環境や荷重作用も路線や橋梁ごとに大きく異なります．したがって，点検の対象となる橋梁の特徴を的確に把握してどの部位の点検が重要であるかをあらかじめ知っていなければなりません．一方，橋梁の特徴を知るには橋梁の新設時の設計図書の検討も重要です．

　現代医学のもとでの健康診断によって人間は相当に健康で長寿命になりました．定期的な健康診断が成人病などへの早期な対処を可能にしたからです．道路橋が安全・安心なインフラとしての機能を十分果たすべく，社会がようやく橋梁の点検業務の重要性を認識し始めました．本書の読者の方々がプロとして本書を学び，橋梁の健全な供用に寄与して社会の持続的発展に貢献されることを切に期待します．

横浜国立大学名誉教授　池田　尚治

# 発刊に寄せて

　点検は構造物の維持管理の原点です．的確な点検があってはじめて診断が可能となります．経年の進んだ構造物のメンテナンスは人間の成人病対策と同じであり，点検は人間ドックに当たります．言うまでもありませんが，的確な点検の実施には，構造物にどのような損傷が現れるのか，その兆候は，などについて十分な知識が必要です．「点検が適切ではなかったからこのような事故につながった」はしばしば聞こえてくる声です．そのとおりと思います．2013年の道路法の改正は，そのような状況の抜本的な解決を目指しています．そこでは「点検は5年に一度，高い技術を有する者による近接目視」が規定されています．

　それでは「高い技術を有する者」をどのように育成すればよいのでしょうか．今までは，構造物の維持管理，特に点検が重視されてきたとは言えず，点検員に高度な技術を有することが必要とも認識されてきませんでした．したがって，点検員の育成やそのためのテキスト，資格制度など，すべてがこれからの課題となっています．

　本書は首都高速グループの点検の経験が結集されています．特に，鋼構造物に生じる特徴的な損傷である疲労に関しては，道路橋示方書では2002年までは考慮しなくてよい，とされてきました．本文に含まれたのは2012年からです．疲労に配慮せずに設計され，製作され，維持管理されてきた構造物に，今後，何が生じるか，予想もできません．

　首都高速道路では，開通して初期の桁端の切欠き部，横桁や対傾構を取り付けた垂直補剛材の上端部，支承部ソールプレートの端部，鋼製橋脚の隅角部，横桁仕口や横構ガセットの端部，鋼床版など，様々な疲労損傷が発生しています．疲労損傷への対応に関しては，本書を執筆したグループは，わが国のトップ集団です．また，そのような評価から，首都高速以外の道路構造物についての点検や診断も行ってきており，本書の内容も幅の広いものになっています．

　これからの維持管理において一貫している考え方は，従来の，道路の劣化が進行してから修繕を行う「事後対応型，対症療法型」から，構造物の点検を定期的に行い，損傷が軽微なうちに修繕などの対策を講じる「予防保全型」への転換です．その実現の鍵は，繰り返しになりますが，「的確な点検」であり，「技術を有する者」の育成です．

　本書は「高度の技術を有する点検技術者」を目指す者にとって必読であり，強く推薦いたします．

東京都市大学学長　三木　千壽

# 監修者まえがき

　わが国の近代化を支え，社会経済発展の重要なツールとなった公共施設の多くは1960年代以降にその整備が図られました．しかし，その後の経済発展は当初の予想をはるかに凌駕し，公共施設も建設当初考えていた使われ方よりはるかに厳しい使われ方がなされてきました．これに対処するため設計者は，設計荷重の見直しに始まり設計規格・基準の変更，材料の改良に努力してきたところであります．

　しかしそれでもなお，建設後50年を経た現在では公共構造物の劣化が顕在化し，その機能維持のための補修・補強，更新の必要性が叫ばれております．

　道路橋を例にとれば，交通量の増加に加え車両の大型化，さらには過積載車両（違法車両）の増加により，設計荷重の数倍の繰返し荷重が加えられることとなり，橋梁本体の劣化，付属物（標識，照明柱など）の劣化が進行しています．

　これら公共構造物の劣化を事前に発見し，健全な状態に維持するためには常時の点検と正確な診断，そして的確な補修，保全が要求されております．

　首都高速道路技術センターは，過去30年間，首都高速道路構造物の点検補修に関わる業務を行っており，長い歴史を持っています．特に，2001年に鋼製橋脚の疲労クラックが発見されてからは，三木教授（現東京都市大学学長）の指導の下，正確な診断を可能とする点検手法の開発と，的確な補修方法の開発に力を入れてきたところです．これらの実績から，現在では点検に関わる技術特許や技術的知見を多く有しており，他機関からの技術研修の依頼も多くなっているところです．

　本書は，首都高速道路構造物で培った点検・補修技術を基に，初めての橋梁点検技術者に必要とされる基本的知識をまとめたものです．

　著者はいずれも現場を熟知し，日常的に構造物と接している点検技術者であり，実用的な入門書となっています．

　また，編集にあたっては，実際に首都高速道路を管理している首都高速道路株式会社，日常点検を行っている首都高技術株式会社の実務者からも貴重なご意見をいただいております．

　今後，道路管理者として義務付けられた近接目視点検を実行するにあたり，本書が少しでも皆様のお役に立てればと願うところであります．

一般財団法人首都高速道路技術センター理事長　鈴木　剋之

# 序

　国は，インフラの高齢化で急速に損傷の進みつつあるわが国の道路を再生するため，2013年に「メンテナンス元年」を宣言し，その後「道路構造物の点検」の法制度化を行った．道路の中でも特に重要な施設である橋梁の長寿命化を図る動きが本格化し，わが国のメンテナンス時代が幕を開けたと言えよう．

　「点検」は適切なメンテナンスを実施するためには不可欠であり，正確・確実な点検が行われて初めて最適なメンテナンスが可能となる．「点検の義務化」の真意をくみ取り，道路管理者が協力し合って，橋梁再生の正念場を乗り切ることを期待したい．

　わが国における橋梁等の社会基盤施設の現状を見れば，「点検の義務化」は時宜を得た最良の施策である．しかし反面，本格的実施に移行するまでの課題の多さにも思い至る．今日まで，橋梁に近接して目視点検や非破壊検査を実施してきているのは，道路管理者の中でも国，高速道路会社，都市高速道路公社，あるいは少数の地方自治体に限られており，多くの地方自治体では遠望目視点検に留まっているのが現状である．

　したがって，今後近接点検を全国の全橋梁に適用するためには，予算上の問題はさておき，適切な近接目視点検技術を有する技術者を大幅に増やすことが喫緊の課題となる．遠望目視点検を行っていた技術者を含め，新たに近接目視点検を行おうとする技術者が今後多くなると思われるため，当面の大きな課題はこれらの技術者を誰が・どこで・どのように養成，育成するかということになろう．

　暑い夏に箱桁内で点検することの大変さや，寒風にさらされながら足場上で行う夜間点検の過酷さなど，やってみなければ分からないことが近接点検を行う現場には多い．また，部材の小さなクラックを見つけても，理論的な勉強や多くの現場経験を積んでいなければ，それが構造物全体にどのような影響を及ぼすかを考察し，適切に判断することは不可能である．

　本書は，道路管理者や実務に携わる技術者に是非読んでいただきたいとの考えから，橋梁点検マニュアル＆ガイドブックとして編集した．現場経験が豊富で，研究・技術開発にも携わってきた点検技術のエキスパートが書いたマニュアルとして，また生の現場体験のできるガイドブックとして，手元に置いて本書を有効に活用することを期待して止まない．

本書編集委員会委員長　北川　久

# 本書の構成

　道路橋は，多くの人々が利用する重要な社会基盤施設の一つです．利用する人々は，道路橋が常に安全な状態であることに疑いも持たないし，信頼して日々道路橋を使っています．このように日々の生活に欠かすことができない道路橋の点検は，人間で言うと日々の健康管理や定期健診に当たり，重要な意味があるだけでなく，点検を適切に行うことが道路橋を長持ちさせる結果にもなります．

　本書は，このように道路橋において重要な「点検」について，点検を初めて行う人，点検について学ぼうと考えている人々にすぐに役立つように工夫し，記述してあります．当然，すでに道路橋の点検を行っている技術者にも本書を読むことで，新たな知見から実務に十分機能するように内容を整理しています．それでは，読者の方々が点検の各ステージで本書のどこを読むことが効率的かを本書の構成について解説するとともに，どのように点検を進めるかについても基本的な流れを示すことにします．

　本書は，全体が8章の構成になっています．

　第1章は，国内で重要視されている道路橋の点検について，その背景と現状，道路橋点検技術者と点検の法制度化等について解説し，点検が橋梁を維持管理するうえでの重要なポイントであることの理解ができるなど，本書の導入部分となっています．

　第2章は，道路橋の点検を行うために必要な橋梁の分類，使用材料別や構造別の特徴，路面から上部構造，下部構造，付属物までの構造特性などを解説していますが，道路橋が供用されている状態で道路橋を構成している種々の部位，部材がどのように機能するかを知ることができます．

　第3章は，現地で点検を行う際に必要な事前調査，現地踏査，点検，点検結果の記録などについて解説するだけでなく，点検時の点検技術者の留意点や点検に関わる資格制度にも触れて解説しています．本章を読むことで点検技術者が行う点検について内業から外業までを理解することが可能となります．

　第4章以降は，使用材料別の道路橋点検についてより具体的に解説するだけでなく，近年新たに発生している変状を写真や図解で細かく解説し，現地での点検が適切に行えるよう配慮し，点検時に対応が不明な部分についても理解の手助けとなるように解説しています．具体的には，第4章が鋼橋の点検，第5章がコンクリート橋の点検，第6章が下部構造の点検，第7章が付属物の点検について，点検のポイントも含めて詳細に解説しています．

　第8章は，目視点検を補完し，道路橋の部位，部材の内部に発生している変状を把握し，目視点検と比較してより定量的な数値による道路橋の変状を把握するために必要な種々の機器を用いた点検方法について解説しています．特に，最後の部分には，近年注目されているヘルスモニタリングについても事例を含めて解説しています．

　以上が，本書の構成と各章に記述している概要です．ここに記述している内容を読み，第1章から第8章まで順に読むことで道路橋の点検に必要な知識の習得が可能となります．また，個別の章を単独で読むことも可能で，例えば，鋼道路橋のみの点検知識を得ること，付属物に関する点検知識を得ることなど個別の章を抜き出して読み，関連する知識を得ることが可能となるようにも配慮して記述しています．

　なお，本書はとりまとめにあたって，点検実務で機能する点検解説書として記述する趣旨で解説していますが，全国各地のすべての道路橋点検に100%適用できるものではありません．その理由は，大小を問わず全国各地の道路橋がオーダーメイドで設計，施工，維持管理が行われているからです．適切な点検を行うことは担当する技術者の責務ですが，点検を実際に行う点検技術者のもてるスキルが最も重要です．本書を読まれる方は，本書にも限界があることを理解され，本書を常に傍らに置き有効かつ効率的に道路橋の点検に活用されるよう望みます．

## これならわかる「道路橋の点検」編集委員会

**委員長**　北川　　久　　特定非営利活動法人 いい道ウォッチングクラブ

**委　員**　桜井　　順　　首都高速道路株式会社

　　　　　　土橋　　浩　　首都高速道路株式会社

　　　　　　大塚　敬三　　首都高速道路株式会社

　　　　　　今村　幸一　　首都高速道路株式会社

　　　　　　川口　　隆　　首都高技術株式会社

　　　　　　鈴木　剋之　　一般財団法人 首都高速道路技術センター

　　　　　　山下　　寛　　一般財団法人 首都高速道路技術センター

　　　　　　秋元　泰輔　　一般財団法人 首都高速道路技術センター

　　　　　　髙木千太郎　　一般財団法人 首都高速道路技術センター

　　　　　　小西　拓洋　　東京都市大学総合研究所

　　　　　　若林　　登　　一般財団法人 首都高速道路技術センター


**執筆者**　秋元　泰輔　　一般財団法人 首都高速道路技術センター

　　　　　　飯塚　明彦　　一般財団法人 首都高速道路技術センター

　　　　　　北川　　久　　特定非営利活動法人 いい道ウォッチングクラブ

　　　　　　小西　拓洋　　東京都市大学総合研究所

　　　　　　髙木千太郎　　一般財団法人 首都高速道路技術センター

　　　　　　仲野　孝洋　　一般財団法人 首都高速道路技術センター

　　　　　　村野　益巳　　一般財団法人 首都高速道路技術センター

# 道路橋点検の流れと本書の活用方法

　供用している道路橋を対象に点検を行う場合，どのように進めるのか一般的な道路橋を事例に流れを示し，点検の全容を把握するとともに，どの時点で本書を活用するのかを解説することとします．なお，ここで示している流れ等は，あくまで一つの事例であることを十分念頭に置き，ここで示す事例が固定的でないこと，より望ましい点検方法がある可能性もあることなどを理解され，読まれることを望みます．なお，記載している各段階の調査等必要時間は，ある程度経験のある点検技術者と補助員が行った場合を想定して算定した参考時間です．

## 道路橋の点検

　事例；河川を跨ぐ市街地にある鋼道路橋の点検（橋長：55.4m，橋面積：459.4m$^2$）

- 河川を跨ぐ3径間（橋台が2基，橋脚が2基）の上路橋
- 路面は，車道上り，下り各1車線，片側歩道（高欄，横断抑止柵，車両防護柵あり）

**1. 事前調査**

1) 点検を行う橋梁がどのような橋梁（規模，使用材料，構造，建設年次等）か，事前踏査はどのように行えばよいのか，事前調査（書類等調査：内業）で可能な範囲で調べる（関連資料調査時間：1時間程度）．

　第2章, 第3章　⇐　確認する章

2) 事前調査で得た情報から対象橋梁の構造特性を十分に把握し，事前踏査で確認が必要な事項を整理する．
　　なお，事前調査で対象道路橋の十分な資料が得られない場合，橋梁台帳等の記録用紙を準備し，現地踏査で確認し，記入するとよい（現地確認と資料整理時間：1.5時間程度）．

**2. 現地踏査**

3）現地踏査の目的は，対象橋梁の現況把握，事前調査で得た情報の確認，得られなかった情報の収集，発生している変状の概略確認，現地点検における制約条件，対象橋梁の周辺環境，交通条件，桁下条件等を確認する．

現地踏査をおろそかにすると，誤った点検を行うことや再点検せざるを得ない状況となるので十分に時間をかけて調査を行う必要がある（周辺調査を含め調査時間：4時間程度）．

第2章，第3章 ← 確認する章

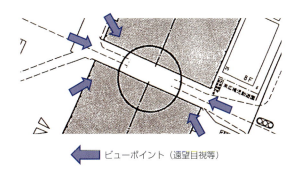

← ビューポイント（遠望目視等）

**3. 点検計画書策定**

4）点検計画書策定は，個別の対象橋梁ごとに詳細に策定することが必要である．計画書策定にあたって必要なことは，現地点検が対象橋梁の特性に合った適切な点検を行うための重要な作業であることを十分理解して策定にあたることである．策定のポイントは，以下のとおりである．
　①点検方法：遠望目視，近接目視の方法と必要な器具
　②対象部位，部材へのアクセス方法：徒歩，はしご，脚立，点検車両，船舶，足場等
　③非破壊，微破壊，破壊検査の必要性
　④記録方法

点検時には，道路管理者，河川管理者，運河管理者，交通管理者等の事前許可や占用許可が必要な場合があるのでそれらを項目ごとに確認し，点検時までにそれらを処理することが必要である（点検計画書策定時間：4時間程度）．

第2章，第3章，第4章，第8章 ← 確認する章

**4. 現地点検作業**

5）現地点検は，第一に対象橋梁の全体を見渡せる位置から橋梁の異常箇所を特定することが必要である（遠望目視点検）．異常箇所の特定とは，以下の内容である．
　　①橋梁の縦横断異常：高欄，防護柵，地覆等の通り
　　②特定の部位，部材の異常：局部的な腐食，欠け落ち，脱落など
　　③異常音，異常振動，異常たわみなど
　　第二には，安全を十分確認した後に適切なアプローチ手段を使って近接目視点検を行う（近接目視点検）．
　　①路面，伸縮装置，高欄，防護柵（横断抑止柵），地覆，道路照明，道路標識等の路上部を行う．
　　②上部構造は，主桁等の主要部材，対傾構等の二次部材，支承や落橋防止システム等を平面的な位置，縦断的な位置，点検の順番等を考慮し，各部位および部材に接近し，発生している損傷を確認，記録する．
　　③下部構造は，上部構造とセットで点検の順番を決定して行うが，躯体部分の損傷（不同沈下，傾斜，移動）についても注意して確認し，記録する．
　　現地での点検は，路面，上部構造，下部構造，橋梁取付け道路，河川や運河の周辺部を関連付けて点検を行うことが必要である（点検車両による場合：8時間程度，船舶による場合：9時間程度）．

第4章，第7章　⬅ 確認する章

6）現地で点検を行った結果は，速やかに記録に残すことが必要である．その際，現地で記録した野帳，写真，デジタル媒体等は，点検終了後にいつでも容易に確認が可能となるように整理し，損傷内容，損傷箇所，部位・部材等を互いに関連付けて保存することが必要である（損傷データ整理，内容確認，野帳整理，データ化等時間：5時間程度）．

**5. 点検結果記録**

第3章，付属資料　⬅ 確認する章

# 目　次

**CONTENTS**

## 1. 道路橋点検の義務化 ··········································· 1

### 1.1　道路橋点検の義務化とは ······················· 2
（1）背景 ······························································· 2
（2）「義務化」の骨子 ············································ 3
（3）確実な実施に向けて ······································ 3
### 1.2　道路管理の現状と道路管理者のあり方 ···· 5
（1）わが国の道路管理の実態 ······························· 5
（2）管理を怠ったため荒廃した構造物：米国道路と英国鉄道の例 ···· 5
（3）道路管理者のあり方 ······································ 6
### 1.3　橋梁点検技術者に関する課題：育成と自己啓発 ···· 8
（1）橋梁点検技術の現状と課題 ····························· 8
（2）点検技術者の育成 ·········································· 8
（3）点検技術者の自己啓発 ···································· 9

## 2. 橋梁（橋）の形と機能 ································ 11

### 2.1　総論 ························································· 12
（1）橋梁の基本的な構成 ······································ 12
（2）橋梁の部材 ·················································· 13
（3）主構造の形状による分類 ································ 14
（4）桁の支え方による分類 ··································· 16
（5）路面の位置による分類 ··································· 17
### 2.2　鋼橋 ························································· 18
（1）鋼橋の主部材とその役割 ································ 18
（2）I 桁橋 ························································· 19
（3）箱桁橋 ························································· 21
（4）トラス橋 ······················································ 22
（5）アーチ橋 ······················································ 24
（6）ラーメン橋 ·················································· 25
（7）吊橋・斜張橋 ··············································· 26
（8）鋼床版 ························································· 26
（9）鋼・コンクリート合成床版 ···························· 29
（10）鋼製橋脚 ···················································· 29
### 2.3　コンクリート橋 ······································· 32

**1** 道路橋点検の義務化

**2** 橋梁（橋）の形と機能

**3** 点検の基本

**4** 鋼橋の点検

**5** コンクリート橋の点検

**6** 下部構造の点検

**7** 付属物の点検

**8** 機器を用いた点検

資料・索引

（1）コンクリート橋の部材 ……………………………………… 32
（2）床版橋 …………………………………………………………… 33
（3）Ｔ桁橋 …………………………………………………………… 35
（4）箱桁橋 …………………………………………………………… 39
（5）連結桁橋 ………………………………………………………… 40
（6）その他の橋 ……………………………………………………… 41

## 2.4 コンクリート床版 ……………………………………… 45
（1）鉄筋コンクリート床版 ………………………………………… 45
（2）PC 床版 ………………………………………………………… 46
（3）PC 合成床版 …………………………………………………… 47

## 2.5 下部工 ……………………………………………………… 48
（1）橋台 ……………………………………………………………… 48
（2）橋脚 ……………………………………………………………… 48
（3）基礎 ……………………………………………………………… 50
（4）アンカーフレーム ……………………………………………… 51

## 2.6 付属物 ……………………………………………………… 52
（1）伸縮装置 ………………………………………………………… 52
（2）支承 ……………………………………………………………… 55
（3）落橋防止システム ……………………………………………… 62
（4）排水装置 ………………………………………………………… 66

## 2.7 その他 ……………………………………………………… 69
（1）橋面舗装 ………………………………………………………… 69
（2）高欄・防護柵 …………………………………………………… 71
（3）道路照明 ………………………………………………………… 72
（4）道路標識 ………………………………………………………… 74
（5）遮音壁（防音壁）……………………………………………… 74
コラム　点検は何のため，誰のため？ ……………………… 75

# 3．点検の基本 …………………………………………………… 77

## 3.1 点検の種類と内容 ……………………………………… 80
（1）各種点検の概要 ………………………………………………… 80
（2）異常時点検 ……………………………………………………… 82
（3）詳細調査 ………………………………………………………… 82
（4）追跡調査 ………………………………………………………… 83

# CONTENTS

（5）健全度診断・判定 ……………………………………………………… 83
## 3.2　書類調査と点検計画策定 ………………………………………… 84
（1）書類調査 …………………………………………………………………… 84
（2）現地踏査 …………………………………………………………………… 87
（3）点検計画の策定 ………………………………………………………… 88
## 3.3　点検用装備とその準備 ………………………………………… 90
（1）個人装着用具 …………………………………………………………… 90
（2）点検用機材・器具 …………………………………………………… 92
## 3.4　点検時の安全・衛生対策の徹底と点検前の確認 ……… 94
（1）墜落・落下対策 ………………………………………………………… 94
（2）酸素欠乏災害防止対策 …………………………………………… 95
（3）強風時対策 ……………………………………………………………… 96
（4）健康・衛生対策 ………………………………………………………… 96
## 3.5　点検結果の記録 …………………………………………………… 98
（1）記録 ………………………………………………………………………… 98
（2）橋梁の点検調書（「道路橋定期点検要領」による点検結果等記入様式）………… 98
（3）記録の留意点 …………………………………………………………… 99
（4）写真，スケッチの留意点 ………………………………………… 99
## 3.6　点検に関わる資格 ……………………………………………… 104
（1）国が認定した点検に関する民間資格 ……………………… 104
（2）非破壊検査に関する資格 ……………………………………… 105
　　　コラム　点検・診断はインフラの健康診断 ……………… 108

# 4.　鋼橋の点検 ……………………………………………………… 109

## 4.1　鋼橋に発生する損傷の種類と点検 ……………………… 111
（1）防食機能の劣化 ……………………………………………………… 111
（2）腐食 ……………………………………………………………………… 114
（3）疲労亀裂 ………………………………………………………………… 114
（4）ゆるみ，破断 ………………………………………………………… 115
## 4.2　腐食点検時の着目点 …………………………………………… 117
（1）腐食 ……………………………………………………………………… 117
（2）腐食の着目点 ………………………………………………………… 119
（3）腐食の評価と診断 ………………………………………………… 122
## 4.3　疲労亀裂点検時の着目点 …………………………………… 124

（1）疲労亀裂点検の重要性 ……………………………………………… 124

（2）疲労亀裂の発生箇所 …………………………………………………… 124

（3）疲労亀裂が発生しやすい橋梁 ……………………………………… 125

（4）疲労亀裂の着目点 …………………………………………………… 129

（5）疲労亀裂の記録 ………………………………………………………… 131

（6）疲労亀裂の評価と診断 ……………………………………………… 133

**4.4　構造形式別事例と点検時の着目点（疲労亀裂）** 134

（1）I 桁 ……………………………………………………………………… 134

（2）箱桁 ……………………………………………………………………… 145

（3）鋼床版 …………………………………………………………………… 147

（4）トラス桁 ………………………………………………………………… 152

コラム　技術者のリダンダンシー …………………………………… 154

# 5.　コンクリート橋の点検 155

**5.1　コンクリート橋に発生する損傷の種類と点検** 157

（1）ひび割れ ………………………………………………………………… 157

（2）鉄筋・シースの露出，発錆・腐食，錆汁 ……………………… 170

（3）浮き・はく離 ………………………………………………………… 171

（4）漏水・遊離石灰 ……………………………………………………… 171

（5）抜け落ち ………………………………………………………………… 172

（6）PC 鋼材定着部の異常 ……………………………………………… 173

（7）凍害 ……………………………………………………………………… 174

（8）たわみ・変形・異常振動 …………………………………………… 175

（9）空洞（内部欠陥），コールドジョイント ……………………… 176

（10）汚れ・変色 …………………………………………………………… 176

**5.2　構造形式別損傷事例と点検時の着目点** 177

（1）PC プレテン床版橋，PC プレテン中空床版橋 ………………… 177

（2）PC プレテン T 桁橋，PC ポステン T 桁橋 …………………… 180

（3）PC ポステン合成桁橋，PC コンポ橋 …………………………… 183

（4）PC ポステン中空床版橋，鉄筋コンクリート中空床版橋 …… 185

（5）PC ポステン箱桁橋，鉄筋コンクリート箱桁橋，有ヒンジラーメン橋……… 187

（6）連結 PC 桁橋 ………………………………………………………… 189

**5.3　コンクリート床版の点検** 192

（1）鉄筋コンクリート床版 ……………………………………………… 192

# CONTENTS

（2）PC 床版 ……………………………………………………… 194

　　コラム　点検は誰にでもできるのか? ……………………… 196

## 6．下部構造の点検 …………………………………………… 198

### 6.1　下部構造に発生する損傷と点検 …………………………… 199
（1）コンクリート橋台，橋脚 …………………………………… 199
（2）鋼製橋脚 ……………………………………………………… 199
（3）基礎 …………………………………………………………… 199

### 6.2　下部構造部位別損傷事例と点検時の着目点 ……………… 200
（1）コンクリート橋台 …………………………………………… 200
（2）コンクリート橋脚 …………………………………………… 204
（3）鋼製 T 形および L 形などの橋脚 ………………………… 209
（4）基礎 …………………………………………………………… 209

　　コラム　カメラの進歩　それは点検の進歩でもあった …… 213

## 7．付属物の点検 …………………………………………………… 215

### 7.1　伸縮装置 ……………………………………………………… 217
（1）点検時の着目点（路面上） ………………………………… 217
（2）点検時の着目点（路面下） ………………………………… 218

### 7.2　支承 …………………………………………………………… 219
（1）鋼製支承点検時の着目点 …………………………………… 219
（2）支承の腐食 …………………………………………………… 220
（3）支承の破損 …………………………………………………… 220
（4）ゴム支承点検時の着目点 …………………………………… 222

### 7.3　落橋防止システム …………………………………………… 225
（1）損傷・劣化 …………………………………………………… 225
（2）落橋防止システム点検時の着目点 ………………………… 225

### 7.4　排水装置 ……………………………………………………… 229

### 7.5　その他の付属物 ……………………………………………… 230
（1）橋面舗装 ……………………………………………………… 230
（2）高欄 …………………………………………………………… 234
（3）防護柵 ………………………………………………………… 236
（4）道路照明 ……………………………………………………… 238

（5）道路標識 ･･････････････････････････････････････････････ 239

（6）遮音壁 ･････････････････････････････････････････････････ 242

（7）桁カバー ･････････････････････････････････････････････ 243

（8）その他 ･･･････････････････････････････････････････････ 243

　　コラム　生活の中の点検，首都高の点検，日本のインフラの点検 ･･････････ 245

# 8．機器を用いた点検 ･････････････････････････････････ 247

## 8.1　鋼橋（鋼部材）の非破壊検査 ･･･････････････････ 249

（1）磁粉探傷試験 ･･･････････････････････････････････････ 250

（2）超音波探傷試験 ･･････････････････････････････････ 252

## 8.2　コンクリート橋（コンクリート部材）の非破壊検査，微破壊検査 ･･････ 257

（1）コンクリート圧縮強度推定調査 ･･････････････････ 257

（2）塩化物イオンおよび中性化深さ調査 ･･･････････ 258

（3）アルカリシリカ反応（ASR）の詳細調査 ････････ 259

（4）コンクリート中の鋼材位置調査 ･････････････････ 260

（5）プレストレス調査 ･･････････････････････････････････ 262

（6）グラウトに関する調査 ･････････････････････････････ 263

## 8.3　道路橋のモニタリング ･･･････････････････････････ 267

# 9．資料編・索引 ･･････････････････････････････････････ 273

# 1章

## 道路橋点検の義務化

# 1.1 道路橋点検の義務化とは

（1）背　景

　2013年初頭，国土交通省は「メンテナンス元年」を宣言した．この背景には，わが国の道路橋の老朽化損傷が急速に進行しているという由々しき事情があり，この宣言はこれらの課題解決に向けた国の決意表明と言える．その後，国土交通省では道路法や政令等を改正し，新たな施策を次々と具体化してきているので，その背景を少しさかのぼってみたい．

　2007年6月に，国道23号・木曽川大橋（トラス橋）でトラス斜材破断という重大損傷が発見された．これを受けた全国の道路橋を対象とした緊急・詳細点検で，同年8月末に国道7号・本荘大橋（トラス橋）を調査していたところ，木曽川大橋と同様に腐食したトラス斜材が突然破断するという事故が発生した．

　また時を同じくして，同年8月初めに米国ミネソタ州のミネアポリス高速道路橋（トラス橋）が落橋するという衝撃的な大事故が発生した（死者9人・**写真1-1-1**参照）．原因は複雑に絡み合っていたようであるが，原因の一つとして，トラス格点部のガセットプレートの厚さが設計時の要求板厚の1/2と薄かったことが挙げられている．

写真1-1-1　米国・ミネアポリスの落橋事故

　木曽川大橋や本荘大橋，さらにミネアポリス高速道路橋のいずれも，1960年代に建設された長大トラス橋であったことから，40年以上経過した道路橋は危険であると言う関係者もいたが，それぞれの橋梁には損傷に至った原因があり，この原因を突き止めて対応策を講じていれば致命的な損傷に至らなかったことが，その後の調査で明らかとなっている．

　国内外の重大損傷発生の状況を重く見た国土交通省では，時を移さず「道路橋の予防保全に

■キーワード：メンテナンス元年，木曽川大橋，トラス斜材破断，ミネアポリス高速道路橋，本荘大橋，道路橋の予防保全に向けた有識者会議，点検の制度化，中央自動車道・笹子トンネル，近接目視，道路メンテナンス会議

向けた有識者会議」を設置し，2008年5月に次のような5項目の提言を受けた.

  ① 点検の制度化

  ② 点検および診断の信頼性確保

  ③ 技術開発の推進

  ④ 技術拠点の整備

  ⑤ データベースの構築と活用

 国土交通省では，この提言内容を具体化するため，以来精力的に検討を進めてきた.

 そうした最中，2012年12月に中央自動車道・笹子トンネルにおいて天井板が落下し，多くの人命が失われるという痛ましい事故が発生した．この事故によって，メンテナンスに対する社会の危機意識が一層高まり，メンテナンスの重要性・必要性が広く理解されるようになった.

## （2）「義務化」の骨子

 このような状況下での2013年初頭の「メンテナンス元年」宣言であったが，国土交通省ではこの宣言を具体的な形にするため，社会資本整備審議会に課題の審議を委ねた．同審議会・道路分科会の道路メンテナンス小委員会および基本政策部会の提言に基づき，国土交通省では道路法や政令等を改定し，点検の義務化，定期点検基準の体系化・制度化などを具体化してきた.

 国土交通省の点検制度の内容を簡潔にまとめると，すべての道路管理者は橋梁，トンネルなどの構造物ごとに，

  ① 5年に1回，近接目視を基本として実施

  ② 健全性の診断結果を4段階に区分

   （健全，予防保全段階，早期措置段階，緊急措置段階の4区分）

  ③ 点検，診断の結果等について，記録・保存

となっており，これらが2014年から義務付けられることとなった.

## （3）確実な実施に向けて

 点検を義務付け，確実な点検の実行を道路管理者に促すため，国土交通省では「道路メンテナンス総力戦」と銘打ち，点検・診断・措置・記録というメンテナンスサイクルの確立に向けた取組みを精力的に進めてきた．そのため，まず広域的な連携協力体制の構築に着手し，全国の各地方整備局国道事務所，高速道路会社，都道府県，区市町村などで組織する「道路メンテナンス会議」を都道府県ごとに2014年7月までに設置した（**写真1-2-2**参照）.

 これらの場を通して，メンテナンスサイクルがより広く理解され，正しく継続的に回り出すことが期待される．なぜなら，道路管理者相互間で情報が共有化されるようになれば，今まで点検を行ってこなかったか，あるいは行っていても遠望目視にとどまっていた道路管理者にとって，点検・メンテナンスに対する意識が一気に高まることが期待されるからである．それゆえ，すでに近接点検を実施してきている道路管理者に対しては，近接目視点検を行ってこな

写真1-1-2　道路メンテナンス会議

かった道路管理者に対して積極的に協力の手を差し伸べ，実効ある点検が実施されるようこの会議をリードしていただきたいと考えるものである．

　このような横の連携，あるいは協力関係を強力に進める一方，各々の道路管理者が真剣に取り組むべきことは，確実な点検を行える技術者の確保である．点検技術者が全国的に少ない現状で，定められた点検業務を確実に実行することが求められていることから，点検技術者の育成に組織をあげて取り組む必要がある．点検技術者の裾野を広げること，より専門性の高い技術者を育てることについても，「道路メンテナンス会議」の重要議題として取り上げ，議論し，効果的な対策を打ち出すことが必要であると考える．

## 1.2　道路管理の現状と道路管理者のあり方

### （1）わが国の道路管理の実態

　現在，わが国には，橋梁（2m以上）が約70万橋，トンネルが約1万カ所あると言われているが，橋梁に限っていえば，建設後50年を超えた橋梁は18％もあり，10年後には43％になると予測されている（2014年現在）．この数字から見ても，今後わが国では急速な橋梁の高齢化時代を迎えることとなる．

　前述の「社会資本整備審議会・道路分科会」では，2014年4月に「最後の警告−今すぐ本格的なメンテナンスに舵を切れ」と，厳しい言葉で国に今後のメンテナンスのあり方を提言したが，この中で，「静かに危機は進行している．道路構造物の老朽化は進行を続け，日本の橋梁の70％を占める市町村が管理する橋梁では，通行規制が約2,000箇所に及び，その箇所数はこの5年間で2倍と増加し続けている．……今や，危機のレベルは高進し，危険水域に達している．……」と述べている．

　メンテナンスをおろそかにしたため，インフラやシステムが壊滅的に荒廃した米国の道路と英国の鉄道における事例を次に説明し，メンテナンスがいかに重要であるか示すこととする．

### （2）管理を怠ったため荒廃した構造物：米国道路と英国鉄道の例

　米国では，1970年代ごろから，道路に対する適切なメンテナンスを怠ったことにより，急速に道路の老朽化が進展した．当時の悲惨な状況を調査し，道路管理への警告となった書「America in Ruins（荒廃するアメリカ）」が1981年に出版され，米国民に大きな衝撃を与えた．

　World Highway誌（No.9，1981）では，当時の状況を「米国にある橋梁のうち40％以上の橋梁に何らかの欠陥がある．欠陥橋梁のほぼ半分は強度不足が原因であり，閉鎖・重車両の通行禁止・早急な補修などの措置が必要とされている」と要約して報じている．

　米国政府は，このような事態を深刻に受け止め，従来の制度では欠陥橋梁を減らせないと考え，道路財政の大幅な見直しとなる「1982年陸上交通援助法（STAA法）」を制定し，燃料税大幅引上げ等の施策を実施した．その後も，何度か法律を改定しつつ，国を挙げて欠陥道路の修復に努めてきた．その結果，舗装など道路の欠陥が著しく改善されたと報告されているが，一度荒廃した道路，特に橋梁を完全に修復することは大変なことであり，現在も欠陥橋梁が多く存在すると言われている．

　次に英国鉄道の例であるが，英国では財政再建のため，公営企業の民営化が1977年のサッチャー政権下で開始された．電気通信事業,電力事業等の自由化に引き続き，1994年からメージャー政権下で鉄道の民営化が始まり，97年に完了した．鉄道事業は，最終的には約100社

---

■キーワード：America in Ruins（荒廃するアメリカ），メンテナンスサイクル，橋梁の長寿命化

にもなる民間会社に細分割され，運営されるようになった．

　当初は，過去の投資があったため経営が順調に進み，ストライキは影を潜め，株主配当も順調に出すことができた．しかし配当重視のため，専門技術者を不要と判断してリストラしたことや，技術的検討不足による近代化の遅れ，さらには現場からの線路・信号等の改善要求を無視し続けてきたことなど，現時点で問題が発生していなければ「すべて良し」という姿勢で民営会社が運営され続けた．

　その結果，鉄道事故が相次ぐようになり，1997年にはサウスウォールで列車衝突炎上事故が起き，死者7名という惨事となった．これは信号冒進（信号無視して進入すること）によるもので，当時すでに信号冒進が度々発生していたようである．また，1999年には，ラドブロークグローブでこれも信号冒進による列車正面衝突炎上事故が発生した．この時は31名もの死亡者を出す大惨事となった．さらに，2000年には，ハットフィールドでレール破損による列車転覆事故が起き，ここでも多数の死傷者を出すこととなった．

　事態を重く見た監督官庁が厳しい指導に乗り出し，対策のための設備更新，専門技術者の再配置，運転士および運行管理職員の再教育など数多くの課題を実施させようとしたが，株主配当に収益金をすべて放出してきたため，民営会社ではこれらの費用が捻出できず，事実上民営会社は倒産することとなった．以後，英国鉄道は政府主導の再建策を実施することになるが，そのための費用が莫大な額になったという．

## （3）道路管理者のあり方

　ここで述べた米国や英国の事例の教訓として，適切な点検や早期のメンテナンスが実施されなければ，インフラは急速に荒廃への道をたどることを理解されたと思う．それゆえ，社会資本整備審議会で指摘されたように道路メンテナンスを十分実施してこなかったわが国の道路管理者は，構造物の損傷や欠陥を早期に発見し，それによって構造物の老朽化を未然に防ぐという深い意味のある「点検義務化」であることを理解し，点検・診断・措置・記録のメンテナンスサイクルを確実に実行することが急務であることを知っていただきたいと思う．

　そういう意味では，国土交通省がいち早くわが国道路，特に橋梁の危機に対する施策を次々打ち出されたことを高く評価したい．国土交通省の問題提起，それに伴う諸施策に対して各道路管理者はしっかり対応し，わが国道路の危機，特に橋梁の危機を回避することを強く願ってやまない．

　ここで，道路管理者にぜひ目を向けていただきたいことを1点紹介しておきたい．それは，必ずしも高齢化＝老朽化でないということである．今後橋梁の高齢化が進み，橋梁の危機が増大することは前に述べたが，100年を超える古い橋梁でも重交通に耐え，立派に機能している健全な橋梁がわが国にはたくさん残っている．これらの古くとも健全な橋梁を粗末に扱わず，丁寧にメンテナンスして，さらに何年健全に機能するかを見守ることも「橋梁の長寿命化」のためには大切なことである．また，高齢橋梁が健全に機能していることは，その橋梁に対して適切にメンテナンスしてきた歴史があるはずであり，これらを掘り起こして学ぶこともメンテ

ナンスの重要性を理解するうえで重要なことと言えよう.

　その反対に，道路管理者が油断しがちなことは，新しい橋梁は安全だと思い込むことである．新しい橋梁であっても，施工不良があった場合や材料に欠陥があった場合，あるいは過積載車など外的要因が作用した場合などに損傷が急速に進むケースが多くあるため，新しいからといって点検をおろそかにすることは大変危険であることを知っておいていただきたい.

# 1.3　橋梁点検技術者に関する課題：育成と自己啓発

## （1）橋梁点検技術の現状と課題

　現在，わが国には橋梁が約70万橋（2ｍ以上）あることを前に述べたが，これらを定められた基準に従って点検するには，かなりの専門技術者が必要となる．わが国の道路延長の約95％が都道府県道・市区町村道となっているが，これらの地方公共団体が実施している点検は，約8割が遠望目視点検と言われており，今回法制度化された近接目視点検を確実に行うためには多くの課題が残る．

　特に橋梁点検技術者不足は深刻であり，点検の方法すら分からないという初歩的な課題を含め，解決すべき問題が山積している．橋梁には，鋼橋・コンクリート橋など材質と特性が極端に異なる橋梁が混在しており，そのうえ，構造形式や橋長などがそれぞれに異なっているため，損傷や劣化の現れ方をパターン化しづらい．現場で瞬時に危険であるか危険でないかを判断するためには，相当の経験が必要となる．

　遠望目視点検では，大きな損傷，損壊している部材などは判断できるが，近接点検となると，例えば小さなクラックがあった場合，初心者がそれが危険であるかどうかを判断することは極めて困難である．なぜなら，そのクラックが構造力学的にどのような意味を持つかを知らなければ，危険かどうかの判断を下すことはできないからである．また，構造物の破壊メカニズムを学んでいなければ，現場で発生している現象が何を意味するかを理解できないため，重大な損傷に発展する事象を見逃すことも起こりかねない．

　したがって，現場で点検を行う点検技術者は橋梁の力学的特性の基本的なことを学び，それらの知識と照らし合わせながら多くの現場を経験して，そのクラックや断面欠損が危険であるかどうかを経験則として身につけることが重要となってくる．つまり，供用している橋梁の点検を行う技術者はできるだけ多くの現場を積極的に経験することが重要となる．

## （2）点検技術者の育成

　点検の法制度化の趣旨を理解するならば，遠望目視点検に加えて，近接目視点検が全橋に導入される「今」が大切な時であり，点検技術者の裾野を広げ，より専門性の高い点検技術者育成の重要な時期といえよう．社会資本整備審議会・道路分科会長を務めている家田東大教授は，「メンテナンス技術者を育てる」という対談の中で，3階層の技術者を育てる必要性を説いている．ここでその概要を説明したい．

　まず第1層は，構造物に異常がないかどうか，日常的に点検する技術者で，いわば医療現場の"検査技師"のような存在の技術者である．第2層は，人間ドックの"総合医"のような，構造物の点検・診断を行ったうえで，修繕や更新，経過調査などの判断を下すなど，一般レベ

---

■キーワード：橋梁点検技術者，遠望目視点検，近接目視点検，育成，法制度化，塗膜割れ，非破壊検査

ルの技術的業務を行える技術者である．第3層は，スーパーエンジニアといわれる極めて高度な技術を身につけた"専門医"的な存在で，いかなる事態に対しても解決策を提案できるトッププレベルのスペシャリストである．

家田教授の技術者分類は，メンテナンスに必要な技術者像を巧みにとらえていて分かりやすい．橋梁点検の現場から見れば，これから不足するのは圧倒的に第1層と第2層の技術者であり，これらの技術者を大量に確保し，さらには必要なスキルを取得させることが，点検の成否を握る鍵になると思われる．

また，第3層の技術者は全国的に見て現在でも数少ないが，将来的にもそれほど大量に養成する必要はないと考えられるので，鋼橋，コンクリート橋等の専門分野別に大学等の研究機関とタイアップして，少数精鋭主義で必要な人材を育成することが望ましく，できればエキスパートグループとして，全国展開できるように組織化することが効率的と言える．

法制度化された点検を確実に行うことができる点検技術者の育成には，各都道府県に設置されている「道路メンテナンス会議」が中心となって，確実な点検技術の履行には何が必要かを道路管理者の共通の課題として取り上げ，課題解決の施策を導き出す必要がある．

### （3）点検技術者の自己啓発

先ほどから述べてきているように，橋梁点検に従事する現場技術者は，国土交通省が制定する点検制度やマニュアルを真剣に学び，点検方法や点検技術など現場実務をかなり詳しく身につけることが求められる．これは「言うは易く行うは難し」であり，かなり現場を踏まないと身につかないものである．また，近接目視点検で発見した疲労損傷につながる塗装の塗膜割れに対して，非破壊検査を行うことが多いので，その手法もぜひ学んでおくことが望ましい．

このように，点検技術者が今までの取得技術をさらに磨き，一段上のスキルを身につけて近接目視点検ができるようになることは，わが国にとって必要なことであるため，点検技術者は一歩進んだ点検スキルを身につけるチャンスと考え，自己啓発に努める必要があると思う．そのためには，今後増えてくると思われる講習会や研修会，あるいは現場見学会等に積極的に参加し，損傷が発生する原因やメカニズムを学び，多くの現場を経験することを推奨したい．

また，点検に関する解説書や「ハウツー」書などが今後数多く出版されるようになると思われるので，点検技術者が現場で出合った様々な損傷事例と，それらの書の事例とを照らし合わせながら学ぶことも必要となろう．また，わが国の点検技術者の中には，土木工学を履修していない人が少なくない．近接点検における判断の難しい損傷を正しく評価するためにも，橋梁の力学的特性について積極的に学ぶことを期待したい．

## 首都高速道路建設のころとその構造物

**都心環状線　江戸橋 JCT 付近**
1960 年ごろ，東京オリンピックまでの短期間で完成させるため，
用地買収の要らない河川や水路などの空間を利用して建設が進められた

1960 年ごろ，都心の渋滞する道路状況（首都高速道路整備前）

# 2章

## 橋梁（橋）の形と機能

## 2.1 総論

橋梁は形と機能により，いくつかの分類方法がある．主構造の形式（桁橋，トラス橋，アーチ橋など）による分類は一般的であるが，それ以外にも支持方法，材料，平面的な形，路面の高さによる分類などが考えられる．ここでは点検時に必要いくつかの分類とその内容を示す．なお，本書は，道路橋の点検について解説しているが，呼称を橋，橋梁，高架構造，ブリッジなどを統一して橋梁としている．

### （1）橋梁の基本的な構成

橋梁は上部工と下部工に区別できる．人や車が渡るために隔てられた2地点をつなぐ桁構造が上部工で，それを支える部分が下部工である．桁のみでは車両が走行できないため，桁の上に平面的な通行路，すなわち床版が敷設される．橋梁に関する基本的な構成を以下に示す．支承から上を上部工，支承から下を下部工と呼ぶ．下部工は躯体と基礎からなり，これらを合わせて橋脚，または橋台と呼んでいる．下部躯体がコンクリート製であればコンクリート橋脚，鋼製であれば鋼製橋脚と呼ぶ．橋長とは橋台壁前面間の距離で，支間長は支承中心間の距離，桁長は桁端間の距離をいう（**図2-1-1**参照）．

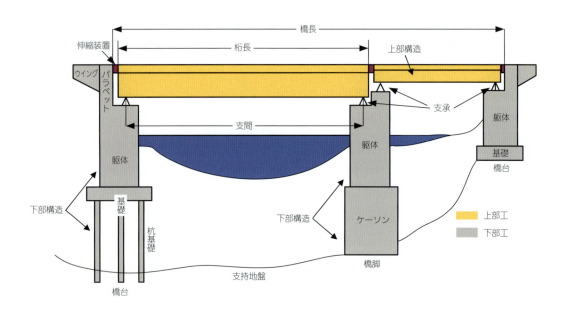

図2-1-1　橋梁を構成している各部の名称

■キーワード：主構造，桁橋，トラス橋，アーチ橋，上部工，下部工，桁構造，床版，支承，躯体，基礎，橋脚，橋台，橋長，支間長，主桁，横桁，対傾構，横構，上・下弦材，斜材，垂直材，主構，床組，地盤，背面土圧，水圧，支持地盤，杭基礎，ケーソン基礎，直接基礎

## 1）上　部　工

　上部工は，橋脚，橋台の上に置かれ，車両荷重を支持するための構造である．上部工のうち，自身の重さ（自重）も含め，橋梁に働く荷重を主として支える構造を主桁，または主構造と呼ぶ．桁橋では，上部工は，主桁と，これを保持する横桁，対傾構，横構と床版などからなり，上部工と下部工の間には支承が配置される（図2-2-2, 2-2-3参照）．トラス橋では，トラス構造の上部と下部に配置される上・下弦材，それらを斜めにつなぐ斜材，鉛直につなぐ垂直材で構成される面部材を主構と呼び，アーチ橋ではアーチ部分を主構と呼ぶ．トラス橋やアーチ橋の上部工には，横桁（床桁），縦桁からなる床組と床版，主構を保持する横構などが含まれる（図2-2-8, 2-2-11参照）．

## 2）下　部　工

　下部工は，地上から視認できる躯体と地中や水中などに隠れている基礎に分けられる（図2-1-1参照）．躯体と呼ばれる部分には橋梁の端部にある橋台，中間にある橋脚がある．橋台の多くはコンクリート製であり，橋脚はコンクリート製のものと鋼製のものがある．

①橋台：橋梁の両端にあり，橋梁と隣接する地盤をつなぎ，地盤を押さえる位置に置かれる構造物が橋台である．橋台には上部工から伝わる力，背面の地盤からの力（背面土圧）および前面の地盤や河川（水圧）からの力が作用している．

②橋脚：橋梁の中間に位置し，上部工を支持する構造物が橋脚である．橋脚には1本柱のような単柱橋脚と，柱と梁を有するラーメン橋脚，壁のような構造の壁式橋脚がある．ラーメン橋脚にはT形橋脚，L形橋脚，Y形橋脚，門形橋脚の他，複雑な形状の多層ラーメン橋脚などがある．

③基礎：橋梁に作用する荷重を下部の躯体を通して支持地盤に伝える部分が基礎である．基礎はその形式によって，杭基礎，ケーソン基礎，直接基礎などがある．

## （2）橋梁の部材

　橋梁を構成する部材のうち，上部工は桁または梁と呼ばれ，桁や梁は離れた間隔の間に渡され荷重を支える部材である．橋梁の主要な部材は以下のように呼ばれる．

①主桁：橋梁自身の重さや，車両や人などの荷重を主として支える部材を主桁と呼ぶ．橋梁の主桁にはI断面のI桁，箱断面の箱桁が多く用いられる．

②橋脚：柱，梁から成り立ち，1本の柱からなる橋脚は1本柱橋脚，門形をした橋脚は門形橋脚と呼ぶ．門形橋脚の水平部材を横梁と呼ぶ．

③板，版：幅や長さに比べ厚さが薄い部材は板，あるいは版と呼ばれる．鋼I桁橋の主桁の上フランジ，下フランジ，ウェブや鋼箱桁の上下フランジ，ウェブ，鋼床版はいずれも板部材に該当する（図2-1-2参照）．

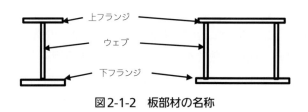

図2-1-2　板部材の名称

### （3）主構造の形状による分類

主構造は，梁の形状によって以下に示す5つに分類することができる．支間長が50m前後までの中小規模の橋梁には桁橋が圧倒的に多いことから，本書においても桁橋の点検について多くの紙面を割いて説明している．なお，吊橋や斜張橋などの吊り構造形式の長大橋は，特有の特殊な点検方法が多いことから本書では解説を省くこととした．

### 1）桁　橋

桁橋とは，離れた2つの地点間に「桁」と呼ばれるI断面や箱形断面の部材を渡した橋梁を呼び，現在では多くの橋梁がこの形式を採用している．もともとは板を組み合わせた桁をI桁と呼んでいたが，本書では桁の断面形状によって鋼橋ではI桁断面の桁を持つ橋をI桁橋，箱断面の桁をもつ橋梁を箱桁橋，コンクリート橋でも桁形状によりT桁橋，箱桁橋などと呼んでいる（**図2-1-3**参照）．

図2-1-3　桁　橋

### 2）トラス橋

安定した形状と言われる三角形を組んだ構造を組み合わせて造った橋梁で，上下の軸方向部材を上弦材，下弦材と呼び，斜めの部材を斜材と呼ぶ．トラス橋の特徴として，軽く長い橋梁を架けることができるが，部材数が多くなる．トラス構造では部材に大きな曲げモーメントは発生せず部材の軸方向の力が卓越する（**図2-1-4**参照）．

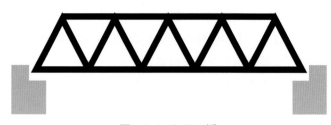

図2-1-4　トラス橋

## 3）ラーメン橋

　橋桁と脚をつなげてフレーム構造とした橋梁で，ラーメンはドイツ語でフレームを意味し，接合部が大きくなるが，桁断面を小さくできる利点がある．脚が斜めになっているものもあり，その形からπ（パイ）形ラーメン橋と呼ばれる．ラーメン橋では桁と脚の接合部で部材を回転させようとする曲げモーメントが発生するが，これに抵抗できるように設計することが必要となる（**図2-1-5**参照）．

図2-1-5　ラーメン橋

## 4）アーチ橋

　アーチ橋とはアーチ形状のリブを用いた橋梁すべてを指し，一般的に上側に凸な曲線形状をもつアーチ部材によって荷重を支える橋梁である．古くはローマの水道橋など煉瓦，石を積んで造ったアーチ橋が多く残っている．アーチ部材には軸圧縮力が主として作用する（**図2-1-6**参照）．

図2-1-6　アーチ橋

## 5）吊　　橋

　橋梁の両端にあるアンカー間に渡したケーブルから，ハンガーと呼ばれる吊り材を吊り下げ，車両や人が通る床を吊った橋梁である．床の揺れやたわみを少なくするために，床に曲げに抵抗できる補剛桁と呼ばれる桁構造を使うことが多い．現在，世界一長い吊橋は明石海峡大橋で中央支間は1,991mである．大きな吊橋には専用の点検マニュアルがあり，専門の点検技術者が点検にあたる場合が多い．飛来塩分等の多い地域に架かる橋梁では，ケーブル内への浸水や結露による腐食等が大きな問題となっている．吊橋は施工方法が比較的単純であることから，昔から山合の渓谷を跨ぐ人道橋などとしても使われてきており，現在でも国内には古い中小の吊橋が多数残っている（**図2-1-7**参照）．

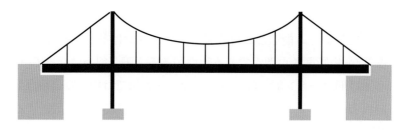

図2-1-7　吊　　橋

### 6）斜　張　橋

　主塔から斜めに張ったケーブルで桁を吊り，ケーブルと桁で床を支える形式の橋梁である．斜張橋はケーブルの形状が美しいこともあり，地域のシンボルとして橋長の短い橋梁や人道橋などにも採用されることが多い．日本最長の斜張橋は多々羅大橋で中央径間は890mである．中国には中央支間1,088mのプレストレストコンクリート斜張橋である蘇通大橋が完成し，世界一の支間長の斜張橋として供用されている．斜張橋では，桁の死荷重や活荷重の一部はケーブルを介してタワーに伝えられる．タワーが死荷重すべてを受け持つ場合には，自碇式と呼ばれ，桁は振り子のように揺れるが，それを防ぐために，支点部で水平力を支持したり，外側ケーブルをアンカレイジなどの基礎構造に定着し，水平力を分散して下部工に受け持たせる場合が多い（図2-1-8参照）．

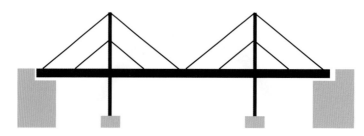

図2-1-8　斜　張　橋

### （4）桁の支え方による分類

　橋梁が長くなると，途中に橋脚を設けて支間長を抑えることが必要になる．桁橋では，橋脚位置で切り離された桁は「単純桁」と呼ばれ，単純桁だけで渡る橋梁を単純桁橋と呼ぶ．また多径間を連続させた場合は「連続桁橋」と呼ぶ．連続桁のメリットは桁中央断面を小さくできるため，長支間化が可能であることに加え，単純桁では径間ごとに必要となる伸縮装置が，連続桁では連続区間の両端にのみ取り付ければよく，走行性の向上，騒音の低減等の理由から最近では多く採用されている．単純桁の桁と橋脚を剛結して一体化するとラーメン形式となる．ラーメン形式とすることで，桁断面を小さくすることが可能となるだけでなく，耐震性に優れ，伸縮装置や支承が省略できるため，建設費の低減や，維持管理上のメリットがある．

　「ゲルバー橋」は橋脚から離れた支間の途中で橋梁を区切り，支承などを介してヒンジとして接合させる形式であり，この部位をゲルバー部と呼んでいる．連続桁と比較すると設計が単

純であり，架設もしやすいことがあり，以前は数多く建設されたが，ゲルバー橋の接合部は点検がしにくいうえに，ゲルバー部分に重大な損傷が発生する事例が多く，損傷によって吊り桁部分が落下する可能性も高い．過去にこのような事故が起きたことから，近年この形式が採用されることは少なくなってきている．現在供用中のゲルバー橋においては，ゲルバー部分の点検，維持管理を適切に行うことが重要である（図2-1-9参照）．

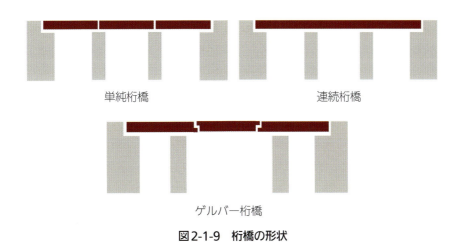

図2-1-9　桁橋の形状

（5）路面の位置による分類

橋梁は，車両が通行する路面と橋梁の主構造の高さ関係によって上路橋，中路橋，下路橋と呼ぶ分類ができる．アーチ橋を例にここにあげたそれぞれの形を図2-1-10に示す．アーチ橋やトラス橋では架設地点や使用条件等などの条件によってどの形式を採用するかが決まる．道路橋では走行時の視認性をよくするために橋梁の部材が見えない上路橋を採用する場合が多いが，河川や鉄道を横断する際には桁下空間を高くする条件等から中路橋や下路橋を採用することもある．

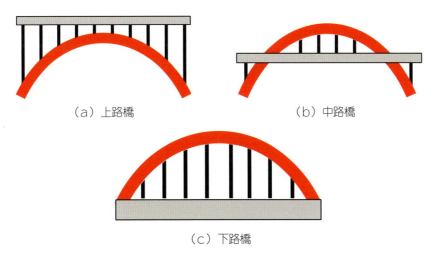

図2-1-10　路面高さによる橋梁の分類

## 2.2 鋼　　橋

鋼を主材料として使用する鋼橋の構造形式，構成する部材の概要とその役割を以下に示す．

### （1）鋼橋の主部材とその役割

鋼橋には，構造的に主要な部材である床版，主桁などがあり，それぞれ橋梁を使用する車両や人の安全を確保する目的で使われている．以下に部材ごとの概要と役割を説明する．

#### 1）床　　版

橋梁を通行する車両の輪荷重や人を直接支持し，床組や主構に伝える重要な構造部材である．トラス橋などでは床版の下に床組と呼ばれる部材が置かれるが，鋼Ｉ桁橋や箱桁橋では通常，床版は主桁に直接接合される．鋼製のものを鋼床版，コンクリート製のものとして鉄筋コンクリート床版，プレストレストコンクリート床版，鋼板とコンクリートの両方を用いた合成床版などがある．

#### 2）主　　桁

橋脚，橋台間に渡され，橋梁の自重や車両などの主たる荷重を支える部材を主桁と呼ぶ．鋼橋の主桁にはＩ桁，箱桁が主に用いられる．主桁は上フランジ，ウェブ，下フランジからなり，ウェブ，フランジには垂直補剛材や水平補剛材と呼ばれる補剛部材が取り付けられている（図2-2-1参照）．鋼Ｉ桁の主桁の高さが高くなると，ウェブが座屈（大きく変形して破壊する現象）するのを防ぐために，鉛直補剛材，水平補剛材と呼ばれる補剛材をウェブ（腹板）に溶接して補強することが多い．これらの補剛材は，ウェブの中で圧縮応力が生じる部分に取り付けられる．また，Ｉ桁は横方向の力には弱く自立できないため，対傾構，横桁，横構などを用い

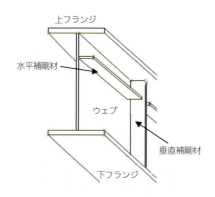

図2-2-1　鋼Ｉ桁橋の主桁

■キーワード：座屈

て相互に連結する場合が多い．これらの横方向の力に機能する部材については，（2）Ｉ桁橋において説明することとする（**図2-2-2**参照）．

　鋼橋は，鋼製の主桁の上に鉄筋コンクリートなどでできた床版を配置し，この上を車両が通過する．この床版と主桁の結合の強さによって，合成桁と非合成桁に区別されている．

　合成桁は床版が主桁と合成され，一体となって橋梁に作用する車両等の荷重を受け持つため，桁断面は上フランジが下フランジに比べて小さくなっている．合成桁は，床版がない状態では橋梁全体の断面性能が低下することになる．このようなことから，架設時や床版打替え時にはベントなどで支持する必要のある死荷重合成構造の場合があるので注意が必要である．合成桁は，主桁と床版を一体化する目的で，一般的にスタッド・ジベル等が上フランジに溶接して設置されている．

　非合成桁は床版がなくても鋼桁のみで外力に抵抗できるよう設計されており，床版打替え時も仮支持等が必要ない．理論上は床版との一体性は必要ないが，床版のずれを防止する目的で鉄筋を溶接し，折り曲げたスラブアンカーをコンクリート床版に定着させ接合させるのが一般的である．スラブアンカーによって床版と上フランジの間には付着もあり，ある程度の大きさの荷重がかかるまでは，主桁と床版は合成桁に近い挙動をすることから，実際の主桁応力は設計応力に比べ小さめとなる．

## （2）Ｉ　桁　橋

　Ｉ桁橋は鋼板を組み合わせて作ったＩ桁が主桁の橋梁であり，橋梁自身の重量や交通荷重をＩ桁で支え下部工に伝える．単純Ｉ桁橋では，主桁中央付近では桁の上側には圧縮応力，下側に引張応力が発生する．主桁は少ない断面で高い剛性が得られるようＩ形が用いられ，Ｉ断面の上下フランジは梁の曲げモーメントを主として受け持ち，ウェブはせん断力を主として受け持つように設計されている（**図2-2-2**参照）．

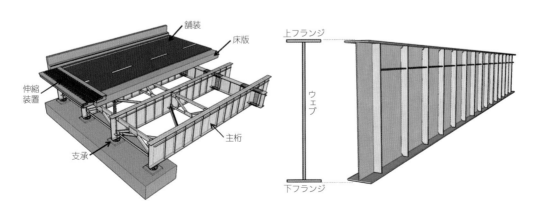

図2-2-2　Ｉ桁構造

## 1) I桁橋の部材名称と役割

①対傾構：対傾構とは，隣接する主桁や主構であるトラスを相互に連結するため，桁と交差する形で配置する骨組構造である．対傾構は橋梁の立体構造を保つために設けられるが，風や地震などの横荷重を主桁へ伝達するとともに，鉛直荷重に対しても荷重分配させ横倒れを防止し，構造全体の剛性を高くする役割も果たしている．対傾構のうち，橋梁の両端に取り付くものを端対傾構，それ以外の位置に取り付くものは中間対傾構と呼ぶ．対傾構はトラス構造として設計されているため，設計上は構造部材に曲げは生じない（図2-2-3参照）．

②横桁：横桁は主桁や主構間にそれぞれと交差するよう配置された桁である．主桁が3本以上あるI桁橋においては，1つの主桁にかかる荷重を隣接する主桁に作用する力に分配する役割を持つ．横桁は主桁中央に1本配置される場合と，複数配置される場合，対傾構をなくしすべて横桁とする場合もある．またトラス橋やアーチ橋では横桁は床桁と呼ばれ，床版を載せる床組に利用されている（図2-2-3参照）．

③横構：横構は主桁間に配置され，風や地震などの横荷重に対して抵抗するために，桁を相互に連結するよう水平に組まれた骨組構造で，ラテラルとも呼ばれる．一般的に下フランジ側に設置される下横構が多いが，上フランジ側に設置される上横構もある．通常，外桁と隣接する主桁（内桁）間に配置されるが，多主桁橋では外桁側，桁端部に配置される（図2-2-3参照）．

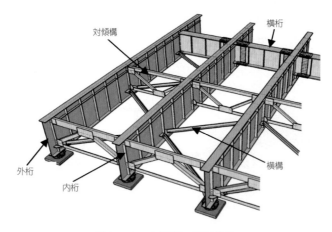

図2-2-3　I桁橋の部材名称

## 2) 主桁形状

I桁の主桁形状は，桁の端部で異なった形状を採用する場合が多い．通常は桁の高さが一定であるフルウェブ形式が多いが，桁下条件などから桁端部の桁高を抑えたい場合には，桁端部のウェブを切り欠いた形状のものを用いることがある．切欠き桁は，中間橋脚間で桁高が大

きくなる場合や，背の高い支承を用いる場合，桁下高さに制限がある場合などに採用される．また，ゲルバー形式の橋では，ヒンジ部の架け違い部において切欠き桁が採用されている．切欠き桁は，切り欠いた部分が応力集中箇所となるため，補強が必要な場合がある（**図2-2-4**参照）．

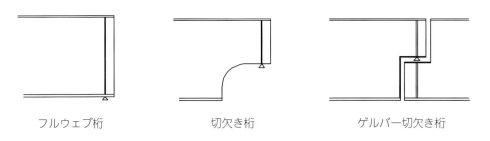

フルウェブ桁　　　　切欠き桁　　　　ゲルバー切欠き桁

図2-2-4　主桁 桁端部の形状

## （3）箱　桁　橋

箱桁橋はⅠ桁橋とともに桁橋で多く使われており，鋼板をロ形の箱に組み立てるのが特徴である．一般に箱桁のほうがⅠ桁よりも曲げやねじりに対して有効であり，Ⅰ桁橋より長い支間の橋梁や曲線形状の橋梁に採用される場合が多い（**写真2-2-1**，**図2-2-5**参照）．

 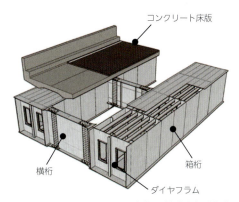

写真2-2-1　代表的な鋼箱桁橋　　　　図2-2-5　コンクリート床版2箱桁橋の構造

箱桁橋は床版の種類によって，コンクリート床版箱桁と鋼床版箱桁に分けられるが，ここでは主にコンクリート床版箱桁について説明する．より軽くて長径間の橋梁となる鋼床版箱桁橋については，**(8) 鋼床版**の項で後述する．また，断面を構成する箱桁の数によって，1箱桁橋（ワンボックス橋），2箱桁橋（ツーボックス橋）と呼ばれている．箱桁では一般的に，箱断面をダイヤフラムと呼ばれるウェブによって内部を区切り，多室構造としたものが多く，多室箱桁と呼ばれる．**写真2-2-1**，**図2-2-5**に示す橋梁はコンクリート床版2箱桁橋と呼ばれ，箱桁どうしは横桁によって連結されている．

鋼箱桁はウェブと呼ばれる鉛直の鋼板と，フランジと呼ばれる水平の鋼板を箱形に組み合わ

せ製作される．それぞれの鋼板は縦リブと呼ばれる橋軸方向のリブで補剛されている．また，箱形状を保ち剛性を維持するために，箱桁の中にはダイヤフラムや横リブと呼ばれる間仕切り部材を取り付ける．ダイヤフラムは支点部や，横桁取付け位置に取り付けられ，横桁からの力を箱桁断面に伝えるため開口部の大きさも制限されている．またダイヤフラム間には横リブのように背の低いフランジ付きリブが2～3断面に設けられる（図2-2-6参照）．

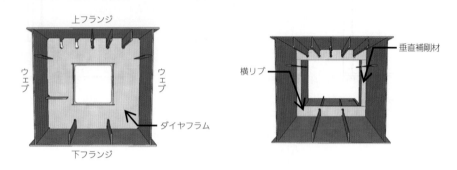

図2-2-6　箱桁内面設置のダイヤフラムと横リブ構造

## （4）トラス橋

　トラス構造とは形状の安定している三角形をいくつも組み合わせた骨組構造のことで，トラスを構成する部材には原理的には曲げは発生せず，圧縮，引張といった軸力のみが作用する．桁橋では曲げに対して様々な補強材を取り付けるが，トラス部材には必要がなくなるため，単純な断面で部材の能力を最大限に活かすことができる．したがって，比較的細長い部材の構成でも長径間（50m～100m程度）の橋梁を架けることが可能となり，桁橋では難しい幅の広い河川や渓谷を跨ぐ橋梁に多く採用されている．しかし，1970年前後から経済性に優れ長支間化が可能で，景観上にも優れる等の理由から斜張橋の採用が多くなった（図2-2-7参照）．

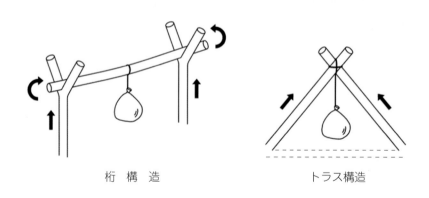

図2-2-7　桁にかかる力とトラスにかかる力

トラス橋の部材名称を**図2-2-8**に示す．主な構成部材は，上弦材，下弦材，斜材，横構，床組等である．またトラス橋には多様な形状のものがあり，**図2-2-9**，**写真2-2-2**に代表的なトラス橋の例を示す．

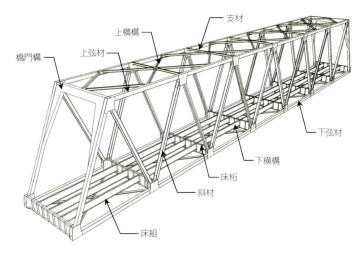

図2-2-8　トラス構造の部材名称

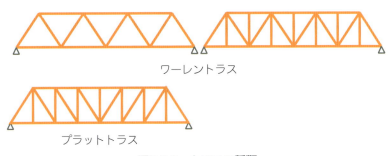

図2-2-9　トラスの種類

東京ゲートブリッジ（東京都）

本奥戸橋（東京都）

写真2-2-2　代表的なトラス橋

## （5）アーチ橋

　アーチ橋は，上向きに曲がった弓形状の梁であるアーチリブで荷重を支える橋梁であり，アーチリブには主に軸方向の圧縮力が作用する．アーチ橋はその構造によっていくつかの形式に区別される．代表的なものとしては，すべての荷重をアーチリブのみで受け持つ単純アーチ橋，アーチリブに弦を張り水平力を受け持たせたタイドアーチ橋，アーチリブには軸力のみを受け持たせ，曲げせん断は補剛桁で受け持たせたランガー橋などがある．さらにタイドアーチの弦を桁にして曲げモーメント，せん断力も受け持たせたローゼ橋やローゼ桁の垂直部材を斜め引張材に変えたニールセン・ローゼ橋も数多く採用されている（図2-2-10，2-2-11参照）．写真2-2-3に代表的なアーチ橋の例を示す．

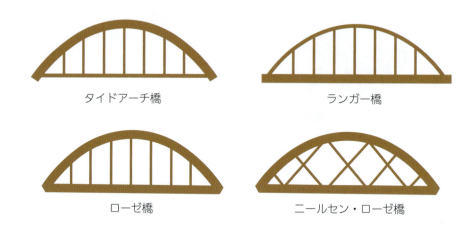

図2-2-10　アーチ橋の代表的形式

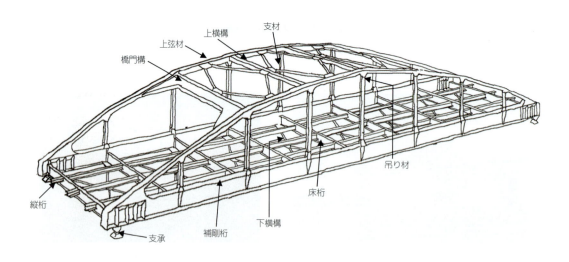

図2-2-11　アーチ橋の部材名称

五色桜大橋(東京都)

永代橋(東京都)

写真2-2-3 代表的なアーチ橋

## (6) ラーメン橋

桁橋の橋脚，橋台を主桁と剛結して一体構造とした橋梁をラーメン橋という．ラーメン橋は，隅角部に負の曲げモーメントが生じるので，主桁中央に生じる正の曲げモーメントを小さくすることが可能となる（**図2-2-12**参照）．したがって主桁の高さを低く抑えることが可能となるため，桁下空間に制約がある場合に有利な構造となる．ラーメン橋の中でも，πラーメン橋は方杖（ほうづえ）ラーメン橋とも呼ばれ，深い谷などでも谷の側面を利用して支承間隔を長くとれるメリットがあり，実績が多い．フィレンデール橋はトラスの斜材をなくし，弦材と垂直材を剛結したラーメン構造と考えることができる（**図2-2-15**参照）．ラーメン構造の隅角部には応力集中が発生するので，疲労亀裂等の有無に特に注意して点検しなければならない（**図2-2-13，2-2-14**参照）．**写真2-2-4**に代表的なラーメン橋の例を示す．

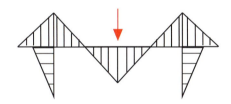

図2-2-12 ラーメンに働く曲げモーメント

図2-2-13 門形ラーメン橋

曙橋(東京都)

写真2-2-4 代表的な門形ラーメン橋

図2-2-14 方杖ラーメン橋

豊海橋（東京都）

図2-2-15 フィレンデール橋　　　写真2-2-5 代表的なフィレンデール橋

## （7）吊橋・斜張橋

　吊橋，斜張橋については，ケーブル腐食など維持管理上重要な点検内容があるが，これらの長大橋については，先述したように，専門の点検技術者が担当することが多く，一般的な点検とは異なっていること，吊り構造長大橋特有の点検方法であることなどから本章では省略することとする．

## （8）鋼床版
### 1）形式と機能

　車両や人が通る路面の下には床版がある．床版は人や車両を支えるだけなく，床版自体の重量を含めた全荷重を主桁や横桁に伝える重要な構造物である．床版上にはアスファルトやコンクリートが平滑な路面を形成している．

　床版は鉄筋コンクリートやプレストレストコンクリートが用いられることが一般的であるが，鋼板のみを用いる鋼床版もある．ここで，鋼床版についてその特徴を示すこととする．鋼床版は，鋼板のみでは薄板であることから，下面にリブを補剛材として取り付け，路面上を通行する車両や歩行者の荷重を支えられるように工夫されている．車両が通行する方向の橋軸方向には縦リブ，橋軸直角方向には横リブが配置され，床版の鋼板と一体化することで確実に荷重を支持する構造となっている．

　鋼床版の重量は，鉄筋コンクリート床版と比較すると1/2〜1/3となることから，コンクリート系床版の橋梁に比べ，上部工の重量を半減することが可能となる．このような理由で上部構造の軽量化が可能となることから基礎などの下部工も小さくすることが可能となり，地盤

条件の悪い地域や上部構造を軽くすることが必要な長大橋の補剛桁などに多く利用されている．

縦リブには平リブ，バルブプレートなどの開断面のリブと，通常Ｕリブと呼ばれる台形形状のトラフリブなどが利用される．一般的なバルブ鋼床版箱桁，Ｕリブ鋼床版の形を図2-2-16に示す．

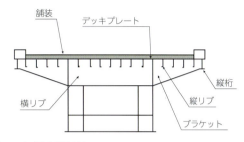

（a）バルブプレート鋼床版箱桁

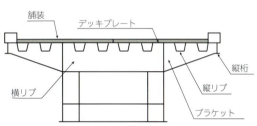

（b）Ｕリブ鋼床版箱桁

図2-2-16　鋼床版桁構造

## 2）鋼床版縦リブ

鋼床版の鋼板に取り付ける縦リブには開断面リブ，閉断面リブがあり，その代表例としてＵリブ，バルブリブを示す．図2-2-17に示した（C）平リブは鉄筋コンクリート床版を有する鋼箱桁で使用されており，鋼床版に用いられることは少ない．リブが取り付く鋼板には，製作時に加工されたスカーラップがあり，この部分の回し溶接部に疲労亀裂が発生することがある（図2-2-17参照）．

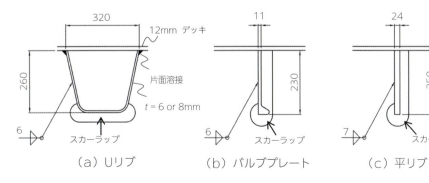

図2-2-17　鋼床版の縦リブ

初期の鋼床板の縦リブは開断面のものが多く，ほとんどがバルブプレートと呼ばれる球根状の形鋼が縦リブに用いられバルブリブと呼ばれる場合がある．縦リブに用いられる閉断面リブとして代表的なものはUリブと呼ばれる台形状のもので，トラフリブとも呼ばれている．このUリブ鋼床版は1970年代から多く採用されるようになった．閉断面リブの利点は，ねじり，たわみに対する断面性能が高く，横リブ間隔はバルブリブの1.5m程度に対して2.5m以下と規定されていること，リブのウェブ間隔がバルブリブは幅方向に300mm，Uリブはウェブどうしの間隔が320mmで取り付けられること，開断面リブよりUリブの溶接延長がほぼ半分になるなど経済的である．また，リブ内面の塗装が不要なため，塗装面積も開断面リブと比較して半分程度となる．このように，開断面リブよりも閉断面リブのほうが経済的であることから採用事例が増加している．

　鋼床版のデッキプレート板厚はこれまで一般部において12mmが標準とされてきたが，重交通路線におけるデッキ溶接部の疲労亀裂発生事例等から，2012年（平成24年）道路橋示方書（以下，道示）に重交通路線にUリブを用いた鋼床版を採用する場合については16mmの板厚を使用するよう規定された．

　なお点検時の留意点としては，図2-2-18に示すスリット部分付近に疲労亀裂発生事例が多いので十分注意して点検を行うことが必要である．鋼床版を製作する際，第一に鋼板と縦リブを溶接し，次に横リブを上から落とし込む．この製作上の理由から縦リブを横リブの切欠きにはめ込む際に横リブ側にスリットを設けている．当該部分の縦リブと横リブの溶接はスリット端で回し溶接を行うことから，溶接欠陥が生じやすいことが亀裂発生の理由である．

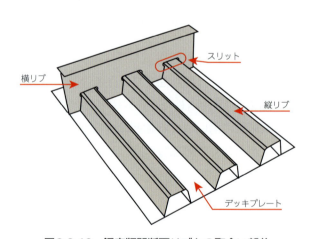

図2-2-18　鋼床版閉断面リブとの取合い部分

### 3）鋼床版と疲労損傷

　鋼床版は車両の輪荷重を直接支持することから，疲労損傷が発生しやすい部材である．道路橋では車両の大型化，過積載車の影響もあり，1980年代から重交通路線で鋼床版の疲労損傷が発見されるようになった．そのような状況を踏まえ，1980年（昭和55年）道示では200万回の繰返しに対して疲労が発生しない構造とするため，疲労照査に用いる応力はT荷重1台

による最大応力度とすることが規定された．その後，1991年（平成3年）年に土木学会から「鋼床版の疲労」が刊行されるとともに，鋼床版の疲労損傷に対処できるよう道示の規定も改訂された．さらに2001年（平成13年）道示では鋼床版の疲労については，応力による照査では対応が難しく，細部構造の設計で対応することとされた．この道示ではデッキとUリブの溶接の溶け込み量を板厚の75%とすることが規定された．さらに2012年（平成24年）道示ではUリブ鋼床版のデッキ厚が16mm以上と規定され，鋼床版の疲労耐久性向上に重点をおいた変更がなされた．

### 4）軽 量 化

　近年，橋梁を軽くするために，鋼板をリブで補強した鋼床版が使用されるケースが多くなってきた．鋼材は比重が約7.8t/m$^3$でコンクリート床版の約3倍であるが，床版の厚さを薄くすることが可能なことから床版として採用される場合の重さは鉄筋コンクリート床版の1/2～1/3以下となる．一般的な鉄筋コンクリート床版の重量は主桁間隔3m以内であれば，平米あたり700kgf～900kgfとなるが，鋼床版の重量は，平米あたり230kgf～250kgfとなる．それゆえ，支間40m～60m程度の鋼桁橋では，鉄筋コンクリート床版橋と鋼床版橋の上部工の重量比率は0.4～0.5程度となり，これが鋼床版採用の理由である．

### （9）鋼・コンクリート合成床版

　鋼・コンクリート合成床版は，鋼板を床版の下面に配置し，上側にコンクリートを打設して一体化する床版であり，現場における工期の短縮と高耐久性を求めて開発された床版である．鋼・コンクリート合成床版は，製作会社ごとにいろいろな種類があるが，いずれも高架構造の橋梁が同一な規格で連続化する部分に多く使われる事例が多い．その理由として工場で製作された構造部である鋼板は，コンクリート打設時の型枠代わりに使用できる長所があるためである．鋼部分が軽量であることから架設重機の小型化，型枠が不要になることや機械設備の小型化等による費用縮減や工期短縮，あるいは床版構築時の安全性から，採用事例が増加している．なお，土木学会が「鋼構造設計指針」鋼・コンクリート合成床版の設計指針を制定して以来，この指針によって建設された鋼・コンクリート合成床版が多い．

### （10）鋼 製 橋 脚

　鋼製橋脚は，重量を軽くする必要のある軟弱地盤や都市内高架橋のような厳しい建設空間において橋脚の機能を果たす目的の複雑な形状となる橋脚に採用されることが多い．橋脚は梁と柱で構成されており，門形の鋼製橋脚の例を図2-2-19に示す．車の進行方向から見た門形橋脚の状態であり，上部工はこの橋脚の梁の上に設置される．図で示した事例の橋脚は，梁・柱を剛結して組んだラーメン構造の橋脚である．ラーメン構造は図の左右方向に力が作用した場合，剛結フレームとして抵抗するが，このとき生じる曲げをラーメンの面内曲げと呼んでいる．

　橋脚では車の進行方向に面した面をウェブと呼び，それと直交する面をフランジと呼んでい

る．フランジはラーメンの面内方向の曲げ力に対して抵抗し，ウェブは面外方向の曲げに対して抵抗する．**図2-2-19**の図中で※印を付けた桁部分は，柱と梁のフランジが接合する部分で，隅角部と呼ばれ，橋脚の中でも最も大きな応力が発生する箇所である．

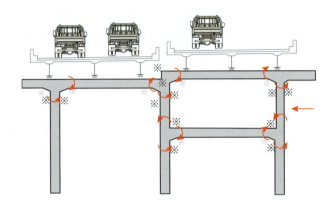

図2-2-19　鋼製橋脚の例

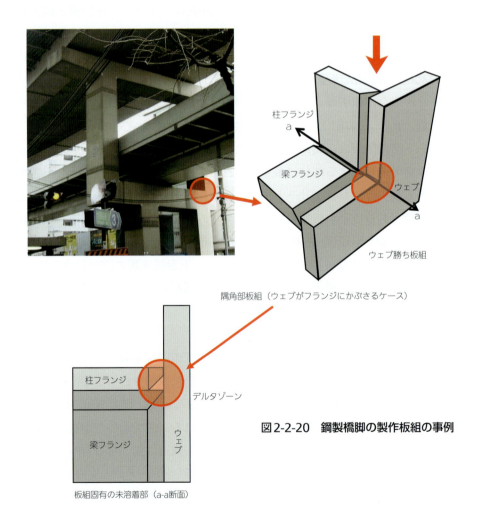

図2-2-20　鋼製橋脚の製作板組の事例

鋼製橋脚の隅角部を製作するには，梁か柱のいずれかのフランジを通し，他方を切断し，溶接で接合される．どちらのフランジも力を伝達する主要部材であるため，通常は完全溶け込みが必要とされるが，過去の橋脚では部分溶け込み溶接のまま製作された橋脚が多数存在している．

図2-2-20に示すように，フランジの両端はウェブと溶接されるため，柱フランジ，梁フランジ，柱梁ウェブといった3枚の板を溶接することになる．このような3面の交差部を部分溶け込みでは板厚すべてを溶け込ませることは困難で，溶接内部に未溶着部が残ることになる．特に橋脚隅角部においてはフランジ両端部の3溶接線交差部に三角柱状の未溶着部が残る場合があり，このような未溶着部はデルタゾーンとも呼ばれている．隅角部のデルタゾーンでは，溶接内部に割れ，融合不良などの溶接欠陥が生じやすく，加えて隅角部端部は応力集中が高く，疲労亀裂の発生が多発する箇所である．隅角部の疲労亀裂は，未溶着部を起点とするルート亀裂がほとんどであり，その位置，方向は板組から推測可能である．例えば，図2-2-20の右に示すようなウェブ勝ちの板組において，赤色矢印の方向から見た構造詳細が下図（a‐a断面）である．ここで明らかなように3枚の板の間には三角形のデルタゾーンがあり，この位置に溶接金属が溶け込まず，空洞ができることが問題となる．このような理由から，当該箇所の点検を行う際には，当該箇所の複雑な構造を理解し注意深く点検を行う必要がある．

なお，近年は過去の疲労亀裂発生事例から隅角部の完全溶け込み溶接が徹底されており，隅角部未溶着からの疲労亀裂が発生するおそれは少なくなっている．

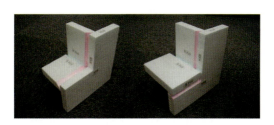

角柱W-Wタイプ　　角柱W-Fタイプ

図2-2-21　角柱の板組と溶接線の位置

未溶着部の位置，形は橋脚の板組により異なるため，不明な場合は板組模型により確認するとよい．図2-2-21に板組模型の例を示す．板組の英字は，それぞれ，梁，柱の勝ち部材（コバが見える部材）を示す．このような模型によって，亀裂の発生位置，進展パターンを点検前に推定しておくことは，点検，非破壊検査を適切に行うために有用であるので参考にするとよい．

## 2.3　コンクリート橋

コンクリート橋の構造形式，構成する部材の概要とその役割を以下に示す．

### （1）コンクリート橋の部材

コンクリート橋には，鉄筋コンクリート（Reinforced Concrete）橋とプレストレストコンクリート（Prestressed Concrete）橋がある．

コンクリートの基本性質として，引張力に対する抵抗が小さく，圧縮力と比べて約1割の耐力しかない．そのため，部材に作用する引張力に対して，鉄筋コンクリート構造の場合は鉄筋を配置して補強し，プレストレストコンクリート（以下，PC）構造の場合はPC鋼材を配置して引張力を打ち消す緊張力（プレストレス力）を導入する（**図2-3-1参照**）．

したがって，鉄筋コンクリート橋は，荷重作用によって生じる引張力を補強鉄筋で抵抗させるので，補強鉄筋は伸びる．そのため，コンクリート部材にひび割れが生じるが，鉄筋に作用する引張力は許容引張応力度以下に設計されることから，ひび割れ幅としては0.2mm程度以下を許容の目安としている．しかし，PC橋は，ひび割れが生じないように部材にプレストレス力を導入するので，ひび割れの発生は許容されていない．

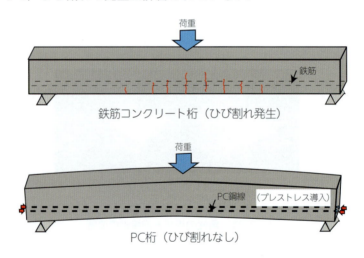

図2-3-1　鉄筋コンクリート桁，プレストレストコンクリート桁の特性

次に，PC桁のプレストレス導入方法について説明する．導入方法には，プレテンション方式とポストテンション方式とがある．まず，プレテンション方式（略称，プレテン）であるが，PC鋼材をアバット（PC鋼材を緊張して止める架台）の間に配置し，鉄筋を組み，型枠を組み立て，PC鋼材を緊張してからコンクリートを打設する．コンクリートが十分固まってから，

---

■キーワード：鉄筋コンクリート，プレストレストコンクリート，プレテン，ポステン，グラウト，間詰めコンクリート，プレキャスト，コンポ橋，ゲルバー，有ヒンジ，外ケーブル

ジャッキの緊張力を徐々に緩めるとコンクリートにプレストレスが導入される．PC鋼材は鋼線または鋼より線を使用し，細かく分散配置される．細かく分散配置されることから腐食によって破断しやすくなるが，分散配置のため一部の鋼材が破断しても部分的にプレストレスが消失するだけであり，全体的には影響が小さい．

　次に，ポストテンション方式（略称，ポステン）は，コンクリートを打設する前にあらかじめシースと呼ばれる中空の薄肉管を配置しておき，コンクリートを打って固まってからその管にPC鋼材を挿入し，PC鋼材を緊張してコンクリートにプレストレスを導入する．その後，シース内にグラウト材を充填してコンクリート部材と一体化させる．シース内にグラウトすることは，PC鋼材の防食を兼ねており，グラウトが充填されていれば問題はないが，グラウトが充填不良の場合に数々の問題が生ずることが多い．PC鋼材が腐食して破断した場合，耐荷力に大きな影響を与えるので，問題が発生する前にグラウトが十分行われているかどうかを調査することが重要となる．このような理由から，近年は現場におけるグラウトを必要としないノングラウトタイプの採用事例が多い．なお，先に示すグラウト未充填に関する有効な調査方法が確立されていないことから，的確に調査する非破壊検査手法について種々の研究機関において取り組んでいる．

## （2）床版橋

　床版橋とは，床版が主構造として車両や人を支える役目を果たす橋梁である．床版橋の種類としては，PCプレテンション（以下，PCプレテン）床版橋，PCプレテン中空床版橋，PCポステン中空床版橋，鉄筋コンクリート床版橋および鉄筋コンクリート中空床版橋がある．

### 1）PCプレテン床版橋

　工場で製作されたPCプレテン桁を並べ，これを間詰めコンクリートとPC鋼材によって横締めして一体化した構造である．わが国で初めてのPC橋は1952年，石川県に誕生したこの形式の長生橋である．PCプレテン床版橋の適用支間長は5m〜13m程度が多く，1959年にJIS化されたが，1991年にPCプレテン中空床版橋がJIS化されるに伴ってJIS規格から外された（**図2-3-2**参照）．

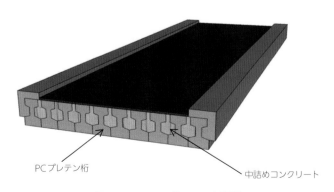

**図2-3-2　PCプレテン床版橋**

## 2）PCプレテン中空床版橋

工場で製作された重量軽減を目的とした中空桁を並べ，間詰めコンクリートと横締めPC鋼材によって一体化された構造で，PCプレテン床版橋と原理は同じである．適用支間長は5m～24mぐらいのものが多い．PCプレテン床版橋よりも適用支間長が長くできるため，1970年ごろからPCプレテン中空床版橋が採用される事例が増加した．1991年にPC床版橋に代わりJIS規格化された（**図2-3-3，2-3-4**参照）．

図2-3-3　PC中空床版橋

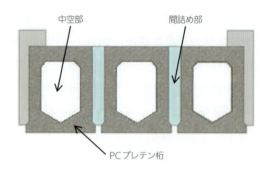

図2-3-4　構造概要

## 3）PCポステン中空床版橋

PCポステン中空床版橋は，支保工上に外型枠を設置した後に重量を軽減する目的で円筒型枠（ボイド）を埋設して中空部を作り，コンクリート打設後にプレストレスを導入して製作し，床版が荷重を支える主構造となっている．桁高支間長比は小さく，1/22程度となる．標準支間長は20m～30mと比較的長支間に対応が可能となった（**図2-3-5**参照）．

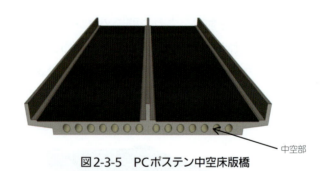

図2-3-5　PCポステン中空床版橋

## 4）鉄筋コンクリート床版橋

鉄筋コンクリート床版橋は，支保工上に外型枠を設置して鉄筋を配置した後，先に示したPCポステン中空床版橋と同じく円筒型枠（ボイド）を埋設し，コンクリートを打設する床版橋である．支間の短い鉄筋コンクリート橋では，ボイドのない床版橋もある．鉄筋コンクリート床版橋はPCの床版橋と同様に床版が主構造を兼ねており，標準支間長は20m以下の比較的短い橋に適用される場合が多い（**図2-3-6**参照）．

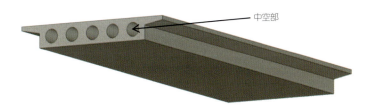

図2-3-6　鉄筋コンクリート中空床版橋

### (3) T 桁 橋

T桁橋とは，主桁の断面がコンクリート製のT形形状をした橋梁である．T桁橋の種類としては，PCプレテンT桁橋，PCポステンT桁橋，PCポステン合成T桁橋とPCポステンコンポ橋および鉄筋コンクリートT桁橋がある．

### 1）PCプレテンT桁橋

主桁は工場製品で，JIS規格の桁が多く，主桁を横桁および間詰めコンクリートとPC鋼材による横締めによって一体化した構造である．適用支間長は1960年のJIS規格当時は8 m～15 m，1971年には10 m～21 m，1994年には，道路構造令の一部改正とともに18 m～24 mに拡大された．同時に，それまで上フランジ断面の側面の形状は鉛直であったが，間詰めコンクリートのはく離落下事故の発生を危惧し，テーパーと補強鉄筋が付く構造に変更された（図2-3-7，2-3-8参照）．

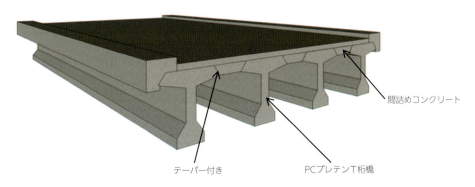

図2-3-7　PCプレテンT桁橋

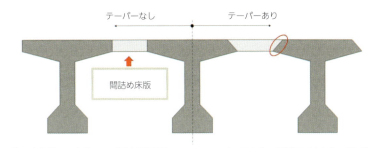

図2-3-8　PCプレテンT桁の間詰め床版部の構造

## 2）PCポステンT桁橋

　PCポステンT桁橋の主桁は，T形のプレキャスト桁（現場付近の製作ヤードにおいてあらかじめシース管を配置した桁にプレストレスを導入したPC桁を製作した後，現場へ運搬して設置を行う工法）であり，これを横桁（両端部横桁と1カ所以上，かつ15m以下の間隔で設置する中間横桁）および床版の間詰めコンクリートとPC横締めで一体化した構造である．適用支間長は，1969年に制定された建設省標準設計では14m～40m，1994年には大容量のPC鋼材の利用が可能となり20m～45mに拡大された．また，1969年に上フランジの側面にはテーパーが付く構造（図2-4-8プレテン桁と同様）となり，1993年からは，PC鋼材がマルチワイヤーケーブルからマルチストランドケーブルへ切り替えられ，PC鋼材の配置本数が少ないことから，それまで一部桁上面で定着していた構造を桁端部に定着できるようになった（図2-3-10参照）．なお，PCポステンT桁の上フランジは，床版も兼ねた構造となっている（図2-3-9参照）．

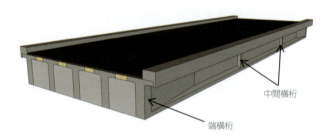

図2-3-9　PCポステンT桁橋

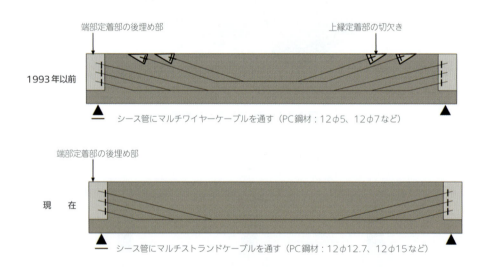

図2-3-10　定着部の変更（上縁定着から桁端定着へ）

### 3) PCポステン合成桁橋

　PCポステン合成桁橋は，I桁形状のプレキャストPC桁（ポステン桁）と場所打ち鉄筋コンクリート床版とをずれ止め鉄筋（ジベル）によって結合し，主桁と床版が一体となって抵抗する合成桁を採用した橋梁である（**図2-3-12，2-3-13**参照）．当該構造の適用支間長は20 m〜40 mである．1993年以前に架設されたこの形式の合成桁橋ではPCポステンT桁橋と同じくPC鋼材が桁の上縁に定着された構造（**図2-3-10**参照）が多く，横桁部も両端部横桁と中間横桁が1カ所以上かつ15 m以下の間隔で設置され，PC横締めで一体化される構造である（**図2-3-11**参照）．

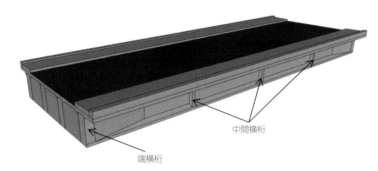

図2-3-11　PCポステン合成桁

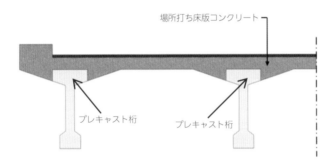

図2-3-12　PCポステン合成桁の構造概要

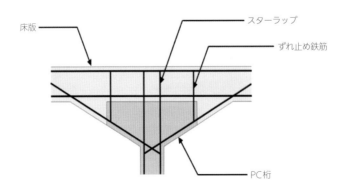

図2-3-13　PCポステン合成桁ずれ止めの構造

## 4）PCコンポ橋

　PCコンポ橋の主桁は，上フランジ幅を大きくしたPCポステンT桁断面であり，床版については，工場で製作されたPC版を主桁上面に設置し，その上に場所打ちコンクリートを打設した合成床版構造となっている．当該構造の主桁の中には，いくつかに分割して製作した桁を架設地点で一体化するプレキャストセグメント工法を用いる場合もある．標準的な支間長は25m〜45mである．PCコンポ橋の横桁部については，両端部横桁と中間横桁が1カ所以上かつ15m以下の間隔で設置され，PC鋼材による横締めで一体化される構造である（図2-3-14参照）．

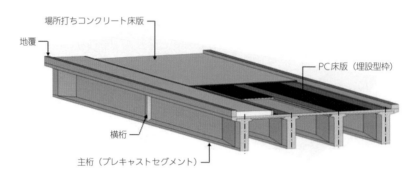

図2-3-14　PCコンポ橋

## 5）鉄筋コンクリートT桁橋

　鉄筋コンクリートT桁橋は，鉄筋コンクリートT形状の主桁と床版を現場で施工する橋梁である．標準支間長は20m以下となっている．この形式の橋梁は，PC桁が採用され始める以前に多く製作され，架設されていたが，近年での採用は少なくなってきている（図2-3-15参照）．

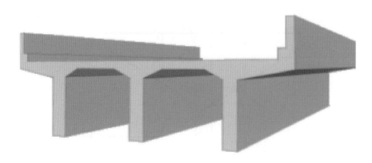

図2-3-15　鉄筋コンクリートT桁橋

## （4）箱桁橋

箱桁橋とは，断面が箱型の主桁を用いる橋梁であり，PCポステン箱桁橋と鉄筋コンクリート箱桁橋がある．断面形状は，幅員に応じて図2-3-16に示すような異なった箱形状の種類がある．

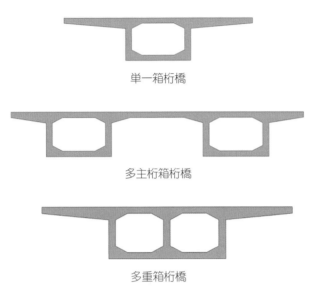

図2-3-16　箱桁形状の種類

### 1）PCポステン箱桁橋

主部材は，上フランジと下フランジおよび2本以上のウェブから構成された断面を採用した橋梁である．先に示した鋼橋と同様で，箱桁形状によるねじり剛性が大きいことから，長大橋や幅員の大きい橋梁，曲線橋に数多く採用されている．桁高支間長比は1/17，標準支間長は，20 m～60 mの場合が多い（図2-3-17参照）．

図2-3-17　PCポステン箱桁橋

### 2）鉄筋コンクリート箱桁橋

支保工上に外型枠と内型枠を設置し，鉄筋配置した箱桁断面にコンクリートを打設した鉄筋コンクリート構造を採用した橋梁であり，標準支間長は，20 m以下で単一箱桁橋のケース

が多い．鉄筋コンクリート箱桁橋も他の鉄筋コンクリート橋と同様で，同種のPC橋の開発によって採用事例は少なくなってきている．

## （5）連結桁橋

連結桁橋には，連結PCプレテン中空床版橋，連結PCプレテンT桁橋，連結PCポステンT桁橋，連結PCポステン合成桁橋，連結PCコンポ橋がある．

これらはいずれもプレキャスト単純桁を架設し，中間支点上の負の曲げモーメントが働く縦目地部にPC桁間を連結する鉄筋を配置し，コンクリートを打設して一体化構造とした連続桁橋である（**図2-3-18**参照）．

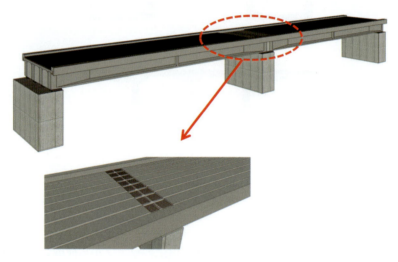

図2-3-18　連結桁の構造

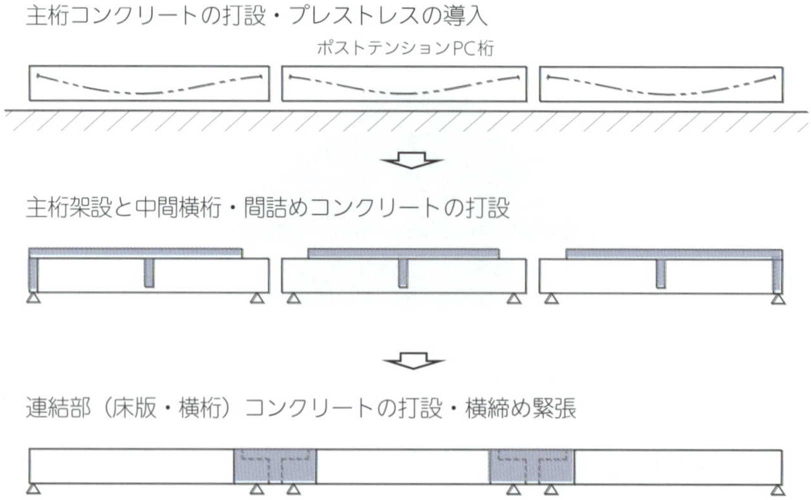

図2-3-19　鉄筋コンクリート連結方式の施工手順

連結部支承は2点のゴム沓を使用し，連結前の荷重に対しては単純桁として作用するが，連結後のすべての荷重に対しては連続桁として作用する構造である．このように，単純桁から連続桁に構造系が変化することによって生ずるクリープや乾燥収縮による不静定力が作用するため，連結部（中間支点部）の製作には特に注意する必要がある．鋼橋で示した連続橋と同様に，伸縮装置が少ない連続桁構造となることによって走行性や維持管理上の優位性が発揮されるため，近年この形式の連結プレテン桁橋や連結PCコンポ橋を採用する事例が増加している．

連結PCポステンT桁橋の施工手順を以下に示す（**図2-3-19**参照）．

---
製作ヤードにおける連結PCポステンT桁橋の施工手順
① プレキャスト桁の製作およびプレストレスの導入
② プレキャスト桁の架設現地への運搬・架設
③ 場所打ち鉄筋等の配置
④ 中間横桁および床版間詰め部のコンクリート打設
⑤ 連結部（床版，横桁）のコンクリート打設
⑥ 横桁，床版の横締めプレストレスの導入
---

## （6）その他の橋

その他の橋梁の形としては，コンクリート橋の構造形式として，（2）から（5）に述べてきた一般的なコンクリート桁橋以外に，ラーメン橋，ゲルバー橋，PC斜張橋，エクストラドーズド橋などがある．また，最近建設されている複合構造形式の波形鋼板ウェブ橋もPC橋に分類されるが，供用年数がまだ少ないこと，維持管理関連の情報が少ないことなどから説明は省略する．

### 1）ラーメン橋

連続桁橋との違いは，中間支点部に支承がなく，主桁と橋脚が剛結構造となっており，連続ラーメン橋と有ヒンジラーメン橋に区分される．連続ラーメン橋を**図2-3-20**に示す．

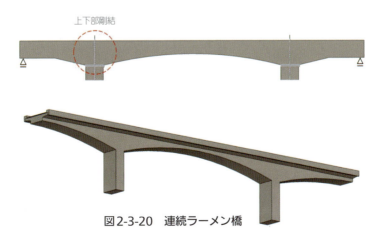

**図2-3-20　連続ラーメン橋**

有ヒンジラーメン橋は，支間中央にヒンジを有する構造である．ヒンジ部とは，通常鉛直方向のせん断力を伝え，モーメントや軸力を伝えない構造のヒンジ沓が取り付く構造である．連続ラーメン橋と比較して不静定次数が少なく，単純な構造形式であるが，ヒンジ部が維持管理上の弱点となりやすい．このような特徴のある構造であることから，点検時には中央ヒンジ部分の垂れ下がり，角折れ，ひび割れ損傷や振動等に注意する必要がある（図2-3-21参照）．

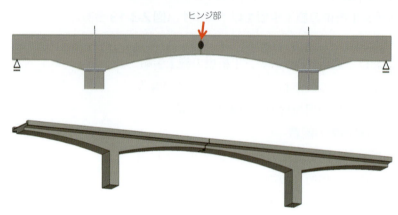

図2-3-21　有ヒンジラーメン橋

## 2）コンクリートゲルバー橋

　コンクリートゲルバー橋は，中間部の適切な位置に切欠き，かけ違い部のヒンジ構造を設けた橋梁である．コンクリートゲルバー橋は，単純桁に比べて径間長が長くできるため採用されてきたが，近年，かけ違い部が弱点となり，当該箇所にひび割れやはく離等の損傷が多く発生し，維持管理上問題を抱える状況が多くなったことから採用は少なくなった．また，ゲルバー部分（継目）を通過する車両には衝撃が発生する場合が多く，走行性能が劣ることも採用事例が減少する大きな理由の一つである（図2-3-22参照）．

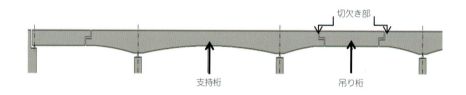

図2-3-22　コンクリートゲルバー橋

## 3）PC斜張橋

　主桁にプレストレストコンクリートを使用したPC斜張橋は，長大橋に多く採用されているが，近年地域の景観に配慮し，モニュメント性を求めて中小橋にも採用される場合もある．架設方法には支保工方式もしくは張出し方式の2種類がある．日本では200mを超える大規模な橋梁に採用されており，最長のものは矢部川大橋（中央支間261m）である．なお，鋼主

桁を含めた斜張橋としては，蘇通大橋（中国）があり，中央支間が1,088mである（**図2-3-23**参照）．

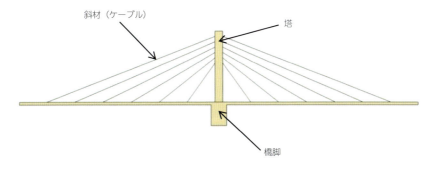

図2-3-23　PC斜張橋

### 4）エクストラドーズド橋

　一般的に，PC橋の場合外ケーブルは主桁内部に配置されるが，エクストラドーズド橋は主塔を設けて主桁上側に大偏心ケーブルとしての外ケーブルを配置し，主桁にプレストレスを与える構造を採用した橋梁である．外観的にはPC斜張橋に似ているが，吊り構造よりも主桁の剛性が大きい桁橋に近い挙動を示す．エクストラドーズド橋は，主塔が低く斜材の角度が小さいため，変動荷重による応力振幅を抑えることができ，斜材張力を大きく設定することが可能で経済性に優れる．標準支間は200m以下が多い（**図2-3-24**参照）．

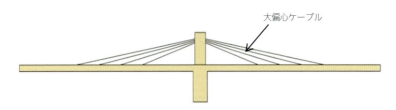

図2-3-24　エクストラドーズド橋

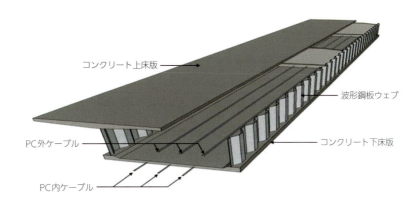

図2-3-25　波形鋼板ウェブ橋

### 5）波形鋼板ウェブ橋

　波形鋼板ウェブ橋は，プレストレストコンクリートと鋼との複合構造を採用した橋梁である．主桁自重の10％～20％を占めるコンクリートウェブをPC外ケーブルの採用によって波形鋼板とすることで，自重を軽減できるという長所がある．波形鋼板は，アコーディオン効果によってプレストレスの導入効率を高めるとともに，せん断座屈抵抗性が高いのが特徴である（図2-3-25参照）．

## 2.4　コンクリート床版

　コンクリート床版には，鉄筋コンクリート床版とPC床版のほかに，鋼桁あるいはPC桁と合成した合成床版がある．床版は，活荷重を直接受ける部材で損傷事例も多かったことから，設計および施工の基準をそのつど見直し今日に至っている．

　床版は直接活荷重を受ける床版としての役割のほかに，合成桁においては主桁の一部としての役割を担っている．そのため，床版に損傷が生じた場合，橋梁の機能に与える影響が極めて大きく，補修・補強事例の最も多い部位である．コンクリート床版は，鉄筋コンクリート床版とPC床版とに構造的に区分される．

　なお，鋼・コンクリート合成床版も似通った外観，構造であるが，床に使用する鋼板の板厚が厚い等から，鋼橋の章で説明した．

### （1）鉄筋コンクリート床版

　鉄筋コンクリート床版は，鉄筋コンクリート構造で，多くは場所打ちコンクリートで施工される．床版としては鋼橋やコンクリート橋に多く採用されている．鉄筋コンクリート床版は，非合成形式と合成形式に分けられ，合成形式の場合は，スタッドジベルなどによって床版と桁を一体化するのが特徴である（図2-4-1参照）．

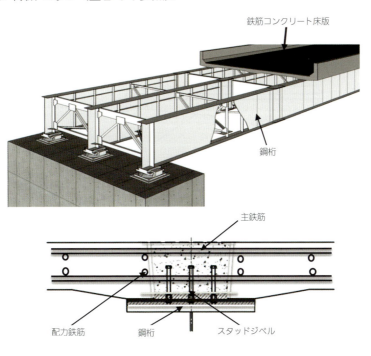

図2-4-1　鉄筋コンクリート床版（合成形式の事例）

■キーワード：鉄筋コンクリート床版，PC床版，PC合成床版

## （2）PC床版

　　PC床版の主構造は，橋軸直角方向にプレストレスを導入したPC構造である．鉄筋コンクリート構造に比較して耐荷力および耐久性に優れ，床版厚を薄くできる．PC床版には，場所打ちタイプと工場で製作するプレキャストタイプの2種類がある．

　　PC場所打ち床版は，従来の場所打ちコンクリート施工されていた鉄筋コンクリート床版に対して，橋軸直角方向にポストテンション方式によるプレストレスを導入した床版である（**図2-4-2**参照）．

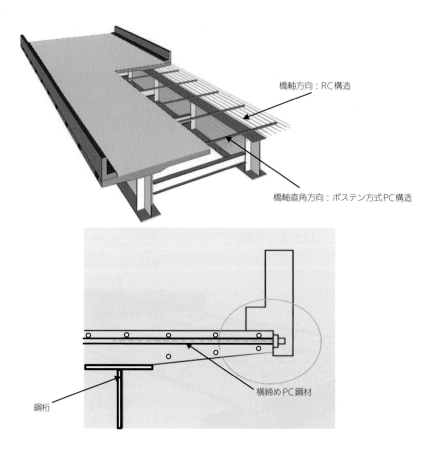

**図2-4-2　PC場所打ち床版**

　　PCプレキャスト床版は，床版を橋軸直角向に分割したプレキャストPC部材を接合させて一体化させた床版（**図2-4-3**参照）であり，新設の橋梁のみでなく，供用している橋梁の床版打替えにも適用できる．

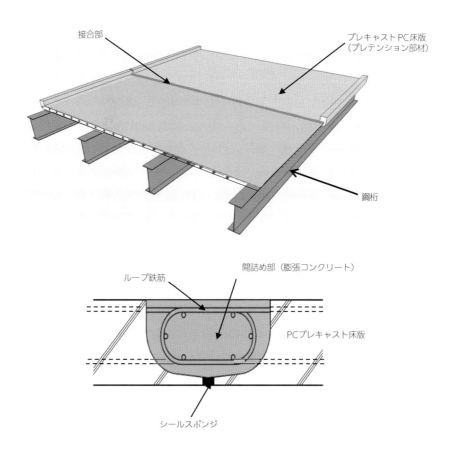

**図2-4-3　PCプレキャスト床版の構造と接合部**

### （3）PC合成床版

　PC合成床版とは，工場製作されたプレキャスト板と場所打ちコンクリートとを一体化したPC合成床版である．

　PC合成床版とは，架設された主桁（鋼桁，PC桁）上に従来の鉄筋コンクリート床版の代わりに工場で製作されたプレキャストPC板を敷設し，その上にコンクリートを打設して一体化した構造である．特長として，型枠，支保工の組立て・解体の作業が省略でき，安全性が向上すること，PC板の使用による軽量化やプレストレストコンクリートを用いることによる耐久性の向上，および工場製作による現場工期の短縮が図れることから，近年，採用が増加している．なお，1987年（昭和62年）「プレストレストコンクリート合成床版工法　設計施工指針（案）」（土木学会）が制定されているので参考にするとよい．

# 2.5 下 部 工

　道路橋の下部工は，床版，桁などの上部構造を支える橋台，橋脚からなっている（図2-1-1参照）．下部構造は，一般的に橋梁の端部にある橋台，橋長が長くなると中間に橋脚の組合わせとなる．橋台，橋脚は躯体と支持層に橋梁に作用する力を伝達している基礎に分けられる．橋台，橋脚はコンクリート製と鋼製がある．下部工には，種々な構造形式があるが，建設地点の地形，地質，上部構造からの制限や河川，鉄道，道路などを跨ぐ条件および周辺環境などを考慮して選定される．

## （1）橋　　台

　橋台は，橋梁の端部に設置され，背面の土圧等に抵抗し，空間を確保するために必要な構造物で，上部構造を確実に支える機能を果たすために，橋台本体の重量によって目的を果たす重力式橋台と，背面の土砂等の重量と橋台本体の重量を利用して目的を果たす控え式，逆T式，L形式などがある．橋台には，上部工の荷重を地盤に伝達し，橋台の沈下，傾斜，転倒や滑動などに抵抗し，安定を図るフーチング，橋台の背面に作用する土圧を抑える竪壁（たてかべ），橋座と路面間に作用する土圧および車両等の輪荷重を抑えるパラペット（胸壁），橋台の背面に位置する土砂，舗装の崩壊を抑止するウイング（翼壁），上部工と上部工に作用する車両荷重等を支承を介して竪壁に伝達する橋座がある．

　橋台と連続する部分には，橋梁と背面側の盛土等との路面の連続性を確保する構造である橋台背面アプローチ部がある．橋台背面アプローチ部は，基礎地盤の安定性，橋台背面アプローチ部の安定性や降雨作用に対する排水性等を考慮して築造される．また，橋梁の地震時における地盤変位等によって，橋台の背面において著しい沈下が発生する場合に機能する構造として踏掛版が設置されている場合もある（**写真2-5-1, 2-5-2, 2-5-3**参照）．橋台が背面の土圧によって移動して上部工と橋台の間の遊間が狭くなり，橋桁にぶつかることがあるので注意が必要である．

## （2）橋　　脚

　橋脚は，橋台の中間部に配置され，橋台と同様に上部工からの荷重を地盤に伝達し，支持する機能を有している．構造的には，橋台と同様にフーチング，竪壁に代わる柱もしくは壁で構成され，橋台と異なって鉄筋コンクリート（無筋コンクリートの場合もある）以外に鋼を主材料とした橋脚もある（**写真2-5-4, 2-5-5**参照）．

---

■**キーワード**：下部工，橋台，橋脚，基礎，土圧，重力式橋台，控え式，逆T式，L形式，地盤，沈下，傾斜，転倒，滑動，安定，竪壁（たてかべ），橋座，パラペット（胸壁），ウイング（翼壁），橋台背面アプローチ部，地盤変位，踏掛版，杭基礎，ケーソン基礎，直接基礎，支持機能，アンカーフレーム

2.5 下部工

写真 2-5-1　橋台（建設中）

写真 2-5-2　橋台（完成後）

写真 2-5-3　踏掛版の事例

写真2-5-4　橋脚（左側　鋼製門形橋脚，右側　コンクリート橋脚）

写真2-5-5　門形ラーメン橋脚

## （3）基　　礎

　基礎は，その形式により，杭基礎，ケーソン基礎，直接基礎がある．基礎は，一般的に地中に築造され，上部工および橋台，橋脚に作用する荷重を強固な地盤に確実に伝達し，安定した

写真2-5-6　ケーソン基礎内部　　　　　　　　写真2-5-7　杭基礎頭部

写真2-5-8　アンカーフレームとアンカーフレームを使用した事例

支持機能を有する構造物である．**写真2-5-6**は，河川内に建設中のケーソン基礎の内部であり，ケーソン基礎支持地盤部分を機械によって掘削中の状況である．また，**写真2-5-7**は，下部工の躯体と結合する杭基礎の頭部および躯体部分（フーチング）に定着する鉄筋の状況である．

（4）アンカーフレーム

　アンカーフレームとは，鋼製橋脚等の基部をコンクリート躯体や基礎に固定するために造られる鋼製の骨組であり，建設後はコンクリート部分に埋まっていることから確認ができない部材である（**写真2-5-8**参照）．

# 2.6 付属物

　橋梁の付属物には，伸縮装置，支承，防護柵，高欄などがあり，いずれも橋梁を車両や人などが安全快適に通行するうえで重要な施設である．以下に，付属物の機能と概要を述べる．

## (1) 伸縮装置

　伸縮装置は橋梁の桁端部に設置される部材で，気温の変化や地震，車両通行に伴う橋梁の変形を吸収し，車両を支障なく走行させるための装置である．伸縮装置は路面上にあるため，直接輪荷重の繰返しを受けることから橋梁を構成する部材の中でも破損しやすく，特に近年の車両の大型化，重量化に伴い伸縮装置への影響が著しくなってきている．また，土工部と橋梁の段差，伸縮装置前後のコンクリートの欠損等により伸縮装置に大きな衝撃が生じ，耐久性を低下させる要因ともなっている（**写真2-6-1，図2-6-1，2-6-2参照**）．

写真2-6-1　伸縮装置の事例

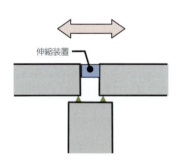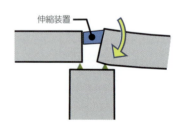

図2-6-1　橋軸方向の伸縮に対応　　　　　図2-6-2　桁端の回転に対応

■キーワード：伸縮装置，桁端部

伸縮装置の分類を**図2-6-3**に示す．

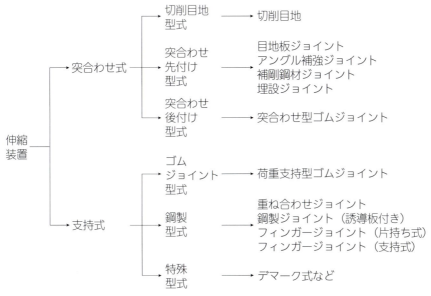

**図2-6-3　伸縮装置の分類**

伸縮装置は，大きく分けて突合わせ式と支持式の2つに分類できる．伸縮装置の型式別の特徴を下記に示す．

### 1）突合わせ式

突合わせ式伸縮装置は桁伸縮が小さく，継目で輪荷重を支持しなくてよい場合に用いられる．突合わせ式伸縮装置は，継目に伸縮装置を設置する順序で，先付け型式と後付け型式に分けられる．突合わせ式伸縮装置は，桁の継目に舗装を連続して施工し，カッタで目地を入れた型式，継目部分の舗装に追随製のあるグースアスファルトを用いた型式，継目にゴム板等を挟んだ型式，床版打設後に端部目地遊間にエラスタイルやアスファルトを注入した型式などがある．これらは支間の短いコンクリート橋などに多く使用されてきたが，軽微な構造であることから耐久性に劣り損傷が多く発生する事例があった．過去の突合わせ式で問題となった耐久性や振動等を解消する目的で継目にシール材を挟み，シートで止水した上にゴム入りアスファルトを敷いた埋設ジョイントが開発された（**写真2-6-2**参照）．

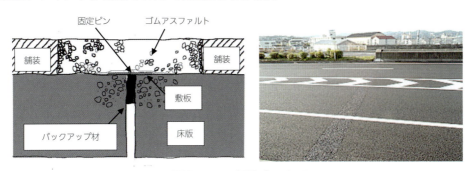

**写真2-6-2　埋設ジョイント**

## 2）突合わせ後付け型式

　後付け型式は，床版打設時に箱抜きなどを行い，伸縮装置設置後にコンクリートを打設する．突合わせ型ゴムジョイントはシールゴム材をアンカー鉄筋で床版に固定した後コンクリートを打設する．埋設型伸縮装置は，ゴムアスファルトなどの材料で構成され，アスファルト舗装との剛性差がコンクリートや鋼材等に比べ小さいため段差ができにくく，隙間がないため比較的振動・騒音は少ない．しかし，伸縮量が大きい橋梁や交通量の多い道路では桁遊間にゴムが追従できないことや耐久性の面で劣るため，次に示す支持式等が用いられるのが一般的である．

## 3）支　持　式

　支持式の伸縮装置は，通過する車両の荷重を装置自体の２点以上で直接受ける構造である．支持式は，径間が長い橋梁等において平たん性を確保するために改良，開発が進み，ゴム製，鋼製およびアルミニウム製等の伸縮装置を指す．現在，一般的に使用される荷重支持式伸縮装置は荷重支持型ゴムジョイント，鋼製ジョイントなどがある．ゴムジョイントはゴム材と鋼材を組み合わせ，軸方向の変位はゴムで吸収し，輪荷重は内在する鋼材で支持するもので，**写真2-6-3**が一般的な支持式ゴムジョイントである．なお，長支間の橋梁には，デマーク式など特殊な伸縮装置が採用されている（**写真2-6-3**参照）．

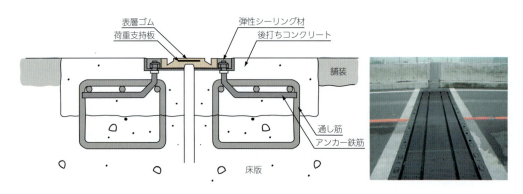

写真2-6-3　荷重支持型ゴムジョイント

## 4）鋼製ジョイント

　鋼製ジョイントには，伸縮量が小さい場合に製品化されている軽量鋼製ジョイント，大きい場合や路面の使用状況によって，橋梁ごとに個別に設計・製作される鋼製フィンガージョイントや鋼製重ね合わせジョイントが用いられる．鋼製フィンガージョイントは，伸縮遊間の一方から他方に掛け渡した構造で，片持ち式と両端支持式の２タイプがあるが，ほとんどが両端支持の型式である．歩道等路面上に空間をなくしたい場合は，鋼製のプレートを重ね合わせた型式の重ね合わせジョイントが採用される（**写真2-6-4**参照）．

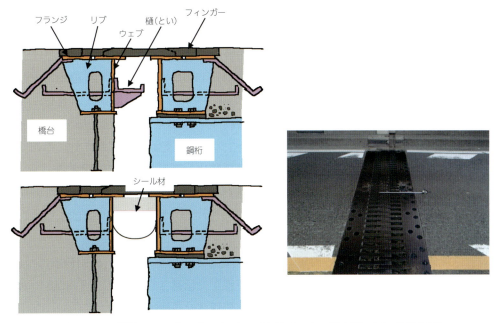

写真2-6-4　鋼製フィンガージョイント　(支持式，上：排水型，下：非排水型)

　伸縮装置を取り付ける場合には，床版死荷重によるキャンバーの変化を吸収するため，床版端部を箱抜きしておき，床版打設後に伸縮装置を正規の遊間量となるようにセットし，床版とのすき間にコンクリートを打設する．伸縮装置取替えの際にも，後打ちコンクリートの品質に問題があると，早期にひび割れやはく離等が発生し，再補修が必要となるので注意が必要である．

## (2) 支　承

　支承とは，上部構造と下部構造の間に設置されており，主に荷重伝達や変位に追随する部材である．支承の種類は使用材料によりゴム支承と鋼製支承に分類できる（**図2-6-4**参照）．

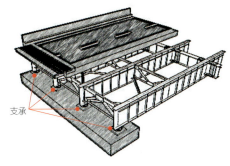

図2-6-4　支承の位置

### 1) 支承の歴史と機能

　1956年（昭和31年）道示において可動支承に関する規定が定められた．移動量30mm未満は滑り支承，移動量30mm以上はローラ支承，ロッカー支承等のころがり支承の使用が原

則とされていた．昭和30年代には支承板支承が開発され，高力黄銅板，フッ素樹脂などが支承板として使用された．また，コンクリート橋にはゴム支承も採用され始めた．

新潟地震（1964年（昭和39年）），宮城沖地震（1978年（昭和53年））における損傷経験から1982年には支承部の耐震性能向上が図られ，1990年（平成2年）道示ではもろい材質の鋳鉄支承の規定が削除された．その後1995年（平成7年）兵庫県南部地震による損傷経験から1996年(平成8年)道示では，支承単独でレベル2地震動に耐えるタイプB支承と，落橋防止システムと一体で使用することができるタイプA支承が規定された．ここで示すタイプB，タイプA支承については，後掲（3）**落橋防止システム**の項で説明する．

現在，支承には，荷重伝達機能，変位追随機能だけでなく，その他の機能として減衰機能や地震動の減衰機能，振動を制御する機能なども求められている．以下に代表的な機能を説明する．

①荷重伝達機能：支承に作用する荷重には鉛直荷重と水平荷重がある．鉛直荷重については，上部構造からの鉛直荷重を支持し下部工に伝達させる機能，水平荷重については，地震や風による水平荷重を下部工へ伝達させる機能がある．

②変位追随機能：支承には，上部構造の温度変化による伸縮，活荷重のたわみによる回転変位，地震による上部構造と下部構造の相対変位を吸収する機能が求められる．支承を構成する部材の腐食などによって移動や回転の機能が損なわれると，想定していない力が上・下部工に生じ，損傷原因となることがあるので注意が必要である．

③その他の機能：減衰機能は，高減衰ゴム材料を用いて振動エネルギーを吸収する機能で，地震動の減衰，交通振動を吸収，抑制して騒音，振動を低減する機能である．

## 2）鋼製支承

鋼製支承は主に鋳鉄や鋼材からなる支承であり，多くの種類がある．供用年数が長い橋梁の支承にはネズミ鋳鉄（FC250）と呼ばれるもろい材料が使われている場合もあるが，一般的には鋳鋼（SC450）が用いられている場合が多い．以下に，鋼製支承の種類と機能について記す（**図2-6-5**参照）．

①線支承：昭和初期より鋼橋に利用されてきた滑り支承の一つで，上側に平板，下側には半円柱面が用いられる．上下の沓が線接触して移動と回転に追随するために線支承と呼ばれている．線支承は，小スパンの橋に多く用いられている．

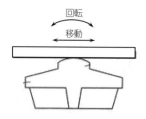

図2-6-5　線支承の構造例

②支承板支承：上沓と下沓の間に支承板を挿入したものであり，鋼製支承の代表的な支承である．支承板の平面部で水平移動，平面部と曲面部の滑りで回転機能を受け持つ構造である（図2-6-6参照）．

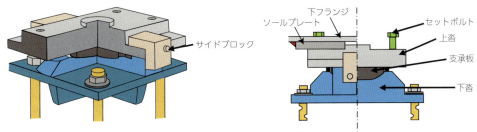

図2-6-6　支承板支承の構造

③ピン支承：上沓と下沓の間に円柱状のピンを配置した構造で一方向回転型の固定支承である（図2-6-7参照）．

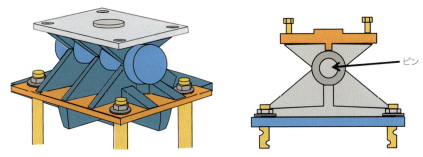

図2-6-7　ピン支承の構造例

④ピボット支承：上沓（凹面）と下沓（凸面）からなるピボットによって，360°方向に自由に回転できる機構をもつ固定支承である（図2-6-8参照）．

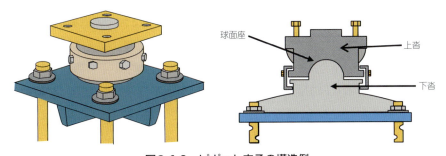

図2-6-8　ピボット支承の構造例

⑤ローラ支承：ローラ支承は，2枚の板の間にローラを入れて，ローラの転がりにより1方向に移動できる支承である．ローラの数が1本の1本ローラ支承，ピンと複数本のローラを組み合わせたピン複数ローラ支承，ピボットと複数ローラを組み合わせ

たピボット複数ローラ支承がある．1本ローラは脱落等が起きやすく，現在はあまり使用されていない．他のタイプのローラ支承もローラの脱落，砂塵の侵入，腐食による移動機能不全を起こしやすいことなどから，他の型式に交換される場合も多い（**図2-6-9**参照）．

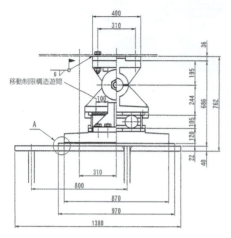

図2-6-9　ローラ支承の構造例

## 3）ゴ ム 支 承

　ゴム支承は，ゴムと鋼板などからなる支承であり，ゴムの変形特性を利用して大きな変形に追随し，エネルギーを吸収する能力を有するため，耐震性に優れている．支承の選定にあたっては，現在は耐震上の理由からゴム支承を優先的に使用することが標準となっているが，反力や変位などの理由からゴム支承を適用することが好ましくない場合は鋼製支承が使用される．ゴム支承には，ゴム板のみのゴム支承，薄いゴム層と鋼板をサンドイッチ状に重ねて接着した積層ゴム支承がある．積層ゴム支承は，積層ゴム支承鉛プラグ入り積層ゴム支承，高減衰積層ゴム支承がある．耐震構造として免震設計を行う場合，橋梁を軟らかく支持する装置として「アイソレータ」があるが，これに積層ゴム系支承が使われる．なお，免震構造の採用時に，「アイソレータ」と併用して橋梁に生ずる変位を使用上問題ない範囲に抑える「ダンパー」も併用される．なお，ここに示した免震設計は，橋梁の長周期化とエネルギー吸収性能の向上によって橋梁の慣性力を低減するものである．しかし，積層ゴム系支承等を使用した免震設計がすべての橋梁に適用できるわけでなく，橋梁を長周期化することが不利となる場合は要注意である．免震支承が確実に塑性ヒンジとしての役割を発揮できる条件でのみ使用が可能となることを忘れてはならない．

　ゴム支承の種類には，固定・可動ゴム支承，水平力分散ゴム支承，免震ゴム支承などがある．各々の構造と機能について以下に示す（**写真2-6-5**，**2-6-6**，**図2-6-11**参照）．

①固定・可動ゴム支承：固定支承と可動支承があり，固定支承は地震時水平力を受け持つ構造

機能を有する．単純桁への適用が多い（図2-6-10参照）．

図2-6-10　一支点固定構造

写真2-6-5　ゴム支承（鋼橋）

写真2-6-6　ゴム支承（コンクリート橋）

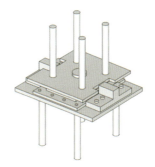

図2-6-11　ゴム支承（左：鋼橋用，右：コンクリート橋用）

なお，図2-6-12，写真2-6-7のゴム板のみの構造であるパッド型ゴム支承の場合は耐震上タイプAと定義され，地震時水平力はアンカーボルトが受け持つ構造となる．

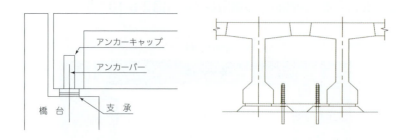

図2-6-12　固定支承：パッド型ゴム支承の配置図

写真2-6-7　パッド型ゴム支承

②水平力分散ゴム支承：ゴム支承のせん断ばねを利用して，地震時水平力を複数の下部構造に分散させる機能を持つ支承である．連続桁に適用する場合が多い（**図2-6-13，写真2-6-8参照**）．

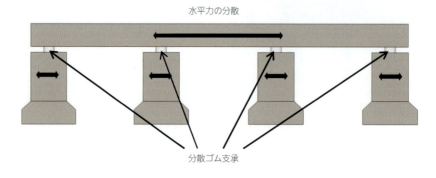

図2-6-13　水平力分散構造

写真2-6-8　水平力分散ゴム支承

③免震ゴム支承：ゴムのエネルギー吸収性能を利用して，地震時の水平力の低減を図る構造である．免震ゴムには，天然ゴム材に鉛プラグを挿入した支承（LRB）と高減衰ゴム（HDR）や超高減衰ゴム（SHDR）を利用した支承とがある．水平力分散ゴム支承と同様に連続桁に適用する場合が多い．なお，鋼橋用とコンクリート橋用との差異は，桁に支承を固定する上沓アンカーバーの有無のみであり，他のゴム系支承と同様である（**図2-6-14**，**写真2-6-9**，**2-6-10**参照）．

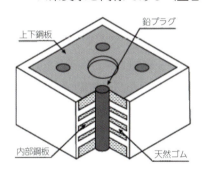
鉛プラグ入りゴム支承（LRB）

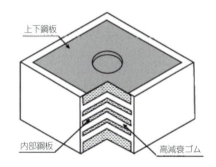
高減衰ゴム支承（HDR）

**図2-6-14　免震ゴム支承**

写真2-6-9　免震ゴム支承（鋼橋用）

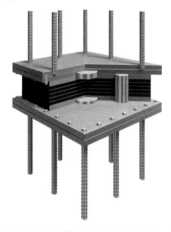
写真2-6-10　免震ゴム支承（コンクリート用）

## （3）落橋防止システム

### 1）落橋防止システムの機能

　落橋防止システムは，地震発生時等において橋梁が落下するのを防止する構造として設置され，桁かかり長，落橋防止構造，横変位拘束構造および段差防止構造で構成されている．落橋防止システムは新潟地震の被災経験を基に日本が開発した装置であり，これまで大きな地震が発生する度に種々な改善がなされ今日に至っている．国内の道路橋における耐震設計上の節目となっている1980年（昭和55年）道示では，可動支承側に移動制限装置を設けること，桁端部は桁かかり長（下部工縁端までの桁の長さ）を確保するか，落橋防止装置を設けることと規定された．ここに示す落橋防止装置としては，①上・下部工を連結する方式，②下部工に突起を設ける方式，③隣接する上部工どうしを連結する方式がある．

　1995年（平成2年）に発生した兵庫県南部地震後の2001年（平成8年）道示では，桁かかり長，前述の3形式の落橋防止構造に加えて変位制限構造，段差防止構造を必要とし，名称も落橋防止装置から落橋防止システムに変更された．落橋防止システムとしてのそれぞれの機能は，桁かかり長は地震動によって支承部が破壊したとき，橋梁が落下するのを防ぐ基本となる構造である．落橋防止構造は橋軸方向の上・下部工の大きな変位を抑制し，変位が桁かかり長を超えさせない機能を持つ構造である．横方向変位拘束構造は，橋梁の構造的要因等で上部工が橋軸直角方向へ変位するのを拘束する構造である．

　なお，2012年（平成24年）以前は，橋軸方向および橋軸直角方向の変位を抑制する変位制限構造の設置が義務付けられていたが，橋軸方向にはレベル2地震動に対して設計された支承が機能するとの条件から変位制限構造は廃止された．さらに，支承をレベル2地震動に対して支承部の機能を確保するタイプBと，レベル2地震動に対して前述の変位制限構造と補完し合って機能するタイプAに分けられていたが，点検や維持管理作業が困難となることがないように従来のタイプBのみを規定した．また，段差防止構造は，緊急車両の通行をできる限り可能とするために設置する構造であることから，支承部に必要な構造として整理された．

### 2）タイプA，タイプB支承

　タイプAとタイプBの差異は，基本的に耐震性の違いである．タイプA支承はレベル1地震動に対応し，ゴム本体は上沓，下沓に連結されない構造が一般的である．このようなことから，支承の滑動防止の理由からすべり止め板などが設置されている（**図2-6-15**参照）．

　タイプB支承はレベル2地震動に対応し，特徴として，ゴム本体が上沓と下沓にボルトで結合されている．可動側ゴム支承は桁の水平移動に対して，ゴムのせん断変形で追随するタイプとゴム本体の上面の滑り面で滑らせるタイプの2つの種類がある（**図2-6-16**参照）．

　落橋防止システムが保有する種々な機能を方向別に**表2-6-1**に整理した．

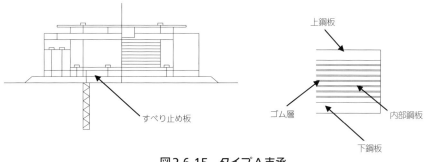

図2-6-15　タイプA支承

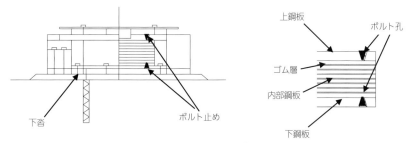

図2-6-16　タイプB支承

表2-6-1　落橋防止システム等の機能

| | | |
|---|---|---|
| 橋軸方向 | 機能1 | 桁かかり長：落橋防止構造が破壊したとき，上部構造が下部構造の頂部から逸脱を防ぐために機能する（**図2-6-17**参照）． |
| | 機能2 | 落橋防止構造：支承部が破壊したとき，橋軸方向の上下部構造間の相対変位が桁かかり長を超えないように機能する（**図2-6-17**参照）． |
| 橋軸直角方向 | 機能3 | 横変位拘束構造：支承が破壊したときに，橋梁の構造的要因等によって上部構造が橋軸直角方向に変位することを拘束するために機能する． |
| 鉛直方向 | 機能4 | 段差防止構造：支承が破壊し，上部構造が支承から外れた場合，緊急車両等の通行をできる限り可能とするために機能する． |

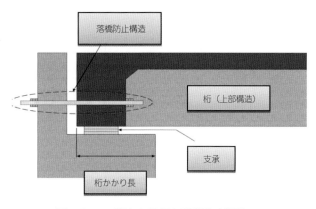

図2-6-17　桁かかり長と落橋防止構造

3）落橋防止構造

　落橋防止構造は，地震時に上部構造が下部構造の頂部から逸脱することを防止する構造であることから，上部構造の端支点部に設置することが求められている．

　落橋防止構造について，鋼橋とコンクリート橋に設置される種々の構造をタイプ別に以下に示す．

### ①上部構造と下部構造を連結する構造

　上部構造と下部構造をPC鋼材等で連結することで上部構造の落橋を防止する構造である．橋台のパラペットと上部構造を連結する一般的な形式である（**図2-6-18，写真2-6-11**参照）．

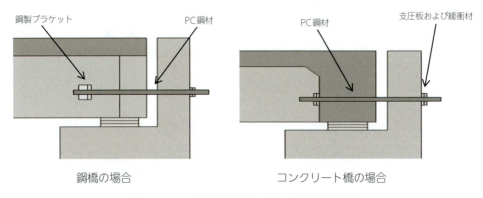

図2-6-18　落橋防止構造（上・下部連結構造）

写真2-6-11　コンクリート橋の落橋防止構造

### ②下部構造に突起を設ける構造

　下部構造にコンクリートブロックや鋼材で突起を設けることで落橋を防止する構造である（**図2-6-19，写真2-6-12**参照）．

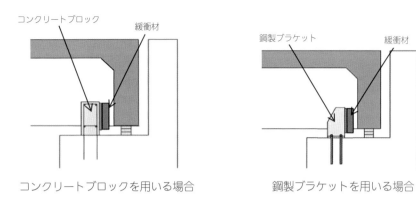

図2-6-19　落橋防止構造（下部構造突起構造）

写真2-6-12　コンクリートブロックによる落橋防止構造

③2連の上部構造を相互に連結する構造

　橋脚上で上部構造が隣接する場合，PC鋼材で連結することで落橋を防止する構造である（**図2-6-20**，**写真2-6-13**参照）．

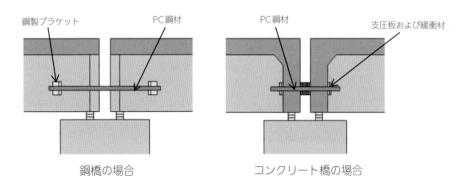

図2-6-20　落橋防止構造（桁連結構造）

写真 2-6-13　PC鋼材による落橋防止構造（桁連結・鋼橋）

### 4）横変位拘束構造

　横変位拘束構造は，地震時に上部構造が橋軸直角方向等に移動し，下部構造の頂部から逸脱することを防止する構造である．先にも述べたが，2012年（平成24年）以前は橋軸方向および橋軸直角方向の移動を抑止する変位制限構造を設置することになっていたが，現在はBタイプ支承の採用と支承周辺の維持管理性の向上等から横変位拘束構造となっている（**写真2-6-14**参照）．

写真 2-6-14　横変位拘束構造

### （4）排水装置

　橋梁の排水装置は橋面上の雨水を速やかに排除する役割を担っており，降雨時に車両が安全に走行するための重要な装置である．排水装置を機能別に分類すると，雨水を集積する「排水ます」と，排水ますに集積した雨水を橋下部の排水槽へ導水する「排水管」に区分できる．

　排水ますは路肩部に設置されることが一般的であり，通常は排水ます上を車両が通過することはない．しかしながら，設置状態や走行状況によっては，車両通過の可能性があるため，堅

牢な材料（鋳鉄製，鋼製，ステンレス製）で腐食耐久性の高い塗装処理されたものが使われている．特に集水部となるます蓋は大型車両の通過に対しても十分な強度を持ち，かつ容易に脱落することのない構造とすることが必要である（**写真2-6-15**参照）．

写真2-6-15　道路排水装置の事例

排水管は排水ますによって集水された雨水を確実に排水槽まで導水するものであり，直管や曲管，チーズ管，フレキシブル管を組み合わせて配管されている．一般的には塩化ビニール管が使用されているが，寒冷地などでは凍害による割れ等の損傷を防ぐためめっき鋼管が使用されることが多い．

また，橋脚内部や箱桁内部に設置する場合は，破損による桁への漏水腐食を防止するため，鋼管の使用が推奨されている．設置するための吊り材には専用金物が使用され，適当な間隔で設置することにより排水管の変形や脱落を防止するよう工夫されている．排水管の合流部等で土砂詰まりが発生した場合，上流部の漏水原因となるため定期的な清掃が必要となる．この場合，清掃用の蓋付き管を必要な場所に設置しておくとメンテナンスの際に便利である（**写真2-6-16**参照）．

写真2-6-16　排水管の事例

特殊部の排水装置としては，伸縮装置（非排水型）の排水ます（排水桶）がある．伸縮装置部は橋桁端部に位置し，伸縮装置部からの漏水は主桁端部や支承部，橋脚天端等の腐食損傷に直結するので，より耐久性のある排水ますの採用が求められる．

　近年は，伸縮装置からの雨水による桁端部の損傷が多くなったことから，排水ますのない非排水型の伸縮装置を採用する事例が多い．

# 2.7 その他

## (1) 橋面舗装

　橋面舗装は，アスファルト系の材料を使用するたわみ性舗装とコンクリート系の材料を使用する剛性舗装とに大別できる．橋面舗装は，交通荷重を分散化するだけでなく，交通荷重，雨水，降雪その他の気象条件から床版を保護し，交通車両や人等の安全で快適な走行性を確保する目的として設置されている．舗装の構成は，一般的に表層および基層の2層からなることを原則に，床版と基層の間に接着層や防水層が設けられている．橋面舗装は，一般部と比べて舗装の厚さは，50mm～80mmが一般的で，橋面舗装に求められる種々の条件や交通状況等から決定される．橋面舗装の一般的な構成を図2-7-1に示す．

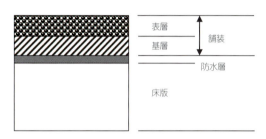

図2-7-1　橋面舗装の構成

### 1）アスファルト系舗装の概要

　舗装には，走行荷重に耐える機能，街路樹や緑地生育機能，道路騒音低減の機能などが求められている．現在適用されている舗装技術は，これまで一般的に使用されてきた加熱アスファルト混合物を主としたアスファルト舗装以外に，路面騒音の低減や降雨時の走行性向上，沿道への水はね防止等で開発された排水性舗装（低騒音舗装…現状では排水性と低騒音は同一），耐流動性を目的に開発された改質アスファルト舗装や半たわみ性舗装（油類による路面破損への抵抗性を含む），表層部に充填した保水材による水分保持を目的に開発された保水性舗装，舗装体表面で太陽光を反射し，気温の上昇を抑制する目的で開発された遮熱性舗装など高機能舗装が開発され，使用されている．舗装を構成する層別の機能と材料について以下に記す．

①表層：走行性と平たん性，すべり抵抗性を併せ持つ機能が要求され，密粒度アスファルト混

---

■キーワード：橋面舗装，アスファルト系，たわみ性舗装，コンクリート系，剛性舗装，走行性，表層，基層，接着層，防水層，街路樹，緑地生育機能，道路騒音低減，加熱アスファルト混合物，路面騒音の低減，排水性舗装，低騒音舗装，改質アスファルト舗装，半たわみ性舗装，保水性舗装，遮熱性舗装，高機能舗装，密粒度アスファルト混合物，再生密粒度アスファルト混合物，密粒度ギャップアスファルト混合物，開粒度アスファルト混合物，細粒度アスファルト混合物，ポーラスアスファルト混合物，粗粒度アスファルト混合物，再生粗粒度アスファルト混合物，ポリマー改質アスファルト混合物，グースアスファルト混合物，タックコート，石油アスファルト乳剤（PK-4），改質アスファルト乳剤（PKR-4），アスファルト乳剤，ゴム入りアスファルト乳剤，溶剤型アスファルト接着剤，ゴム系接着剤，溶剤型ゴムアスファルト系接着剤，シート系防水層，セメントコンクリート舗装，連続鉄筋コンクリート舗装，PC舗装，すべり抵抗性，わだち掘れ，塑性変形抵抗性，摩擦抵抗性，疲労破壊抵抗性，平たん性，高欄，防護柵，路肩部，たわみ性防護柵，剛性防護柵，ガードレール，ガードパイプ，ボックスビーム，ケーブル型防護柵，道路照明，ハイウェータイプ道路照明，道路標識，遮音壁，防音壁，オーバーハング型遮音壁

合物，再生密粒度アスファルト混合物，密粒度ギャップアスファルト混合物，開粒度アスファルト混合物，細粒度アスファルト混合物，ポーラスアスファルト混合物（ポリマー改質アスファルト混合物）などを用いる．

②基層：床版の不陸を修正し，表層に加わる交通荷重を床版に均一に伝達する役割を持っていることから，一般的に表層より厚くなることが多い．使用材料は，表層より安価な材料を使用することが多く，粗粒度アスファルト混合物，再生粗粒度アスファルト混合物，ポリマー改質アスファルト混合物が一般的である．なお，床版が鋼材の場合は，防水層と兼用したグースアスファルト混合物が採用される場合もある．

③タックコート：表層と基層の接着性を高めるために石油アスファルト乳剤（PK-4），もしくはより接着性の高い天然または合成ゴムを混入した改質アスファルト乳剤（PKR-4）が用いられる．

④接着層：床版（コンクリートおよび鋼）と防水層，もしくは橋面舗装とを一体化するために用いられる．コンクリート床版の場合は，アスファルト乳剤，ゴム入りアスファルト乳剤，溶剤型アスファルト接着剤，ゴム系接着剤などが一般的に用いられる．また，鋼床版の場合には，溶剤型ゴムアスファルト系接着剤を用いることが一般的である．

⑤防水層：床版の耐久性を向上させるために用いられる．防水層は，不織布に瀝青系材料を含浸させたシート系防水層，瀝青系材料や樹脂系材料等による塗布系およびシートアスファルト混合物，マスチックアスファルト混合物や前述したグースアスファルト混合物などが用いられる．

## 2）コンクリート系舗装

　コンクリート系舗装は，橋梁の床版コンクリートの建設後，約50mm程度のコンクリートを敷きならした舗装であり，車両等の荷重を直接支持し，走行快適性とすべり止め機能を持たせた構造とするため表面処理が行われる．コンクリート系舗装には，適当な間隔で目地を設けたコンクリート版（150mm〜300mm）を舗装として用いるセメントコンクリート舗装，横目地を省いて縦方向鉄筋を入れて力を分散する連続鉄筋コンクリート舗装，コンクリート舗装にあらかじめプレストレスを導入することで版厚を増すことなしに構造的に強度のある舗装とするPC舗装などがある．

　コンクリート橋面舗装に求められる路面の機能や性能としては，安全性に対するすべり抵抗性やわだち掘れに対する塑性変形抵抗性および摩擦抵抗性，ひび割れに対する疲労破壊抵抗性，

平たん性，透水性などが挙げられる．また，周辺の環境によっては，アスファルト舗装に比べると騒音や振動が大きくなることや，損傷した舗装を補修する際に施工，養生時間が長くなることなどから国内での採用は限定的である．しかし，海外においてはコンクリート舗装の特性を活用し，使用事例は多い．

## （2）高欄・防護柵
### 1）高　欄

　高欄は，歩行者や車椅子等が橋梁から落ちるのを防ぐ目的で歩道の路肩部外側に設置されている．歩行者・自転車用柵は，路面から柵の上端までの高さは110cm以上とすること，および柵の桟間隔（部材と路面の間隔）は15cm以下，縦桟型式とするなど歩行者（特に幼児等）が容易にすり抜けたり，乗り越えられないように配慮されている（**写真2-7-1参照**）．

**写真2-7-1　歩行者・自転車用柵（高欄）**

### 2）防　護　柵

　防護柵は，進行方向を誤った車両や歩行者・自転車が路外などへ逸脱するのを防止し，逸脱に伴う当事者の人的被害，車両の物的損害，逸脱した車両による第三者の人的被害，道路施設や沿道施設などの物的損害など種々の被害や損害の発生を防止する目的で車道の路肩部外側に設置することとなっている．防護柵は，路面から柵の上端までの高さ60cm以上100cm以下となっている．

　防護柵は，たわみ性防護柵と剛性防護柵に分けられており，たわみ性防護柵は，車両衝突の衝撃を和らげるように各部材が変形して抵抗し，逸脱を防止する構造である．たわみ性防護柵には，金属製のガードレール，ガードパイプ，ボックスビーム，ケーブル型防護柵などがある（**写真2-7-4，2-7-6，2-7-7参照**）．

　また，剛性防護柵は，幅員が狭く歩道のない橋梁に設置することを目的としており，防護柵の変形がほとんどなく，車両の衝突荷重に耐えられるように設計されている．剛性防護柵はコンクリート製の壁式がほとんどで，直壁型，単スロープ型およびフロリダ型などがある（**写真2-7-2，2-7-3，2-7-5，図2-7-2参照**）．

写真2-7-2 鋼製車両用防護柵

写真2-7-3 鉄筋コンクリート製車両用防護柵

写真2-7-4 ガードレールタイプのたわみ性防護柵

写真2-7-5 壁式防護柵

写真2-7-6 ガードパイプ

写真2-7-7 ガードロープ

（3）道路照明

　道路照明は，夜間や曇天，雨天時等で路面が暗くなった時に橋梁の路面照度を確保するため，あるいは明るさの急変するトンネル内やトンネルに接続する橋梁の前後区間において照度調整の目的で設置されることが多い．夜間交通状況や路面状況等を的確に把握するために必要

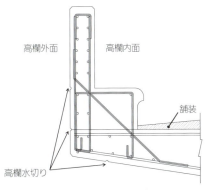

図 2-7-2　壁式防護柵（高欄）断面図

な設備であり，車両が安全に通行することを目的として設置されている（**写真 2-7-8**，**2-7-9**，**2-7-10**参照）．

写真 2-7-8　意匠的な道路照明

写真 2-7-9　一般的なハイウェータイプ道路照明

写真 2-7-10　橋梁の部材に添架する道路照明

## （4）道路標識

　道路標識は，交通の安全と円滑を図って，橋梁を利用する人や車両に対し，行き先の案内，交通規制，交通指示等を人々に正しく伝達するために設置された設備である．道路標識には，案内文字をボードに記述した標識とデジタル文字等による表示の電光式道路標識がある（**写真2-7-11，2-7-12**参照）．

写真2-7-11　道路案内標識

写真2-7-12　電光式道路標識

## （5）遮音壁（防音壁）

　遮音壁は，橋梁を走行する車両等の騒音を低減する目的で設置されている．橋梁に設置する遮音壁は，鋼製H形支柱と吸音効果のあるアルミ製や合成樹脂製の多孔吸音板（遮音壁は，遮音効果）で構成されている（**写真2-7-13，2-7-14**参照）．

写真2-7-13　道路用遮音壁

写真2-7-14　オーバーハング型遮音壁

> **コラム**

## 点検は何のため，誰のため？

　平成26年4月に公表された「社会資本整備審議会道路の老朽化対策の本格実施に関する提言」は，道路管理者に，「道路構造物の健全性を把握するための点検を実施し，その診断結果を踏まえ，修繕の実施や通行規制等のその他の必要な措置を着実に講ずるというメンテナンスサイクルを確実に実行すること」を求めている．

　一方，首都高速道路の構造物等点検要領では，第2節「点検目的」および第3節「点検の流れ」において，「点検は，全ての構造物等を常に良好で安全な状態に保つために，損傷，変状，機能停止等の有無を的確に把握することを目的とし，発見された損傷等に対して迅速確実に対応を講ずること」を定めている．

　構造物の老朽化が社会問題化した現在において，点検は修繕等の必要な措置を実施するためのものであることが共通の理解となっていると考えられるが，かつては必ずしもそうではなかった．

　構造物が比較的若い内に発生する損傷は，舗装のわだち掘れや塗装のはく離など，定期巡回や高架下からの目視で発見が可能であるため，接近目視点検は構造物の詳細観察といった意味合いになりがちである．首都高速道路においても，かつては，損傷のランクと補修の要否が一対一に結び付いていない，補修の期限が明確でないなど，点検と補修の関係が必ずしも明確ではなかった．転機となったのは，鋼製橋脚の疲労亀裂と道路施設の管理にかかるかし事故である．

　疲労亀裂は，一般に輪荷重が直接作用する部位，例えば鋼床版のリブやコンクリート床版直下のウェブギャッププレートに発生するもので，構造物全体の安全性に影響のある損傷であるという認識は薄かった．こうした中，1999年に見付かった鋼製橋脚隅角部の疲労亀裂は，放置した場合には橋梁の倒壊や落橋につながりかねない損傷であり，可能な限り短期間で補修，補強が必要とされた．

　同じく1999年に発生したかし事故は，橋面上で外れた集水ますのふたを大型車が跳ね上げ，反対車線を通行していた乗用車のフロントガラスを突き破り死亡事故となったもの．過去にも外れた集水ますのふたが走行車両を傷つけるなどの事例があり，ますのふたを外れにくくするなどの対応が事前に取れたはずとされ，業務上過失致死罪の嫌疑がかかることとなった．

　両者は，道路管理者が損傷，不具合等に対し適切な措置を取らなかった場合に，重大な結果になりかねないことを示唆するもの．その後，2001年に構造物等点検要領が改訂され，現在に至っている．

　点検について，私は，道路管理に従事する社内の技術者にこう言うことにしている．

　点検で損傷を見つけられさえすれば，後はこちらのもの．でも，それは必要な補修を確実に行うことが前提．点検は，橋を使う人の安全を守るために行うものだが，それがあなた自身を守ることにつながっているのだと．

　　　　　　　　　　　　　　　　　　　　　　　　　　　　　　　　　　　　　　　　（桜井　順）

## 首都高速道路建設のころとその構造物

江戸橋 JCT
1963 年 12 月一部供用
1 号上野線，4 号新宿線，6 号向島線を日本橋川上でリンクする複雑な立体ラーメン構造

両国 JCT
1971 年 3 月供用
上層の 7 号線の箱桁から下層の 6 号線の箱桁を吊り下げる吊り構造を採用

# 3章

## 点検の基本

道路橋は河川や鉄道などを跨いで架設されているケースが多く，また，潮の流れが速い海峡や山間の渓谷に架設されている場合も少なくない．このような道路橋を点検の対象として見れば，適切に点検を行う環境としては点検しやすい良好な環境に設置されている構造物とは言い難い．また，交通量の多い市街地の交差点等を跨ぐ橋梁や，主要な幹線の路上を重なるように架設されている複雑な構造の高架橋などは，点検を行うには非常に困難な状態にあると言える．
　したがって，点検を適切に行うには点検対象の橋梁が架かる現地に行くことが最も重要である．道路橋の点検は，平成26年度以降法制度化され，近接目視による点検を行うことが義務付けられた．点検対象の橋梁に近接して点検を実施するためには，事前の準備を十分に行い，現地に入ってから必要な機材・器具が不足しているような状況は避けなければならない．対象橋梁の立地条件，橋梁の種別や特性を把握したうえで，点検内容に対応できる点検機材・器具

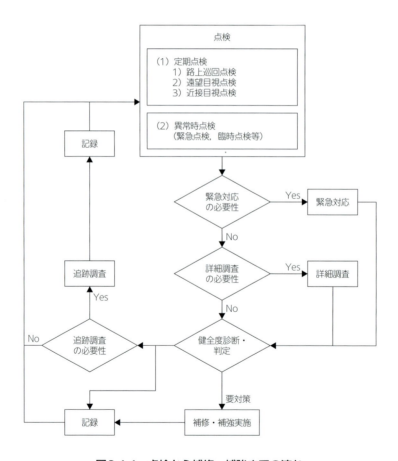

図3-1-1　点検から補修・補強までの流れ

■キーワード：点検，法制度化，近接目視，定期点検，異常時点検，緊急対応，詳細調査，健全度診断，追跡調査，記録

を選定し，点検の量と質を考慮して適切な点検技術者を配置するなど，手戻りのない効率的な点検計画を事前に立案しておくことが極めて重要である．

　また，点検結果を記録として残しておくことは，次回の点検時の有力な情報となるので，現場では現地の状況を確実に野帳に書き留めることや写真記録として残しておくことが必要不可欠である．この場合，どのような情報を記録しておくかを準備段階で十分把握しておくことも，現場での記録ミスを少なくするうえで重要である．

　図3-1-1に点検・診断から措置および記録までの流れを示す．本章では，まず点検から詳細調査，診断・判定までの作業内容について記し，次にそれらの作業を実施する前の準備と点検前に確認しておくべき重要事項について述べる．また，これらの作業内容や結果を記録しておくことが重要であるため，点検結果の記録についてもここで説明することとする．

# 3.1 点検の種類と内容

　道路橋を対象とした点検方法は，通常点検，中間点検，定期点検，特定点検，異常時点検の5つに分けられる．通常点検とは，日々の巡回やパトロール時に行う点検，定期点検とは，5年に1度の頻度で行い，橋梁を構成する各部材の状態を把握，診断し，当該橋梁に必要な措置を特定する情報を得るためのものである．安全で円滑な交通の確保，沿道や第三者への被害の防止を図るため等の，橋梁に関わる維持管理を適切に行う情報を得ることを目的に実施する点検である．特定点検は，特定の事象に特化した点検である．また，異常時点検は，地震，台風，異常豪雨や車両との衝突などが発生したときに行われる点検である．近年，初回点検が行われるようになったが，初回点検とは，橋梁が新設されたときに実施する点検であり，供用する直前から2～3年後に実施する．初回点検は，その後に行われる定期点検の初期値として扱われている．

　なお，図3-1-1は点検・診断から補修・補強等措置，記録までの維持管理の流れ図（メンテナンスサイクル）であるが，流れ図で示している記録とは，点検・診断，緊急対応，詳細調査および行われた種々の措置等すべてをデータ化して保存する記録である．一方，点検・診断時の記録とは，先に示した種々の点検をした結果の記録であり，これを国土交通省が示した様式に基づいて保存しておくことは次回の点検時の有力な情報となるので重要である．なお，点検結果の記録については，3.4で説明する．点検時に記述し保存する点検記録に加え，緊急対応や補修・補強等措置も記録として残しておくことは，次回の点検時やその後の種々の措置を行うときに有効な情報となるので統合して記録することが必要である．点検の種類とその内容について以下で説明する．

## （1）各種点検の概要

### 1）通常点検

　通常点検とは，道路上をパトロールカーや徒歩等によって行う点検で，路面（舗装面），伸縮装置，高欄，横断抑止柵，防護柵，道路照明，道路標識や取付け道路部等に異常や損傷がないかを調べる点検である．自動車専用道路や高速道路等の場合，パトロールカーやバイク等を効率的に使い，遠望目視による巡回点検として定期的に行っている道路管理者は多い．

### 2）種々な点検に用いられる遠望目視点検

　河川の護岸や堤防等，橋梁の全体が確認できる場所や橋梁の桁下から徒歩等によって調査す

---

■キーワード：通常点検，中間点検，定期点検，特定点検，異常時点検，巡回，パトロール，頻度，地震，台風，異常豪雨，遠望目視，近接目視点検，異常な振動，たわみ，聴覚，通行規制，非破壊検査機器，点検履歴，補修履歴，疲労亀裂，磁粉探傷試験，超音波探傷試験，渦流探傷試験，超音波試験，赤外線調査，電磁波法，電磁誘導法，強度試験，微破壊検査，耐荷力，耐久性，静的載荷試験，動的載荷試験，応力頻度測定，専門技術者，健全度診断，判定，定量的，道路橋定期点検基準，健全（Ⅰ），予防保全段階（Ⅱ），早期措置段階（Ⅲ），緊急措置段階（Ⅳ）

る基本的な点検方法である．遠望目視点検は，基礎の洗掘，不同沈下等による路面の異常沈下，疲労損傷等による部材の破断によって発生する路面や高欄等の不陸，また，車両や船舶等の衝突による路面や関連施設の異常等を短時間で把握する目的で行う点検である．遠望目視点検によって，コンクリート片の落下，鳥の巣，ボルト類のゆるみ，落下のおそれある道路付属物などの損傷が確認された場合や原因不明の損傷があった場合には，すぐに近接目視点検を行う必要がある（**写真 3-1-1** 参照）．

写真 3-1-1　路上巡回点検，遠望目視点検状況

### 3）近接目視点検（主に定期点検）

近接目視点検は，点検対象となる部位や部材に限りなく近づき，損傷を確実に捉えるために行われる点検である．近接目視点検は，鋼部材の場合は，防食機能の劣化，腐食（錆），変形，疲労亀裂等を，コンクリート部材の場合は，ひび割れ，はく離，鉄筋露出，遊離石灰やエフロレッセンスの析出，材質の損傷等を目視等によって行う．鋼・コンクリート部材に共通する点検対象としては，床版，支承，伸縮装置，高欄などの付属物があるが，上記に挙げた材料的な損傷以外に構造体としての変位や機能不良なども目視で確認することが必要である．また，橋梁全体として異常な振動やたわみ等がないかを目視に加え聴覚等で確認することで，重大な損傷の予兆を把握することが可能となるので重要である（**写真 3-1-2** 参照）．

写真 3-1-2　近接目視点検状況

このような近接目視点検によって異常が発見され，損傷が重大で緊急を要する場合には，通行止めや通行規制等を即時に行うことになる．また，発見した損傷が，近接目視では十分に損傷の程度，進行度の把握ができない場合や内在する損傷が予測される等の場合には，必要に応じて磁粉探傷試験などの非破壊検査機器を用いた検査や，コア採取などによる材質検査等の詳細調査が必要である．

（2）異常時点検

異常時点検とは，地震，台風，集中豪雨などの自然災害や，車両や船舶等による事故・火災などが発生した場合，緊急に行う点検であり，橋梁の安全性や使用性等の判断を短時間に行うための点検であることから，迅速性が求められる．このように異常時点検は，定期的に行う点検とは行う時期や目的，内容が異なるため，平常時から異常時点検を想定した点検の手順や点検チーム編成を決めておく道路管理者は多い．また，過去に事例のない重大損傷が発生した場合には，同種の橋梁あるいは同種の部位・部材に対して，国等からの依頼で一斉に点検を実施し，安全性を確認する一斉点検も指している．異常時点検は，緊急点検あるいは臨時点検と呼ぶ場合もある．

（3）詳 細 調 査

詳細調査とは，損傷が発見され，原因が明らかでない場合や内部に損傷がある可能性が高く，目視等では確認が困難な場合に行うものである．詳細調査は，損傷が発生している，もしくは発生の可能性が高い箇所について機器等を使用する調査を指し，具体的には，腐食，亀裂，変形，破断，ひび割れ，はく離および空洞の位置と程度を定量的に把握する．場合によっては，材質検査等を行うことで損傷発生の原因を分析し，過去の点検履歴や補修履歴等を参考に健全度（損傷度）を評価することになる．

詳細調査については，**8章**でその詳細を説明するが，スケール，超音波やレーダーを使用した損傷の長さや深さの調査，鋼部材の疲労亀裂については磁粉探傷試験，超音波探傷試験，渦流探傷試験等が，コンクリートのひび割れ，空洞については超音波試験，赤外線調査が，そして鉄筋の位置や腐食の調査には電磁波法や電磁誘導法などが使われている．また，鋼部材の場合は，試験片の抜取りによる材質や強度試験を，コンクリートの場合は，コアドリルなどによって材料の一部を採取し，中性化，塩害，アルカリシリカ反応等を確認する微破壊検査などを行う場合もある．さらに，橋梁の耐荷力や耐久性を定量的に把握する目的で，静的載荷試験や動的載荷試験および応力頻度測定などを行って実応力などを計測し，精度高く判定する基の調査を行う場合も詳細調査に相当する．

ここに示した調査を含む詳細調査は，専門的な技術と経験が必要となるため，高度な専門技術を保有する専門技術者の実施や指導のもとで行うことが必要である．非破壊検査等高度な調査を行う専門技術者については，**3.6**の**点検に関わる資格**の項を参照されたい．

## （4）追跡調査

　追跡調査とは，損傷の有無は確認されたが損傷の程度や進行度が不明であり，対策を行うまでの状況でない場合に，経過調査等の考えで行う調査である．追跡調査は，損傷の構造体への影響度，劣化の急速な進行等に十分留意して行うことが求められ，損傷の見落とし，見逃しがないようにしなければならない．

## （5）健全度診断・判定

　健全度診断・判定とは，点検結果から，損傷の程度，進行度，構造体への影響度等を定量的に評価・診断し，判定を下すことである．国土交通省の道路橋定期点検基準では，健全性の診断結果を健全（Ⅰ），予防保全段階（Ⅱ），早期措置段階（Ⅲ），緊急措置段階（Ⅳ）の4段階に区分することとしている．

# 3.2 書類調査と点検計画策定

　橋梁を対象とした近接目視点検では，様々な点検機材・器具を携行して橋に近接して点検するため，事前に綿密な計画を立て，その計画に従って事前準備することの重要性を前に述べた．これは，橋梁の立地条件は厳しいことが多く，現地で点検を始めたところ，点検を行うのに不足する機材・器具があったり，想定外の点検をしなければならなくなった状況において，実施している点検を中止し再点検を行うことができない環境が多々あるからである．また，橋梁は数多くの部位・部材から構成されており，そのすべてを均一に端から端まで近接目視点検するのは著しく非効率である．そこで，効率的で精度の高い点検実施のためには，橋梁の特性を十分知ったうえで，過去の点検や補修・補強の履歴を参考に，適切な部位をそれに見合った方法で効率よく正確に近接目視点検することが必要となる．そのためには，点検技術者自身が構造，材料に対する知識を有し，橋梁の部材の役割を正しく理解していることが重要となる．

　以上述べたように，効率的に点検を実施するためには，事前の準備がいかに大切であるか理解されたと思う．次に種々な事前調査と点検計画の策定ついて説明することとする．

## （1）書類調査

　橋梁の点検を効率的に実施するための事前調査は，まず書類調査から始めるとよい．

　事前調査が十分でない場合，点検作業に支障をきたすばかりでなく，点検作業が危険となる場合もあるので，十分な留意が必要である．

　調査すべき図書類としては，橋梁台帳，しゅん功図書，点検記録，補修・補強履歴などがあり，点検計画策定に欠かせない情報としては架橋環境データも重要である．これらを事前に十分活用して点検計画を立てるべきであるが，これらの書類が十分にそろっていない場合には，現地調査を実施して補うことが必要となる．

## 1）橋梁台帳調査

　道路管理者は，通常管内の橋梁について橋梁台帳を保有しているので，点検準備時にはこの台帳を参考にして，まず点検すべき橋梁の所在地，橋梁形式，架設年度などを調べる．この台帳に補修・補強履歴が記載されていれば，点検時の貴重なデータとなる．橋梁台帳に詳しい情報が記載されていなければ，他の資料を調査して必要情報を得なければならない．

①橋梁の架設年度：架設年度が分かれば適用された設計基準を知ることができ，橋梁本体や支承，付属物などの適用年次時代の弱点などを知ることができる．また，疲労亀裂は交通量が変わらなければ，供用経過年数に比例して累積損傷度が増加すること

---

■キーワード：書類調査，橋梁台帳調査，しゅん功図書調査，構造特性，応力状態，記録の調査，架橋環境，類似の損傷（損傷，劣化）事例の収集，現地踏査，点検計画，点検項目，点検方法，点検体制，点検技術者，高所作業車，橋梁点検車，点検車両，交通整理員

が知られているので，特に大型車両の多い地域では疲労亀裂の発生年数が早くなる．そのような意味でも，架設年次を知ることは，それだけでも貴重な情報となる．

②補修・補強履歴：架設時以降に補修・補強工事がなされていればその情報を入手し，どのような工事がなされているかを確認し，補強の内容から対象橋梁の問題点を推察することができる．耐震補強や耐荷補強工事などによって新設時にはない部材が取り付けられている場合も多いので，過去に行った対策履歴の調査でこれらの情報を十分調査しておくことは重要である．

## 2）しゅん功図書調査

　点検対象橋梁のしゅん功図書から，橋梁の一般図，構造詳細図，設計計算書などを取り出し，点検対象橋梁の大まかな構造を確認する．上部工の形式，橋長，主桁数などの確認をし，橋脚に対しては，橋脚形状，高さ，桁下状況，部材形状などを確認する．これらの資料から，点検対象部位・部材，点検範囲，あるいは点検の手順等を計画する．構造詳細図からは，点検部材の形状，板厚，材質，溶接種類等の詳細な情報を得ることができるため，点検に必要な機材・器具などを選定する．しゅん功図書がない場合，必要情報を得るため現地調査が必要になることがある．

①構造特性：鋼橋の場合，吊橋・斜張橋・アーチ橋のような橋梁は比較的少なく，大半がＩ桁橋，箱桁橋といった桁橋であり，コンクリート橋の場合についても，床版橋，Ｔ桁橋が大半である．鋼橋の損傷としては，腐食が最も多く，架け替えの理由として数多く挙げられていることから，箱桁内の溜水，塵芥の堆積などがあるものと考え点検に入るとよい．また，鋼橋は薄肉板で構成されているため，軽量で振動しやすく，鋼材の疲労，ボルトのゆるみ，脱落等が起きやすい．さらに，接合方式についても，溶接，ボルト，リベットと時代により異なる方式が混在しているため，それぞれの特性を理解して点検を行う必要がある．コンクリート橋も同様で，構造形式によって損傷の起きやすい部位があり，それらの部位の構造の長所・短所，過去の点検履歴や補修・補強履歴を十分把握することが重要である．

　桁端部の桁高を抑える目的で桁を切り欠いた部材が採用されている場合，切欠きコーナー部に疲労亀裂（鋼橋）やひび割れ（コンクリート橋）が発生している場合が多くあり，発生している亀裂やひび割れが進行すると桁が破断する危険性があるため，点検時における重点着目部位の一つとして認識する必要がある．

②応力状態：橋梁の診断を行う場合，評価・診断を行う技術者に構造物の応力特性を理解し，損傷の度合いを判定する能力と知識が要求される．一般的には点検と診断は分けて行う場合が多く，点検技術者には構造物の応力に関する知識は不要との考え方

もある．しかし，損傷の発見された部材にどのような応力が生じたかを理解していることで，より適切な点検が可能となるだけでなく，発生している損傷の危険性の判断も可能となるので，点検技術者にもこのような知識を身につけておくことは必要である．第一に，橋梁を構成している部材に作用する死荷重，活荷重の状態を把握する．橋梁は外力に耐えうるように設計されているが，設計時の想定を超える挙動，作用力が原因となって損傷が生じる場合がほとんどである．そのような損傷は，損傷の位置，形状によって原因を推定できることが多い．また原因究明のための応力測定などの詳細調査も，損傷を見て判断することが重要となる．橋梁の構造部材に作用する力を解するには，構造力学，橋梁工学や設計についての知識が必要となる．

　例えば，Ⅰ桁では水平補剛材の取り付く側が圧縮フランジと判断できるが，死荷重±活荷重に対して引張・圧縮が交番する領域では，ウェブの上下両側に水平補剛材が必要となる場合がある．このような領域を正負交番域と呼んでおり，たわみの変曲点にも近い位置となる．正負交番域は死荷重応力が小さく，桁断面が小さめとなるため，活荷重の応力振幅が大きくなりやすい．特に長大橋では，死荷重比率が高いため，この傾向は大きくなる．

　また，トラスの弦材は引張部材，圧縮部材があり，引張部材については疲労亀裂が進展し，ぜい性破壊を起こすと橋梁の崩壊につながる可能性が高い．したがって，引張の弦材の亀裂発生は，圧縮部材の亀裂発生に比べ，その危険度ははるかに大きいと言える．このような基本的な部材の応力特性を理解しておくことは重要である．

### 3）点検・診断，補修・補強記録の調査

　過去の点検・診断結果として写真，損傷状況および診断結果の記述などの資料が残されていれば，それらの情報を入手することが必要である．また，同一エリアの類似損傷事例について検索できるようになっていれば，収集したデータを当該橋梁の点検に活かすことができることから，事前に該当する事例も取り出しておくべきである．疲労亀裂に関しては，時間の経過とともに進展するケースが多いので，前回点検時に発見された微細な亀裂がどの程度進展していたかが分かれば，その後の補修・補強計画策定時の貴重な情報となる．

　また，当該橋梁に関する補修・補強等の履歴があれば，点検時にその対策の有効性も確認できることから，点検計画を立案する際にはそれらのフォローも含めた点検実施計画にしておくとよい．これらのデータを蓄積することによって，実際に行った補修・補強工事の評価も可能となる．

### 4）架橋環境の調査

　架橋環境の確認は，対象となる橋梁を近接目視するため必要となるアクセス手段を決定する

ために必要不可欠である．組立て足場が利用できない環境にあれば，桁や橋脚の点検に高所作業車等を使用することで点検対象部材に近接することが必要なため，桁下環境を事前に調査することが求められる．例えば車両の設置場所，必要ブーム高さ等は点検前に必要な情報として重要である．また，箱桁や橋脚の内面調査を実施する場合，マンホールの位置，大きさ，進入方法等の情報も必要となる．

　これら点検時に必要となる種々の情報の入手に際して，所有もしくは提供された資料で確認できない場合には，現地踏査を行う．また，点検時における交通規制の必要性判断，交通規制図の作成等にも現場環境の把握は必須となるので調査をおろそかにしてはならない．

## 5）類似の損傷（損傷，劣化）事例の収集

　点検対象の橋梁が新たな構造を採用している場合，あるいは構造形式や使用材料等の適用事例が非常に少ない場合以外は，過去において点検時に確認された類似の損傷として報告されている場合が多い．点検時や資料整理の段階で誤った判断とならないためにも点検対象となる橋梁について，発生する可能性の高い同種の損傷事例を確認しておくことは重要である．

## （2）現地踏査

　点検計画を策定する際，書類上で確認できなかった項目・内容に対しては，現地踏査を行って補足することが必要となる．構造詳細が分からない場合や架橋環境が不明な場合には，必ず現地に行き，どのような環境にあるのか，損傷はどのように発生しているのか，点検を容易に行うことが可能かなどを詳細に調べることが必要である．現地踏査を行わずに現地点検を開始することは，暗闇の中でライトもなしに点検を行うことと同様である．点検時の見落としや見逃しをなくし，確実な点検を効率よく行うためにも，現地踏査をおろそかにしてはならない．

　現地踏査のポイントについて以下に示す．

①構造等の確認：書類調査で十分把握できなかった場合には，構造形式などを現地で確認する．橋梁の内部に入る場合には，マンホールの位置や必要な用具などについて詳細に調査する．

②架橋環境の確認：橋梁を安全に点検できる環境にあるかを確認する．特に高所作業車の利用が必要となる場合には，対象橋梁へのアクセス，車両の留置場所などの確認を行う．また，組立て足場を使用する場合は，資材の運搬経路，設置場所のスペース等の確認も必要となる．

③他管理者との協議の確認：点検を行う際に他の管理者との協議が必要な場合がほとんどである．交通管理者（警察署等），鉄道管理者，河川管理者，あるいは管理者の異なる道路上に架設されている場合には，その道路管理者との協議が必要となる．現地踏査ではこれらの確認も重要な事項となる．

④報告済み損傷の確認：すでに損傷が発見されている場合には，損傷の位置，状況，程度を確認する．損傷が発見されている橋梁では，現地踏査時に損傷の進展や新たな損傷

を確認する場合が多々あるため，そのような場合には点検計画の変更，緊急対応の必要性の有無などを判断することが必要となる．

## （3）点検計画の策定

　これまで点検を行う際には，綿密な事前調査を行うことが必要不可欠であることを述べてきた．点検計画策定時には，これらの事前調査結果をもとに対象橋梁の主要材料や構造種別，点検対象部位・部材，それらに対する点検方法などを明記し，点検を実施するための実施体制，交通対策，安全対策，緊急連絡体制，実施工程なども記載することが必要である．また，点検に携行する機材・器具などの一覧表も添付することが必要である．点検計画策定時にここで示した種々の項目を確認し，記述することで，点検前準備や点検に必要な手続き等の最終確認となるので重要である．点検計画の策定時に記載する内容を以下に示す．

## 1）点検項目と点検方法

　点検の種類により内容が異なるが，ここでは近接目視点検における点検項目と方法を説明する．

　点検は部位，部材ごとに行うことが一般的であり，対象部材，部位ごとに応じて必要な項目の点検を行うことになる．具体的には，鋼橋の上部工であれば主桁，横桁，縦桁，床版などの主要部材と，対傾構，横構などの非主要部材，I桁以外の形式ではトラスの主構トラス部材，格点，斜材（コンクリート埋込み部），アーチ橋であればアーチリブ，吊り材，補剛桁，支柱，格点などが点検部位，部材となる．ここに示す部材，部位の点検項目としては，鋼橋の場合，代表的な損傷である腐食，亀裂，ボルトのゆるみ，脱落，部材の変形などを点検する．また，コンクリート橋の場合は，代表的な損傷であるひび割れ，遊離石灰，エフロレッセンス，浮き，はく離，漏水などを点検する．

　橋梁を対象とした5年に1度の頻度で実施する定期点検時の近接目視点検とは，肉眼によって部位，部材に発生している損傷を確実に把握できる距離（損傷を手で触れる距離）で調査することである．しかし，発生している損傷の中には近接目視によっても位置，形状等の把握ができない場合もあり，その際には，非破壊検査技術等を併用することを検討するとよい．下部工の点検においては，通常，土中の部材は目視できないことから，周辺の地形損傷，地盤状態などを確認し，下部工の損傷発生が疑われる場合には試掘や非破壊検査によって確認することも必要となる．また，点検対象の下部工躯体，フーチング等が河川，運河，湖等の水中にある場合は，ポール等を使用して洗掘等の有無を確認する．橋梁周辺の河床状況等から洗掘の可能性が高く，対象部位や部材が水や海水の汚濁で容易に確認ができない場合には，水中カメラ等の活用や潜水夫による点検も検討することが望ましい．

## 2）点検体制

　点検は点検技術者2人以上のチームで実施する．点検技術者2名以上で行う理由は，精度高

く点検を行うためだけでなく，万一の事故に備えた対応策でもある．なお，点検に高所作業車，橋梁点検車など点検車両を用いる場合には，車両の操作等をそのうちの1人が兼ねてもよい．

点検作業が道路上の作業となり一般交通に影響する場合には，交通整理員を別途配置し，通行車両や通行人等の安全確保だけでなく，点検作業時の安全にも十分配慮することが必要である．

# 3.3 点検用装備とその準備

　点検項目，点検方法，点検体制，対象となる橋梁へ近接するためのアプローチ方法が決まれば，次に必要となる機材・器具の計画を策定することになる．点検対象の部位や部材の位置によって点検用の組立て足場や高所作業車が必要な場合は，車両等のリース会社等と事前の打合わせが必要となる．また，点検時に車両が使用できない場合，使用する必要がない場合でも，はしご，脚立や照明器具および非破壊検査時に必要となる携帯型発電機なども準備し，必要の有無を確認することが必要である．

　近接目視点検は，人の目で対象となる部位や部材の状態を確認することを主眼にして行う点検である．目視点検を行う際には，ボルトのゆるみ，内在する空洞や浮きを確認するために，点検ハンマ等打音点検に必要な器具や，クラックスケール等簡易な点検補助器具を携行することが必要である．橋梁の点検に必要な装備，点検作業を安全に実施するための準備，点検結果を漏れなく記録するための野帳，記録媒体など携行する装備品について以下に示す．

## （1）個人装着用具

### 1）安全保護用具

①ヘルメット：暗所を移動中に部材に頭をぶつけることが多いので，緩衝材付きのものが望ましい．

②防塵メガネ，マスク：橋梁に付着した塵埃，グラインダ作業等研削時の粉塵，鉄粉，溶接の煙などを遮蔽するために使用する．防塵マスクは，使い捨ての衛生マスクではなく，フィルター付きの高機能マスクを準備するとよい．

③照明：近接目視点検を行う際，桁端部，支承周辺，狭隘部や桁内等点検に必要な照度が不足する場合が多く，足場上，脚内，桁内など暗所で損傷を確実に確認するために照明を用いる．点検時には，写真撮影，記録のために両手が使えるように，ヘルメットに取り付くヘッドランプを利用すると便利である（**写真3-3-1**，**3-3-2**参照）．

④安全帯：安全帯は，高所における点検作業においては墜落防止用に必要となるだけでなく，労働基準法や労働安全衛生法等の法規上も義務付けられている場合があるので注意が必要である．高所作業車から他所への乗移りの際には，2丁掛け安全帯が必要である．

⑤安全靴，膝パッド：安全靴には長靴タイプ，短靴タイプがある．膝を折って点検作業を行う場合等には作業性から短靴がよい．また，狭隘な場所において移動する機会が多

---

■**キーワード**：点検用装備，アプローチ方法，携帯型発電機，点検ハンマ，打音点検，クラックスケール，点検補助器具，野帳，記録媒体，個人装着用具，安全保護用具，ヘルメット，防塵メガネ，マスク，照明，ヘッドランプ，安全帯，安全靴，膝パッド，手袋，携行用検査用具，スケール，ノギス，溶接ゲージ，クラックゲージ，記録用具，カメラ，筆記具，磁石テープ，白板，点検，調査機器，点検ハンマ，拡大鏡，高所作業用器具，詳細調査用器具，清掃用具，洗浄液スプレー，ウェス，掃除機，ほうき，ちり取り，ゴミ袋

写真3-3-1　照明器具を用いた近接目視点検

写真3-3-2　ヘルメット照明事例

　　　　い場合には膝パッドがあると打撲事故を防止する観点からも好ましい．
⑥手袋：点検時には，塵埃，汚泥，雨水等のある箇所，鋭角的な部材もあることから，手を保
　　　　護する軍手等が必要となる．点検作業において非破壊試験を併用する場合には，
　　　　軍手だけでなくゴム手袋，切削調査時（グラインダ作業等）には皮手袋等の使い
　　　　分けが必要である．

## 2）携行用検査用具（測定器具）

①スケール：10cm〜15cmのもので，損傷を撮影する際に後で寸法を確認するために，スケー
　　　　ルを入れて写真を撮る．鋼桁であれば磁石，コンクリートであれば粘着テープ等
　　　　で損傷わきに取り付くものがよい．
②ノギス：ノギスは，暗所，狭隘部において必要な部分の長さや厚み等の計測を正確に，速く
　　　　行うことが可能となる．ノギスは，断面欠損部等の深さ（腐食の減厚など）の測
　　　　定にも使用できるので便利である．
③溶接ゲージ：溶接ゲージは，鋼部材の溶接部における余盛りの脚長，のど厚などを計測する．
④クラックゲージ：クラックゲージは，コンクリートに発生したひび割れ幅を計測する．クラッ
　　　　クゲージはクラックスケールと呼ばれる場合もあるが，使用目的は同様である．

## 3）記録用具

①カメラ：カメラは，点検時に対象となる橋梁の全景，周辺状況，点検部位，部材等を記録す
　　　　るために必要となる．点検に使用するカメラは，点検時の環境が光量不足，障害
　　　　物，振動などにより条件の悪い場合が多いので，重要な撮影内容をその場で容易
　　　　に確認ができるものとする．近年，点検時に点検箇所，部位や部材の位置確認を
　　　　行う必要性のある場合が多いので，座標値を取得できるカメラを準備することが
　　　　望ましい．なお，暗所でカメラによる損傷箇所を撮影する際には，小型の三脚な
　　　　ど固定具があると確実に記録を残すことができる．

写真3-3-3　点検ハンマ

写真3-3-4　ボルトのたたき点検

②野帳：野帳とは，点検作業時に点検結果を記録するノートである．野帳は，点検結果を容易に記録できる紙質と雨天時に記録した内容が雨水等で確認が不可能とならないように防水用のビニール等が必要な場合がある．また，近年は，ICT機器端末（タブレット型端末）等に現地で入力し，データを転送できる記録装置もあるので検討するとよい．

③筆記具：筆記用具は，点検した結果を野帳等に記録する際に用いる．点検に用いる筆記用具は，水性であると水，汗等で滲むことがあるので，油性がよい．また，鉛筆は筆記した後にこすれて見えにくくなるので，下書き用の使用に限る方がよい．

④磁石テープおよび白板：磁石テープおよび白板は，点検結果を撮影する際に，対象橋梁，部位や部材，点検日時等を記入し，撮影画面に入れることで，点検後に確認を容易にする目的で用いる．

### 4）点検・調査機器

①点検ハンマ：点検ハンマは，鋼橋ではボルト（リベット）等のゆるみの有無，コンクリート橋やコンクリート製の下部工では空洞，浮きやはく離の有無を「たたき点検」するために用いる．「たたき点検」は，ゆるみボルトから発する鈍い音（ゆるみ音）や，コンクリート空洞部表面で発する低い音（空洞音）といった打音を聞き分けることが必要となる（**写真3-3-3，3-3-4参照**）．

②拡大鏡：拡大鏡（ルーペ等）は，鋼部材に発生した亀裂を確認する場合に用いる．ただし，拡大鏡による亀裂の確認では，磁粉探傷試験や超音波探傷試験と同様な亀裂の起終点や位置，深さの確認を行うことは困難である．

### （2）点検用機材・器具

#### 1）高所作業用器具

高所作業用器具は，点検位置が高所の場合補助器具として用いる．使用器具は，はしご，脚

立，ロープなどを現地の状況によって選別し，用意することが必要である．鋼桁，鋼製橋脚や
コンクリート桁等の内部を点検する目的でマンホールに入る場合には，はしごが転倒したり，
移動したりすることがあるので，固縛用ロープを用意する．

## 2）詳細調査用器具

　詳細調査用器具としては，目視による調査以外に詳細調査が必要であることが明確な場合に
は，亀裂調査には磁粉探傷試験装置，超音波探傷試験装置，ひび割れや空洞調査などには赤外
線調査装置，弾性波探査装置などの非破壊検査装置およびそれらを駆動するためのバッテリー，
発電機および薬剤を準備することが必要である．

## 3）清 掃 用 具

　清掃用具とは，点検する箇所が塵埃や汚水等で容易に視認ができない場合に，障害となる物
を清掃するために用いる用具である．点検する部位や部材を清潔な状態に保つことは維持管理
の基本であり，点検対象部位に塵埃，土砂，鳥の糞等が放置された状態では良好な点検ができ
ないのは当然である．これらの汚れを除去するには清掃が必要となる．

　部分的な清掃には洗浄液スプレーやウェスを使うが，塵埃や土砂等が堆積している場合には，
腐食が進行しているおそれもある．そこで，点検を確実に行うためにも点検対象橋梁の汚れが
顕著な場合は，事前に清掃を行う．そのために，小型の掃除機，ほうき，ちり取り，ゴミ袋な
どを準備するとよい．また，点検部位のほこりや汚れを除去し，点検作業を確実に行うために
は，はけ，ちり取り，洗浄スプレー，ウェスなどを準備することは必須である．

# 3.4 点検時の安全・衛生対策の徹底と点検前の確認

　橋梁の点検は，狭隘な箇所，高所の箇所や桁下が鉄道や道路など点検作業に危険が伴う場合が多々ある．点検作業を確実に行うためには，第一に点検に従事する点検技術者はもとより，点検作業に同行する人，交通上の安全や第三者被害を防止する目的で配置する交通整理要員等の安全・衛生対策を徹底することが重要である．点検技術員等が高所から墜落したり，密閉部で酸欠等による事故が発生すれば，最悪人命にもかかわる重大な事態となる．このような事態とならないために，日ごろから危機管理意識を十分に持ち，点検関係者の事故だけでなく，点検機材等の落下を起こさないように細心の注意を払うことが必要である．

　そのためには，点検技術者や関係する人々に対して，事前に十分な研修を行い，安全に対する注意喚起と安全確保に関する知識を身に付けさせることが必要となる．また，事前の現地踏査や現地点検を開始する前に，安全確保に対する確認を書類や口頭で行うことも重要である．なお点検作業は，事故時の連絡，救出を考慮して必ず2名以上で行う．現地点検等の安全確保のポイントを以下に示す．

（1）墜落・落下対策

1）はしご・脚立の設置時の注意点

　橋脚のマンホールから脚内に進入して点検を行う場合には，はしごが必要となるが，このような状況下における墜落事故が少なくない．はしごを設置する場合は，労働安全衛生規則等に則り，はしごの角度は地面に対し75°程度とし，昇降時に転倒，ずれがないよう，はしご上部は脚付きはしごなどに必ず固縛することが必要である（**写真3-4-1**参照）．

写真3-4-1　はしごの設置状況

■キーワード：交通整理要員，研修，はしご，脚立，安全保護具，酸素欠乏災害防止対策，酸素濃度，酸素欠乏症，強風時対策，養生シート，足場板，健康・衛生対策，粉塵対策，熱中症対策

図3-4-1 安全保護具（よい例）

2）墜落・落下防止の注意点

　点検に際しては，点検技術者の墜落等を防止するとともに，点検器具，材料等の落下防止に努めなくてはならない．高さ2m以上で作業を行う場合には安全帯を装着するとともに，安全帯を掛ける親綱等を現場に設置する必要がある．点検を行う点検技術者の服装，ヘルメット，安全帯および安全靴等を着用した外観を図3-4-1に示したので参考にするとよい．

　点検時の注意点として，点検技術者が足場，検査路に入る際は，まずそれらの安全を確認し，不備がある場合はそこを改善してから点検に入ることになる．また，点検用の足場や点検車両のゴンドラ上は整理整頓し，作業時に支障とならないように安全な通行路を確保することが必要である．また，風雨等によって点検機材・器具が落下しないように十分注意して管理する必要がある．

　落下のおそれのある個人携行器具（点検ハンマ，カメラ，筆記具等）は，ストラップ，ひもで固定し，落下防止対策を徹底することが必要である．鋼部材やコンクリート部材のたたき点検を行う際に，塗膜やコンクリート片等が飛散する可能性があるときは，適切に防護する必要がある．

（2）酸素欠乏災害防止対策

　箱桁，橋脚など気密性の高い構造物の点検を行う場合，入場時には酸素濃度などを計測しなければならない．例えば，長い間内部に入ったことのない橋脚では，橋脚内に滞留した水で木片などの有機物が腐敗し，酸素が奪われることがある．酸欠等の事故を未然に防ぐために点検作業の2〜3日前にマンホールを開口し，機械式換気装置等を使用して通風をよくし，空気を入れ換えることが必要である．また，進入時には酸素濃度，硫化水素，可燃性ガスなどを計測し，安全を確認してから進入しなければならない．

具体的な作業上の目安として酸素濃度が18％未満の場合は，酸素欠乏状態であるので作業は中止する．また作業中に酸素欠乏が認められた場合や可能性が予測された場合は，直ちに作業を中断して外部に避難しなければならない．その後，送風機などを利用して換気し，内部の酸素濃度が良好であることを確認してから作業を再開する．特に橋脚の底部など通気の悪い場所で点検作業を行う場合は換気に十分注意を払い，点検作業開始前および作業途中も酸素濃度の測定を行い，安全確保に努めることが必要である．事故防止の観点から，点検技術者は酸素欠乏症対策の教育を受けることが必須である．

点検器具，換気等の動力として使用する発動発電機は，一酸化炭素を排出したり，酸欠の原因となるので，密閉された空間内では絶対使用してはならない．発動発電機の設置場所としては，排出ガスが桁内，脚内に入らないようにマンホールから離れた風通しのよい屋外に置く必要がある．通気の悪い場所では，発動発電機から出る一酸化炭素で中毒を起こし，死傷事故となる場合があるため，特に注意が必要である．また，発電機の近くには消火器を置いて，万が一の火災時に備えることも忘れてはならない．さらに発動発電機や商用電力等と点検器具とをつなぐ電源ケーブルの過熱にも注意し，ブレーカ付きの発電機を使用することが必要である．発動発電機への燃料補給は，必ず発動発電機のエンジンを停止し，給油ノズル等を使用し，外部に燃料が漏れ出すことのないように行う．

## （3）強風時対策

風による点検従事者の転落，点検器具等の落下を防止するため，強風時は点検作業を一時中止して足場上から待避し，強風が収まってから作業を行うことが必要である．強風時に作業を行う場合には，足場上に風で飛ばされるおそれがある物は，破損したり転倒したりしない部材等に固縛し，落下防止対策を行う．点検作業時に風による養生シートのめくれ，足場板のずれ等を確認した場合は，それらを適切な場所に戻し，同様な事態とならないように固定したりして点検作業を行うことが必要である．

## （4）健康・衛生対策

### 1）粉 塵 対 策

点検を行う箇所において，車両等の排気ガスや工場等から排出されるガスの影響や粉塵の飛散，鳥害（鳥類の糞，死骸など）等が予想される場合は，防塵マスク，防塵メガネを着用することが必要である．

### 2）熱中症対策

夏期や外気温が高温時に点検を行う場合，高温，多湿となる足場上，特に箱桁や橋脚内部の作業において，点検作業に従事する作業者が熱中症になりやすいので十分注意することが必要である．例えば以下のような対策を行うことが重要である．

①水分，塩分の補給のためのスポーツドリンク等や身体を適度に冷やすことができる氷，冷たいおしぼり等を携行する．

②作業中の温湿度のモニタリングを行うとともに，熱中症計などがあれば携帯する．気象庁から熱中症警報が出ている場合は，作業を中止する．

③点検作業者は，日陰で風通しのよい涼しい場所に休憩場所を確保し，十分な休憩時間を取る．

④点検作業者の服装として，吸湿性，通気性のよい作業服，下着を着用する．作業服，ヘルメットの内側に通風できる暑さ対策を考慮した物品もあるので活用するとよい．

⑤点検作業者は，十分な睡眠時間を取り健康な状態で作業を行う．点検作業，補助作業および交通処理等を行っていて気分が悪いと感じたら作業を中止することで事故を未然に防ぐことができるので，これらに留意する．

# 3.5 点検結果の記録

　点検を行った結果は，その後の維持修繕計画等を立案するときや再度点検を行うときに参考となる重要な情報であることから，適切な方法で記録し，保存することが必要である．また，点検後に維持修繕，補修・補強等の措置を行った場合は，点検・診断を改めて行い，速やかに記録に反映することが必要である．

　地震や台風等の自然災害による被災や車両や船舶等の衝突によって橋梁に損傷が発生した場合は，必要に応じて点検・診断を行い，その結果を反映することが重要である．次に，「道路橋定期点検要領」（国土交通省道路局，平成26年6月）に規定された記録様式を示すので参考にするとよい．

## （1）記　　録

　点検結果，調査結果，健全度の診断結果，措置または措置後の確認結果は，適時，点検表に記録する．記録には，点検したときに撮影した損傷状況写真，損傷の位置を示す損傷図および診断結果を以下に示すマーク図，点検結果記入表等に適切に記録することが必要である．なお，記録する様式は，橋梁を管理する組織によって他の施設や他の部門で使用している位置図（住宅地図等の市販地図等）を参考に記録様式を決める場合もあるが，国土交通省が示した「道路橋定期点検要領」に示された様式をベースに記録することが望ましい．

## （2）橋梁の点検調書（「道路橋定期点検要領」による点検結果等記入様式）

　点検した結果の記録は点検調書に記載することになるが，その内容を下記に示す．

①点検調書（その1）橋梁の諸元と総合検査結果：複数の部材の複数の損傷を総合的に評価し，所見を記載する．

②点検調書（その2）径間別一般図

③点検調書（その3）現地状況写真：橋梁の全景，路面，路下状況

④点検調書（その4）要素番号図および部材番号図

⑤点検調書（その5）損傷図：径間別一般図に部材名称（付表3-2），要素番号，損傷種類番号・損傷名（付録-1：損傷評価基準），損傷程度の評価区分記号（同付録-1）を記入する．

⑥点検調書（その6）損傷写真

⑦点検調書（その7〜9）損傷程度の評価，評価結果の総括を記入

⑧点検調書（その10〜11）対策区分判定結果

ここに示す①〜⑧の調書の内容を理解し，正しく記載したうえで，すべての橋梁において統

---

■キーワード：記録様式，橋梁の点検調書，径間別，要素番号，損傷図，損傷程度，評価，写真，スケッチ，写真の撮り方，巻尺，コンベックス，スケール，ひび割れ，変形，損傷位置情報，マグネット板，白板，黒板，チョーク，スケッチ，ビード紋様

一のとれた様式で記録することが必要である.

　点検対象の部材は上部構造ごと，下部構造ごとに「構造形式一覧」等を参考に分類し，記号をつけることが必要である．なお，損傷部材の名称は，**第2章**で示した上部構造，下部構造，付属物，その他に示した部材名称を用いる.

　また，損傷部材の要素番号，部材番号のつけ方は，**資料編**に取りまとめたマーク図における部材番号の振り方を基本として行い，損傷の種類，損傷名，損傷程度の評価は，「道路橋定期点検要領」（国土交通省道路局，平成26年6月）および「橋梁定期点検要領」（国土交通省道路局国道・防災課，平成26年6月）によって行う.

## （3）記録の留意点

　点検の結果は，損傷の大小のみでなく，維持管理を効率的に行うための情報も含めて記録する．例えば疲労亀裂の位置，方向から損傷発生の原因を推定し，損傷の緊急性を判断する場合には損傷図が重要な情報元となる．点検の結果は適切な精度，詳細さで，統一のとれた様式で記録する必要がある．記録内容のポイントは以下のとおりである.

　①損傷の種類，寸法，写真番号を記録する.

　②コンクリートひび割れのように同一の損傷が広範囲に存在する場合は，代表的な損傷写真とスケッチを載せ，他は範囲を記録する．範囲は凡例などで示してもよい.

　③損傷程度は，決められた評価基準に照らして評価し，それを記録する．評価基準は，一般的には写真，図，解説により示される定性的な基準であるが，可能な限り点検する点検技術者によって差異が出ることのないように点検・診断を行うことが重要である.

　④損傷程度の評価の根拠となる損傷の写真，スケッチ，損傷状況を記録する.

## （4）写真，スケッチの留意点

　点検において損傷状況の記録は，その記録に基づいて損傷の分析を行い，補修・補強の診断，判定の根拠となるための情報源となる．損傷状況は写真で記録することが多いが，できればスケッチを併記し，亀裂寸法等を記録しておくとよい.

## 1）写真撮影上の注意点

　①写真撮影は遠景と近景で撮影する.

　②遠景は損傷が発生した部材と損傷の位置を確認するために，近景は損傷の状態を確認するために撮影する.

　③近景写真には寸法が分かるようスケールや，位置，点検日等の情報のメモを含めて撮影することが後々の写真整理のためにも望ましい.

　④撮影した写真はその場で確認し，ピンぼけ，ぶれがあった場合には，写真を撮り直す.

　⑤撮影時には，同時に写真番号，撮影対象，方向を記録する.

## 2）疲労亀裂写真の撮り方

　疲労亀裂撮影のポイントは，損傷位置が明確に分かることである．**写真3-5-1**は，横桁のフランジ切欠き部から横桁ウェブに入った疲労損傷の写真である．近景写真で進展方向，経路と部材，溶接ビードとの関係が分かればよいが，通常はこのような詳細情報は写真で記録することが難しい場合が多いので，スケッチによって記録するとよい．

　亀裂の長さや経路は磁粉探傷などによって可視化して記録するが，磁粉探傷の写真は部材との位置関係が判別しにくいので，遠景写真を含めて誰でもが分かるようにしておくことが重要である．損傷の大きさは，巻尺（コンベックス）やスケールで測定し，野帳などに記録する．また，日付け，損傷の番号を写真に入れておけば，後で整理するときに便利である．近接目視で検出した塗膜割れ損傷に磁粉探傷試験を実施する場合，点検結果記録表などへの記録の際は塗膜割れ写真と磁粉探傷写真両方を記載するとよい．

写真3-5-1　疲労亀裂の遠景，近景

## 3）腐食状況写真の撮り方

　腐食撮影のポイントは，腐食の程度，断面欠損の程度，腐食の範囲および損傷箇所が明確に分かることである．**写真3-5-2**は垂直補剛材下端の腐食損傷の写真である．腐食が激しいと，原形が分からない場合があるので，健全な状態が分かる他の同様部位の写真，あるいは減厚程

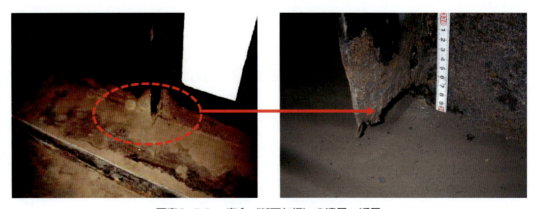

写真3-5-2　腐食（断面欠損）の遠景，近景

度を示す計測データがあるとよい．また雨水等の浸入経路等の情報が記録されていると，その後の補修検討の際に役に立つので記録することが望ましい．

### 4）コンクリートの損傷写真の撮り方

　コンクリートのひび割れに対してはクラックゲージを用いてひび割れ幅を測定する．コンクリートのひび割れ幅は場所によって異なり，その最大幅を記録することが必要であるが，どの程度の範囲でひび割れ幅が分布するかはクラックゲージを入れた写真記録でも確認できる．ひび割れが多数ある場合，広い範囲に分散する場合，長い亀裂で全景が撮影できない場合などには，チョーク等でひび割れ範囲を示して，遠景で撮影し，近景でひび割れ幅を示してもよい．また，微細なひび割れは写真では写りにくいため，雨上がりなど水がひび割れに浸入した状態で撮影すると認識しやすい場合がある．写真で識別しにくい場合には，スケッチ等を併用することも必要である（**写真3-5-3**参照）．

写真3-5-3　クラックゲージを入れた撮影

### 5）部材の変形の撮影

　地震，衝突等により部材が変形した場合，変形量，方向，損傷範囲を明らかにする必要がある．このような変形の写真撮影で注意すべき点は，撮影方向により変形は大きくも小さくも見えることである．変形方向に対して直行する方向から撮影すると変形が最も大きく見えるが，必ず

写真3-5-4　鋼部材の座屈の撮影

しもその方向からの撮影ができない場合が多い．大切なのは変形している部分が分かることであり，変形量は別途記録されていればよい．例えば板部材の座屈は斜め横から光を当て，陰影を付けて撮影するなどの工夫が必要である（**写真3-5-4参照**）．

### 6）損傷位置情報等の写真による記録

損傷箇所の位置については文字では説明しにくい場合が多いが，写真で記録する場合には，後で混乱しないように，写真ごとに野帳などにメモを残すことは重要である．写真の中に，メモ情報を入れることもできる．以下のような方法が考えられる．

①構造物本体に位置を記載したマグネット板を貼る．
②チョークで損傷箇所の位置，寸法等を記録して撮影する．
③白板（黒板）に損傷位置および損傷内容等の記録を記入し，それを入れて写真を撮影する．

このような情報を写真に入れることで，記録を整理する際に場所等の取違いを避けることができる．また，点検箇所が多い場合には，点検が済んだ箇所にチョークでチェックマークを残すことで，点検漏れを防止することもできる（**写真3-5-5，3-5-6参照**）．

写真3-5-5　黒板の使用状況　　　　　　　　写真3-5-6　チョークによる表示

### 7）写真記録が適さない場合

デジタルカメラの写真の利用が増えているが，点検記録に写真を載せただけの内容での報告もある．写真による記録で求められるのは損傷状況の記録であり，その後の維持管理に役立つ情報を伝えることが重要である．写真，スケッチはその補足説明に利用されるもので，撮影した写真によって損傷レベルを決定するのではないことを理解すべきである．以下に，写真以外で記録すべき重要情報を示す．

①橋梁の供用下において，点検しているときに発生している振動，音などは非常に重要な情

報であり，報告書に必ず記述することが必要である．

②疲労亀裂損傷が発生している溶接部の，亀裂と板組，溶接線との位置関係については写真では記録することが難しいため，スケッチ等によって溶接ビードとの位置関係，亀裂長さが分かるように記録することが望ましい．写真と同一のアングルでのスケッチであるとよい．

③亀裂と溶接止端の位置関係は重要である．また，ビード紋様等から溶接方向，溶接方法が推定できることから，そのような情報も記録するとよい．

④板組，溶接形状など写真で分かりにくい情報をスケッチに記録することは有用である．ただし，目視で確認できない情報を想定でスケッチに入れた場合には必ずその旨を記載する．

# 3.6 点検に関わる資格

　道路橋を適切に維持管理し，安全性，使用性や耐久性等の性能を確保するためには，関係する法令や道路橋に関する技術基準および点検基準・要領を適確に理解し，これらの基準および要領等に基づく点検を着実に実施する能力のある技術者が必要となる．点検に関する技術とは，橋梁を構成する部材や部位の損傷状況を把握し，点検基準や点検要領等に基づく損傷区分の判定に必要な知識と点検した結果の記録を正しく行える能力を指している．国は，道路橋の点検・診断等に必要な知識・技術の体系化，明確化を図り，その技術を有する技術者を認定する資格制度化を平成26年度に行った．以下に認定した点検に関する民間資格の概要を示す．

## （1）国が認定した点検に関する民間資格*

　民間資格の登録要件として求めているのは，民間資格認定団体の運営管理体制，資格付与試験等の運営・審査体制，資格付与試験等で求める技術的事項，資格取得者の管理体制，資格取得後の更新規定，資格の削除規定である．平成27年1月に認定された道路橋に関する民間団体の点検資格は以下となっている．なお，国が認定する技術者の行う点検業務とは，5年に1度の頻度で行う定期点検を対象とし，発生している損傷や取付け状態の異常を発見し，その程度を把握することを目的に，基本として近接目視によって点検し，記録することである．

(*：「公共工事に関する調査及び設計等の品質確保に資する技術者資格登録簿」より引用)

### 1）橋梁（鋼橋）点検

　①道路橋点検士（一般財団法人橋梁調査会），②RCCM（鋼構造およびコンクリート）（一般社団法人建設コンサルタンツ協会），③一級構造物診断士，二級構造物診断士（一般社団法人日本構造物診断技術協会），④土木鋼構造診断士，土木鋼構造物診断士補（一般社団法人日本鋼構造協会），⑤上級土木技術者（橋梁）コースB，1級土木技術者（橋梁）コースB（公益社団法人土木学会），⑥特定道守コース，道守コース，道守補コース（国立大学法人長崎大学）

### 2）橋梁（鋼橋）診断

　①RCCM（鋼構造およびコンクリート）（一般社団法人建設コンサルタンツ協会），②土木鋼構造診断士（一般社団法人日本鋼構造協会），③上級土木技術者（橋梁）コースB（公益社団法人土木学会），④特定道守（鋼構造）コース，道守コース（国立大学法人長崎大学）

### 3）橋梁（コンクリート橋）点検

　①道路橋点検士（一般財団法人橋梁調査会），②RCCM（鋼構造およびコンクリート）一般

---

■キーワード：資格，能力，民間資格，橋梁（鋼橋）点検，橋梁（鋼橋）診断，橋梁（コンクリート橋）点検，橋梁（コンクリート橋）診断，非破壊検査に関する資格，非破壊検査，赤外線サーモグラフィ試験，ACCP資格，土木（橋）配筋探査技術者資格

社団法人建設コンサルタンツ協会），③一級構造物診断士，二級構造物診断士（一般社団法人日本構造物診断技術協会），④コンクリート構造診断士，プレストレストコンクリート技士（公益社団法人プレストレストコンクリート工学会），⑤上級土木技術者（橋梁）コースＢ，１級土木技術者（橋梁）コースＢ（公益社団法人土木学会），⑥コンクリート診断士（公益財団法人コンクリート工学会），⑦特定道守コース，道守コース，道守補コース（国立大学法人長崎大学）

### ４）橋梁（コンクリート橋）診断

①RCCM（鋼構造およびコンクリート）（一般社団法人建設コンサルタンツ協会），②コンクリート構造診断士（公益財団法人プレストレストコンクリート工学会），③上級土木技術者（橋梁）コースＢ（公益社団法人土木学会），④特定道守コース，道守コース（国立大学法人長崎大学）

なお，平成26年度に国から認定を受けた道路橋を対象とした点検，診断に関する民間資格は以上であるが，平成27年度以降も毎年，国内の種々の資格に対し新たな認定を行うこととしている．

### （２）非破壊検査に関する資格

道路橋を対象とした非破壊検査に関する民間資格を以下に概説する．

・非破壊試験：国内においては，一般社団法人 日本非破壊検査協会が非破壊検査技量認定規程(NDIS 0601)によって，技術者の技量認定試験を実施している．一方，国際的には非破壊検査技術者に対する技量認定制度を国際規格(ISO 9712)をもとに整合化していく動きがある．2003年よりNDIS0601などをJIS Z 2305に基づく認証制度へ融合一元化し，ISOとの整合が図られている非破壊検査の資格取得には，国内では日本非破壊検査協会等の実施する資格試験に合格する必要がある．

　非破壊検査には大きく６種類あり，放射性透過試験（RT），超音波探傷試験（UT），磁粉探傷試験（MT），浸透探傷試験（PT），渦流探傷試験（ET），ひずみ測定（SM）の資格があり，レベルは３段階に分かれ，レベルの数字が大きくなるほど上位となる．また，利用分野が限定された資格として，超音波厚さ測定（UM），極間法磁粉探傷検査（MY），通電法磁粉探傷検査（ME），コイル法磁粉探傷検査（MC），溶剤除去性浸透探傷検査（PD），水洗性浸透探傷検査（PW）がある．

　受験申請には，所定時間の非破壊検査の訓練が要件となり，訓練証明書が必要となる．超音波探傷レベル２を事例として資格取得までの一般的手続きを示すと，訓練（レベル１所持者は80h，レベル１非所持者は120h，講習受講時間も含む）

と受験（年2回，筆記試験と実技試験）を受け，試験に合格した場合は新規に認証申請書を提出し，審査を受け，資格登録となる．また資格の有効期間は5年で，5年目を迎えるときに更新手続きを行い，書類手続きを行った後に資格有効期間が10年に延長される．10年の有効期限完了前には再認証試験があり，これに合格し，登録手続きを行うと5年有効の資格が発行される．以降，更新，再認証試験が繰り返される．

・赤外線サーモグラフィ試験：本試験については，2008年4月に施行された建築基準法施行規則および国土交通省告示改正によって，建築物の歩行者に危害を加えるおそれのある部分についての外壁全面検査と結果報告が義務化された．このような理由から，赤外線サーモグラフィを使用してNDTおよび状態監視を行うニーズが飛躍的に高まっており，日本非破壊検査協会では2012年春よりNDIS0604に基づき，「赤外線サーモグラフィ試験（TT）技術者の資格認証」を開始している．

・ACCP資格：ASNT（米国非破壊試験協会）の資格承認プログラムの資格を日本国内で取得するためJIS Z 2305資格者のACCP資格取得制度がスタートした．ACCPの工業分野とNDT技法の組合わせに応じて米国，日本の制度間の差を埋めるためのサプリメント試験が必要とされている．

・土木（橋）配筋探査技術者資格：国土交通省が発注する土木橋梁工事において義務付けられた「電磁誘導法及び電磁波レーダ法によるコンクリート構造物中の配筋状態及びかぶり厚さ測定」に関するコンクリート構造物の配筋探査技術のレベルと信頼性の向上を図るため，平成20年度から「コンクリート構造物の配筋探査技術者資格認証制度」が非破壊検査工業会により立ち上げられた．

　　試験は学科，実技試験（電磁誘導法および電磁波レーダ法の2科目）があり，資格の有効期間は2年で，更新審査で書類審査に合格すれば有効期限が5年に延長される．

　以下，橋梁の点検において使用される非破壊検査に関する主な資格を整理して**表3-6-1**に示す．

3.6　点検に関わる資格

**表3-6-1　非破壊検査に関する主な資格**

| 資格名 | 概　要 | 実施機関 | 規格等 | 問合わせ先 |
|---|---|---|---|---|
| 非破壊検査技術者 | 非破壊検査技術者は, 技術者の技量認証制度で, 下記のNDT方法ごとに3段階の技術レベルに区分されている. これ以外にも6種類の限定NDT方法がある.<br>放射線透過試験（RT）<br>超音波探傷試験（UT）<br>磁粉探傷試験（MT）<br>浸透探傷試験（PT）<br>渦流探傷試験（ET）<br>ひずみ測定（SM） | 一般社団法人日本非破壊検査協会 | JIS Z 2305<br>ISO 9712<br>修正 | 一般社団法人日本非破壊検査協会認証事業本部 |
| 赤外線サーモグラフィ試験技術者 | 赤外線サーモグラフィ試験（TT）の技術者認証制度. 3段階の技術レベルに区分されている. | | NDIS 0604 | Tel 03-5821-5104<br>Fax 03-3863-6522<br>http://www.jsndi.jp/ |
| ACCP資格 | ASNT（米国非破壊試験協会）が認証するACCP（ASNT Central Certification Program）資格. 国内ではJIS Z 2305資格者が, JSNDI/ACCP追加サプリメント試験に合格することでACCP資格を取得できる. | The American Society for Nondestructive Testing (ASNT) | | |
| 土木（橋）配筋探査技術者 | 「コンクリート構造物の配筋探査技術者資格認定制度」による認定制度で, 国土交通省「鉄筋測定要領」に規定された鉄筋の配筋状況およびかぶり厚さを非破壊試験にて測定する能力をもつ. 電磁波レーダ法と電磁誘導法の2種類の探査装置がある. | 一般社団法人日本非破壊検査工業会 | 検規-6501 | 一般社団法人日本非破壊検査工業会認証運営委員会<br><br>Tel 03-5207-5960<br>Fax 03-5207-5961<br>http://www.jandt.or.jp/ |

3 点検の基本

107

## コラム

### 点検・診断はインフラの健康診断

　わが国では，高度経済成長期以降に集中的に整備されたインフラが今後一斉に高齢化する．加えて，この間過酷に使用されてきた高速道路などの構造物では，劣化，損傷の進行が懸念される．このような中，2013年国土交通省は，社会資本メンテナンス元年と位置づけ，構造物の点検，診断，補修・補強に取り組む方針を打ち出し，同年6月，道路法等の一部を改正する法律が公布された．これにより，道路の適正な管理を図るため，予防保全の観点も踏まえて道路の点検を行うべきことが明確化され，近接目視による5年に1回の点検が法制化された．

　一方，わが国は，人口の減少や少子高齢化により，2040年代には人口が1億人を割り，65歳以上の人口の割合が4割近くになると予想されている．このため，財源確保の問題はもとより，インフラの維持管理・更新を担当する技術者，点検を実施する点検技術者の数が減少し，業務が十分に行えるのかといった問題点も発生する．

　このような状況のなか，いかに的確に点検し，適切に診断を行い，必要な措置を実施するか，すなわち劣化，損傷を早期に発見し，適切な治療をすることにより，構造物の寿命を長くすることが可能となる．すなわち，点検，診断はインフラの定期健康診断であり，これを適切に行い，早期に患部を発見し措置することが重要となる．このため，いかに有能な技術者を確保するか，育成するかが今後大きな課題である．

　維持管理や更新は，インフラがいかに設計，施工されたか，設計モデルと実構造物の違い，すなわち設計発生応力と実応力の違いや，設計と実構造物の挙動の違いが理解できる，構造物に対する十分な知識と現場実績を有する技術者による点検が求められる．さらに，構造物の置かれている環境条件，沿岸地域，積雪地域，凍結防止剤の使用の有無，交通量などを踏まえた，点検，診断，措置が必要である．すなわち，構造物の生まれ，育った環境を把握したうえで，点検の要点，適切な措置を実施することが今後のインフラマネジメントでは重要なポイントとなる．このため，構造物の設計年度，適用基準，設計上の仮定や前提条件，設計思想（哲学）等を把握したうえで，環境条件，使用条件等を踏まえて，点検のポイント，劣化の原因を的確に診断できる点検技術者を育成することが望まれる．

　加えて，センシング技術，ICTなど最先端技術を活用したヘルスモニタリング，非破壊検査技術など，新たな技術の開発・導入も積極的に進める必要がある．これらにより，点検の精度をさらに向上，合理化することが可能になるものと考える．

　また，こうして得られた点検・診断の結果，蓄積された経験や技術を，将来のインフラ整備における設計，施工あるいは更新に積極的に反映，導入することにより，高耐久性を有し維持管理性能に優れるインフラの整備が可能となり，ミニマムコストで安全，安心，快適なインフラの整備，維持管理が進められ，日本の成長に寄与することを期待する．　　　　　　　（土橋　浩）

# 4章

## 鋼橋の点検

鋼橋に発生する損傷が安全性，使用性および将来の耐久性にどのような影響を及ぼすか否か
の観点から発生する損傷を分類し，発生する種々な損傷に対しどのように点検を行うかについ
て解説する．特に鋼橋の代表的な損傷で，重大事故に直結する疲労亀裂については，発生の原因，
発生の可能性が高い部位，部材，位置について図解と写真を用いて詳しく説明することとする．
　また，鋼部材の場合，コンクリート部材と比較して第三者被害となる損傷の発生程度は低い
ものの，それに該当する鋼部材を添接している高力ボルトの抜け落ち等についても説明する．
さらに，鋼橋の発生する疲労亀裂が，構造形式別にどのように発生するかを過去の損傷事例か
ら明らかにし，点検時の着目点についてポイントを絞って説明する．

# 4.1 鋼橋に発生する損傷の種類と点検

　鋼部材の損傷としては，塗膜等防食機能の劣化，鋼材の腐食とそれに伴う部材断面の減少，疲労亀裂と亀裂進展に伴う部材破断，部材の変形，ボルトの抜け落ちなどが挙げられる．腐食や疲労亀裂は自然環境下にさらすことや，車両荷重などの累積によって発生し進行する．これに対し，部材の変形は車両などの衝突や，地震や地盤沈下などによる外的作用や，支点移動や支点沈下などが原因で生じる損傷である．鋼橋に発生する損傷と点検について，ここでは概要のみ説明し，詳細は代表的な損傷に絞って説明することとする．

## （1）防食機能の劣化

　鋼部材の損傷の中で最も多く発生しているのが腐食である．腐食を防ぐ方法を防食と言い，ペイント等の塗膜によって被覆する被覆装である塗装，耐候性鋼材のように材料的に対処する方法，亜鉛などの裸使用で腐食環境に対応する金属で覆う表面処理の溶融亜鉛めっきおよび金属溶射，電気的に錆化学反応を抑制する電気防食などがある．これらの防食機能別に目視点検時の留意点を以下に述べる．

　ここで示した防食機能を付加する材料が経年等で能力を失う状態が防食機能の劣化である．防食機能の劣化を放置すると鋼部材の腐食につながることから，機能劣化が顕著となる以前に状態を把握し，対策を講ずる必要がある．具体的には，塗料による塗膜の場合は，塗膜表面の白亜化やはがれ，塗膜厚の減少など，めっきや金属溶射は，付着している金属皮膜厚の減少を調査し，評価・判断することである．

## 1）塗　　装

　塗装の目視点検では，塗膜のはがれ，割れ，ふくれ，白亜化（チョーキング），汚れ，変退色が生じていないかを近接目視すると同時に，鋼材に錆や断面欠損が発生していないかを点検する．これらを実施する際の留意点を以下に述べる．

①錆：塗膜表面に赤茶色（錆色）の点在や変色した部分に錆の発生を予測し，確認することになる．錆は，塗膜下塗りの鉛系錆止めペイントと同色に近いことから，それらと識別する必要がある．外部から飛来し塗膜表面に付着した，もらい錆や，錆汁などで汚れている場合には，判定が過大となることがある．また，錆は母材面の損傷の結果生じることがあるため，塗膜に変化がなくても内部の鋼材に腐食等が発生しているおそれもある．そのため，広い範囲にわたって塗膜に損傷がないかの確認をすることも必要である．

---

■キーワード：白亜化（チョーキング），白亜化，耐候性鋼，飛来塩分，溶融亜鉛めっき，金属溶射，腐食，F11T，F13T，湿食，全面腐食，局部腐食，異種金属接触腐食，すき間腐食，孔食，飛来塩分，凍結防止剤，水抜き孔，橋梁定期点検要領，変位誘起型，疲労亀裂，仕口形式，単せん断形式，ソールプレート，面外変形，応力集中，一次応力，ぜい性破壊となる，ゆるみ，超音波探傷試験装置

②はがれ，割れ：塗膜にはがれや割れがあれば，母材面の損傷をまず疑うべきである．溶接部や鋼材端部，鋼材の見えない部分などに腐食や亀裂が発生しているおそれがあるため，塗膜をはがして確認することが必要である．

③ふくれ：塗膜に発生したふくれの大きさや密度（面積）等を調べる．ふくれの発生原因を調べ，使用している塗料の品質不良であるのか，塗膜層間の付着不足等による層間はく離現象か，環境に起因するものであるのかを確認することが望ましい．

④白亜化：白亜化は，塗膜の環境遮断性能が失われていく現象の一つであり，塗膜の表面が粉化して次第に消耗していく現象である．しかし，白亜化現象であっても，塗膜の保護層として機能している場合もあるので，診断時には注意が必要である．

⑤汚れ：汚れには砂塵等による非油性の汚れと，自動車排気ガス等による油性の汚れがあり，後者は容易に洗浄できないため，これらを踏まえて塗膜の劣化度を判断すべきである．また，もらい錆や，錆汁による汚れは防食性能を低下させるおそれがあるため，注意が必要である．

### 2）耐候性鋼材

耐候性鋼材は鋼材成分中の銅，ニッケル，クロムによって，鋼材表面に緻密な錆を形成させ，水，酸素等の腐食因子を母材から遮断し腐食の進行を防止する鋼材である．耐候性鋼材の種類には塗装との併用を前提としたP種と裸仕様（無塗装）のW種とがあり，維持管理の容易さから飛来塩分量0.05mdd（mg／$dm^2$／day：1日あたり，10cm角の面積に何mg物質があったか）以下の地点では無塗装で使用できるW種が現在の主流となっている．耐候性鋼材は緻密な錆の生成が不可欠であり，緻密な錆の生成を阻害する飛来塩分量の多い箇所，凍結防止剤の散布量が多い箇所，常に湿潤状態となる箇所での適用は難しい（**写真4-1-1**参照）．

耐候性鋼材の防食機能に対する目視点検は，主として発生している錆について実施される．錆の状態は，目視点検時の錆粒子の大きさ，色，均一性，凹凸などから総合判断する．点検時に簡易に錆の状態を確認する方法として，セロハンテープで錆を捕捉する方法もある．

写真4-1-1　海浜部で使用された耐候性鋼材の異状な腐食状況

## 3）溶融亜鉛めっき

溶融亜鉛めっきは，鋼材の表面に亜鉛皮膜を形成し，腐食の原因となる酸素と水や，塩類等の腐食を促進する物質を遮断し鋼材を保護する防食方法である．亜鉛が緻密な保護膜を形成し防食機能を発揮するものであるが，何らかの外的要因により亜鉛皮膜が傷ついても，亜鉛側が腐食反応し犠牲防食作用によって鋼の腐食進行を抑制する防食性能を保有している．亜鉛めっき層の代表的な腐食事例は，保護性皮膜が長期間の高温多湿状況にさらされて発生する白錆である．白錆が進行すると保護性皮膜を失い，赤錆による腐食が始まるので，白錆のうちにこれを除去し，適切な措置を施すことが望ましい（**写真4-1-2**参照）．

溶融亜鉛めっきの防食機能に対する近接目視点検では，錆の有無，変色，光沢，めっき初期の不具合（やけ，サンダー傷跡など）などについて調査する．めっき部の錆については，赤錆，白錆の発生状況，発生部位，面積などを対象として調査する．変色などについては，初期状態から表面状態がどのように変化したかを比較することが有効である．溶融亜鉛めっきが何らかの原因で減厚すると，鋼材表面から錆が発生しやすくなるので注意する．特に，海塩粒子や凍結防止剤が付着する部位で，かつ雨掛かりが期待できない部位では，塩化物がめっき層を貫いて鋼材に到達する速度が速くなる．その結果，比較的早期に鋼材が腐食し，めっき層自体が鋼材から割れ・はく離するため，防食機能が著しく低下するので注意が必要である．また，めっき初期の不具合部は，早期にめっきが劣化するため，劣化状況の変化を注意深く点検することが望ましい（**写真4-1-2**参照）．

（a）支承部周辺の白錆　　　　　　　　　　（b）桁端部周辺の白錆

**写真4-1-2　溶融亜鉛めっきの白錆**

## 4）金属溶射

金属溶射とは，鋼材表面に形成した亜鉛，アルミニウム，亜鉛・アルミニウムおよび擬合金溶射被膜が腐食の原因となる酸素と水，塩類等の腐食を促進する物質を遮断し，鋼材を保護する防食法である．溶融亜鉛めっきに対して，局部的な範囲の溶射が可能なので，防食対策の必要部分のみに施工することができる．また，塗料との付着性が高いため，塗装が必要な場合の下塗り塗装を兼ねた防食対策として用いられている．

金属溶射の点検では，錆，はがれ，割れ，ふくれに注目して点検を実施する．以下に点検時

の留意点について述べる（**写真4-1-3参照**）．

①錆：金属溶射の錆の近接目視点検では，鋼材から発生した赤錆と，亜鉛を含む皮膜の白錆を調査する．白錆には細かい白錆と粗い白錆があり，粗い白錆は塩害を受けた場合に生じる．点検・調査の際には，もらい錆や錆汁による亜鉛溶射皮膜の汚れに注意する必要がある．

②はがれ，割れ：部材端部や膜厚過大部では，溶射施工後早期に割れやはがれが生じる場合がある．はがれ，割れを発見した場合，それが施工不良か経年劣化によるものかを判断する必要がある．

③ふくれ：素地調整の不良が原因で，溶射金属と飛来塩分などが反応してふくれが生じる場合がある．

**写真4-1-3　金属溶射の錆，ふくれ**

## （2）腐　食

鋼材の主成分となる鉄は自然界にある鉄鉱石を還元させた人工材料であり，そのまま放置すると酸化して錆となる性質をもっている．錆には赤錆と黒錆があり，赤錆は鋼材腐食の主原因であり，三価の酸化物である．赤錆は多孔質（ポーラス）であるため，酸素や水を透過しやすい特性があり，錆の進行は早い．一方，黒錆は二価と三価の鉄が混合した酸化物で酸化度が高く，緻密な安定皮膜を形成するため，鋼材表面に生じると，腐食要因である酸素や水を透過しにくくするため，赤錆に比して，鋼材の腐食速度は著しく遅くなるのが特徴である．なお，鋼材の腐食には水分，塩分，塵芥等が深く関与する．腐食は，鋼橋の代表的な損傷であることから別途章立てして詳細に説明することとする．

## （3）疲労亀裂

缶ジュースの缶の口を開けるのには，タブを引っ張り上げることが必要になるが，そのタブをまた元に戻す動作を何度か繰り返すとタブは根元から折れて缶から分離した状態となる．これが疲労現象を示す分かりやすい事例の一つである．ここに示す事例のように繰り返し材料に変形が起こるような状態は，道路橋も同様で，車両等の走行による繰返し荷重によって鋼材が変形し，疲労亀裂が発生することがたびたびある．鋼橋の部材に疲労亀裂が発生すると部材が破断し，重大事故となった事例が国内外に多数あることから，腐食と同様に別途章立てして詳

細に説明することとする．

(4) ゆるみ，破断

　橋梁に採用されている鋼部材の代表的な継手形式は，ボルト継手，リベット継手および溶接継手である．1960年代までは，支圧接合のリベット継手が多く用いられてきたが，近年はほとんどが摩擦接合の高力ボルトおよび溶接継手が主流である．高力ボルトには，頭部が六角の

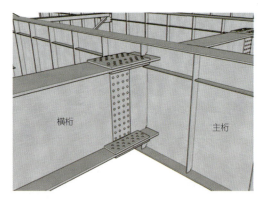

図 4-1-1　高力ボルトとリベット継手

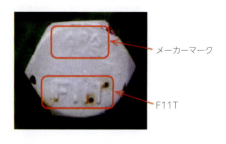

写真 4-1-4　鋼製橋脚継手部の高力ボルト脱落事例とボルト頭部表示

写真 4-1-5　箱桁継手部の高力ボルト脱落事例

高力ボルトと円形のトルシアボルトがある．形状には関係なく高力ボルト添接部に発生する損傷は，腐食，ゆるみ，脱落などである．なお，リベット継手の場合も同様である（**図4-1-1**参照）．

高力ボルト継手部は塗装の膜厚が不均一になりやすく，凹凸部に滞水しやすいという両面の理由から腐食が発生しやすい部位である．

高力ボルトのゆるみ・脱落には，高力ボルトの締付け不良，振動や腐食によるゆるみがある．

また，F11T，F13T等の高強度高力ボルトが用いられている場合，遅れ破壊発生の可能性が高く注意が必要である．ここに示すF11T，F13Tを使用している継手は，遅れ破壊現象によってボルトの軸が破断し，部材連結部のゆるみや高力ボルト本体が外れて落下する可能性が高い部位である．点検時にF11T，F13Tのボルト頭部やナット部等の落下を確認した場合，ボルト頭部に製品マークと強度が明示してあるので確認し，緊急対策の要否やその後の対策を含めて検討が必要である．

部材の継手部が高力ボルトやリベットの損傷によってゆるむと，構造物の安全性が低下する可能性が高くなるとともに，ゆるんだ部材を原因として騒音の発生やその他の損傷を誘発する可能性があるので注意する必要がある．

高力ボルトやリベットの脱落は目視にて確認できるが，ゆるみや未破断の遅れ破壊現象は目視による確認が困難であることから，高強度高力ボルト使用箇所や振動下に置かれている継手部の点検は，たたき点検や超音波探傷試験を併用して確認することが望ましい．リベットのゆるみ調査は，一般にリベット周りに錆汁が発生しているか，あるいは継手の接触面から錆汁が発生しているかを確認する方法があるので参考にするとよい（**写真4-1-4，4-1-5**参照）．

# 4.2 腐食点検時の着目点

　腐食は橋梁の代表的な損傷の一つで，鋼橋の損傷による架け替え理由の中で最も大きな割合を占めている．腐食は塗膜など防食機能の劣化が引き金となるため，塗装の施工不良，部材の損傷に伴う漏水，滞水，桁端部の土砂流入による排水不良などが生じている場合には，腐食の発生に注意する必要がある．定期的な点検が行われている橋梁では腐食による落橋等は起こりえないと考えがちであるが，局部的な腐食，密閉部，すき間部，塗膜下，鋼材とコンクリート境界部，桁内部の鋼材の腐食等は点検で見逃されている場合があり，これらの腐食は疲労強度にも影響を与える場合があるため注意が必要である．

## （1）腐　　食

### 1）腐食の種類

　腐食の分類を図4-2-1に示す．腐食は一般に乾食と湿食に分類されるが，鋼構造物で問題となるのは湿食である．湿食は常温で水と酸素が存在する環境下で生じ，鉄イオンが水に溶解することで腐食が生じる．湿食には全面腐食と局部腐食があり，全面腐食は鋼材表面が均一に侵食される腐食であり，錆が鋼材表面に形成され，緻密な錆に変化していき，その結果，腐食反応が抑制され，腐食速度が徐々に減少する場合もある．一方，局部腐食は，腐食によって侵食される領域が固定化され，周辺の腐食反応の影響を集中して受けるため，その腐食速度は全面腐食に比して著しく速くなる．局部腐食の例には，異種金属接触腐食，すき間腐食，孔食などがある．

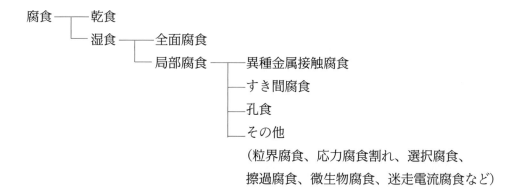

図4-2-1　腐食の種類

　異種金属接触腐食は，電位の異なる金属が水などを介して接触すると，両者間に腐食電池が形成され電位の低い金属が酸化される現象である．例えば，鋼材とステンレスが雨水を介して短絡すると，鋼材が著しく腐食する現象が発生する．

すき間腐食は，金属間のすき間の内部で酸素イオン濃度が減少すると，すき間の内部と外部に濃淡電池が形成され，内部がアノード（マイナスイオンが流れ込む側），外部がカソード（マイナスイオンが流出する側）となり生じる腐食である．孔食は不働態皮膜が塩化物イオン等によって局所的に破壊されることでアノード部が生じ，この部分だけの腐食が局部的に進むことで，孔が形成される腐食である．孔食が生じる代表的な金属材料として，ステンレス鋼やアルミニウムが挙げられる．

### 2）腐食の原因

鋼橋における腐食損傷の原因を次に列挙する．

①塗装の施工不良：適切な塗膜厚を部材平滑部と同程度に確保することが困難な部位が存在する．例えば，部材接合箇所となる添接部のボルト・ナット，部材端部の面取り箇所などである．

②構造上避けられない箇所の漏水，滞水：伸縮装置や床版端部からの雨水の落下・漏水，添接板のすき間等からの水の浸入によってダイヤフラム，添接板などで腐食が発生しやすい．また桁端部付近は，水分の滞留，土砂堆積などによって湿潤状態になりやすい部位であり，注意すべきである．

③他の損傷に起因する漏水，滞水：箱桁内に橋面排水管が設置されているような場合，排水管の劣化によって桁内に滞水が生じることがある．またI桁橋などで，床版のひび割れから水が浸入し，主桁が腐食する場合などがあるので，桁内点検に際しては注意すべきである．また，腐食による断面減少によって部材に応力増加，応力集中が生じることがあるため，腐食減肉部近傍から亀裂が発生しているかどうかを注意して点検する必要がある．

④飛来塩分や凍結防止剤：地域による違いがあるが，塩分は最も厳しい腐食原因であり，塩分の存在下では腐食の進行は格段に早くなる．このような環境下にある橋梁点検では特別な配慮が必要である．

以上が主な腐食の原因であるが，鋼橋の構造別に，腐食が発生しやすく，点検時に重点的に着目すべき箇所を**表4-2-1**に示す．

**表4-2-1 鋼橋腐食が生じやすい構造部位とその原因**

| 腐食が生じやすい箇所 | 考えられる原因 |
|---|---|
| 部材の鋭角部，フランジ下面 | 塗膜厚不足 |
| ボルト継手部，溶接部 | 素地調整が不十分，塗膜厚が不均一 |
| 溶接部 | アルカリ性スラグやスパッターの付着 |
| 伸縮装置周辺部，支承，桁の架け違い部，床版の陰の部分，箱桁内部 | ・雨水やほこりが溜まりやすい<br>・湿気がこもりやすい |
| 主桁端部 | 浸水，漏水などにより湿潤しやすい |

## （2）腐食の着目点

鋼橋の腐食は，雨風にさらされたり，滞水や漏水などにより常時湿潤状態におかれることによって発生する．したがって，腐食の発生しやすい着目点をあらかじめ学んでおくことは重要である．ここでは，橋種別ごとの腐食点検時の着目点を示す．

### 1）I 桁 橋

I桁橋腐食の現れやすい着目点を**図4-2-2**に示す．図中の着目点のうち，桁端部は伸縮装置や排水装置からの浸水，漏水によって最も腐食の発生しやすい部位となっている．また，支間中央部付近についても，床版損傷部からの漏水による腐食の進行が見られることがあるので注意して点検を行う必要がある．

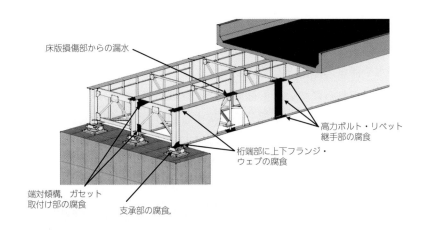

**図4-2-2　腐食点検時の着目点（鋼I桁橋）**

①桁端部の腐食：橋梁の桁端部は，曲げモーメントは小さいが，せん断力が大きいことから，これを受け持つウェブや補剛材に断面欠損が生じた場合，その程度によっては重大事故につながるため，慎重に点検することが重要である．このような桁端部の腐食原因は，路面の雨水が伸縮装置や橋面排水装置から漏水することによって常時湿潤状態になり，腐食が発生しやすい典型的な環境下にあることである．特に寒冷地で凍結防止剤が多量に散布されている場合には腐食の進行が早いため，止水，導水などの腐食環境の改善策を早期に実施することが重要となる．また，腐食が著しく進行している場合には，断面補修や当て板補強等を実施することになる（**写真4-2-1**参照）．

また，横構ガセット，対傾構のアングル部材などの水平部材には泥，水が滞留しやすいため，これら二次部材についても注意して点検することが必要である．

②支間中央部の腐食：鉄筋コンクリート床版の損傷部から雨水等が浸入し，床版下面から漏水することによる腐食事例も多く報告されている．このような損傷は，支間中央部

**写真 4-2-1　鋼桁端部付近の漏水による腐食**

の最大曲げモーメント区間に多く発生しており，主桁引張フランジの断面欠損が生じた場合には，橋梁にとって危険な損傷となるので注意すべきである．

　鋼桁の腐食対策としては漏水箇所の止水，適切な導水が初期段階では有効である．漏水や滞水の原因となる鉄筋コンクリート床版のひび割れ等の損傷箇所がある場合は，これらについても補修しなければ，床版内の鉄筋腐食を止めることができない．床版の接触する部分や近接する部分の漏水箇所を調べ，床版のひび割れや空洞等の損傷がある場合は，舗装をはがし上面からの防水処理等の補修等，抜本的な対策が必要となる（**写真4-2-2参照**）．

**写真4-2-2　鉄筋コンクリート床版の漏水による腐食**

③添接板の腐食：ボルト・ナット部の塗膜は，平滑部材に比して濃淡があり，著しく薄くなる箇所が生じやすい．その結果，平滑部材よりも早く防食機能を失い，**写真4-2-3**（a）に示すような腐食が発生する事例が多い．そのため，ボルト・ナット部については厚膜仕様とすることや，塗装塗替え時に1種ケレン程度の素地調整を実施すること，腐食がある程度進行した時点でボルト交換する等の対策が必要となる．

　次に，**写真4-2-3**（b）は，添接板端部のすき間腐食の事例であり，母材と添

接板端部のすき間に雨水が浸入し，そのすき間内部の酸素イオン濃度が減少することによって，すき間の内部と外部に濃淡電池が形成され，腐食反応が生じた事例である．そのため，再塗装時に添接板部とその周辺の鋼材の錆を完全に除去する素地調整を行ったとしても，すき間への雨水の浸入を防止しない限り比較的早期にすき間の錆が再度進行することになる．

さらにすき間が膨張することで，添接板周辺の塗膜が部材との境界で割れ，雨水がさらに浸入し，腐食範囲が拡大することになる．したがって，抜本的対策としては，腐食した添接板を部分切除・除去した後，1種ケレン相当の素地調整で錆を十分に除去し，新しい添接板を取り付けるなどの対策をとることが多い．なお，添接板の腐食が軽微な場合は，雨水を止水・防水することで，腐食を進行させないことも可能であるため，早期の対応が重要となる．

（a）添接板部滞水箇所の腐食　　　　　　（b）添接板材端のすき間腐食

**写真4-2-3　ボルト添接部の腐食損傷**

## 2）トラス橋

トラス橋では，格点部において下弦材のガセットと垂直材で囲まれた部分に土砂が堆積し，そこに雨水等が滞水して長期間湿潤状態にさらされる場合に，腐食の発生が多く見られる（**写真4-2-4（a）**）．このようなことから，定期的な清掃や堆積土砂の除去等の予防対策を実施することが，腐食環境を改善するうえで有効となる．下路トラス橋では，その斜材がコンクリート床版の境界部で腐食する事例も多く見られる（**写真4-2-4（b）**）．この部位の損傷はコンクリート，アスファルト舗装によって腐食の進行が外部から判明できないことが多く，斜材の破断に至った事例も報告されている．

## 3）箱桁橋

箱桁橋の桁端部についてはI桁橋と同様に重要点検対象部位であり，これまで多くの著しい腐食事例が報告されていることから，腐食状況を詳細に点検すべき箇所である．桁内部については鋼材で囲まれているため，外部から見ることができない．したがって，箱桁内部に入り込

（a）トラス橋の格点部　　　　　　　　（b）トラス橋の斜材の地際部

写真4-2-4　トラス桁の腐食

んでの点検となるが，暗所となるため点検時には損傷状態を把握するのに十分な照明設備を携行することが必要となる．

　箱桁内部の腐食は，添接部のすき間からの浸水や，内部排水装置からの漏水，あるいは密閉空間であることによる内部結露などによって進行する場合が多い（**写真4-2-5（a）**）．漏水，結露による箱桁内の滞水については，通常は下フランジ部に設けた水抜き孔から排水される設計になっているが，水抜き孔への導水が悪かったり，水抜き孔自体が目詰まりしているような事例も多く，内部に滞水するような事態を避けるためにも排水設備のメンテナンスが重要となる．また，箱桁端部の開口部から鳥や猫などが侵入して住み着くことが多く，鳥糞を原因とした腐食事例もある（**写真4-2-5（b）**参照）．

（a）箱桁内部の滞水　　　　　　　　（b）箱桁内部の鳩糞堆積

写真4-2-5　箱桁内部の腐食

### （3）腐食の評価と診断

　定期点検において腐食を評価し，診断における腐食判定ランクは，以下に示すような概ね4段階程度に分類して診断するのが一般的である．しかし，損傷程度の判断が困難で再点検が必要な場合や，第3者被害が予想され，緊急補修を要する場合など，適宜，評価して対応するこ

とも重要である.

①健全：損傷が確認されても軽微で橋梁の機能に支障がない状態である.

②ほぼ健全（予防保全段階）：損傷はあるが機能の低下が見られず，予防保全的な観点から措置を講ずることが望ましい状態である.

③劣化状態（早期措置段階）：損傷があり機能に支障が生じる可能性があり，早期に措置を講ずべき状態である.

④著しい劣化状態（緊急措置段階）：損傷が著しく，機能に支障が講じている，または生じる可能性が著しく高く，緊急に措置を講ずべき状態である.

　腐食損傷の評価基準としては，「橋梁定期点検要領」（国土交通省道路局　国道・防災課，平成26年6月），で示されている腐食の損傷評価基準があるので，それらを基本として点検結果を評価，判断するとよい.

## 4.3　疲労亀裂点検時の着目点

### （1）疲労亀裂点検の重要性

　鋼橋に発生する代表的な損傷として，腐食，疲労亀裂，変形，ボルトの抜け・破断などがあり，その中で腐食の損傷数が最も多く，橋梁の架け替え理由としても腐食が原因である場合が多い．しかし橋梁の安全性の面から考えると，疲労亀裂は発見しにくく，いつの間にか進行していることが多いので注意が必要である．なぜなら，目で見える大きさに達した時点からの亀裂の進行は早く，場合によってはぜい性破壊を伴った部材破断を引き起こす場合があるからである．疲労亀裂は時間とともに進む劣化現象であるため，今後の橋梁高齢化に伴って大きな問題となることが予想される．特に亀裂の発見が遅れた場合には，突然，部材破壊を引き起こす可能性があることから危険性が高い損傷といわれており，亀裂を早期に発見することができれば，小さな労力で橋梁を健全な状態に保つことができるので，疲労亀裂点検の役割は非常に高い．

### （2）疲労亀裂の発生箇所

#### 1）ルート亀裂と止端亀裂

　通常，橋梁の疲労亀裂は溶接部から発生する．亀裂は溶接止端から発生する場合と，溶接ルート部から発生する場合がある．完全溶け込み溶接を行うとルート亀裂は発生しない（**図4-3-1**参照）．

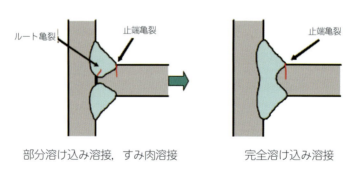

図4-3-1　止端亀裂とルート亀裂

　止端亀裂は，塗膜割れ，錆によって初期段階で発見できる．また，この亀裂は表面で最も長く，内部に行くに従い小さくなるため，切削で除去できる場合が多く，早期対策が可能である．これに対し，ルート亀裂や内部欠陥から発生する亀裂は，内部より楕円状の破面を作りながら広がるため，溶接ビード表面に現れた時点では，亀裂が内部で大きく広がっており，その後の進展がかなり速いという特徴がある．内部ではぜい性破壊を起こす大きさに達している場合もあり，止端亀裂に比べ，危険性の高い亀裂である．

## 2）不完全な溶接

溶接継手の疲労強度は製作品質の影響を強く受ける．特に，製作時に割れなどの面状の欠陥が応力集中部に残された場合には，供用開始後早い段階で疲労亀裂が進展を始め，予想を超える速さで疲労亀裂が発見されることがある．溶接欠陥の許容値は各道路管理者の基準で規定されている場合多く，これを超える欠陥が完成時の検査で見付かった場合には除去，補修されなくてはならないが，基準を超える欠陥が残されてしまう場合もある．特にルート亀裂や，内在欠陥は検出が難しく，発見されたときには亀裂が大きくなっていることがあるので注意が必要である．

## 3）疲労に弱い溶接継手形式

溶接継手の点検は，疲労等級の低い溶接部を優先的に行うことが重要である．特に2002年（平成14年）「鋼道路橋の疲労設計指針」，2012年（平成24年）道示等で示される疲労等級がG，H，H'の継手の溶接部は注意して点検を行う必要がある．また，不用意に取り付けられた付属物，取付けピース，足場金具等の溶接状態にも注意を向けるべきである．これらは品質管理を徹底している工場溶接と異なり，現場における溶接が適切に管理されていない場合が多いからである．

また，図4-3-2に示すような重ね継手，プラグ溶接（栓溶接），断続溶接などは疲労強度の低い溶接継手であり，このような継手は通常は橋梁に使われていないが，溶接初期には突合わせ溶接とすることが困難との理由からこのような継手が使用されていた．もしこのような溶接が使われている橋梁があった場合には，当該橋梁に対して疲労亀裂の発生を想定した徹底的な点検をすることを勧めたい．

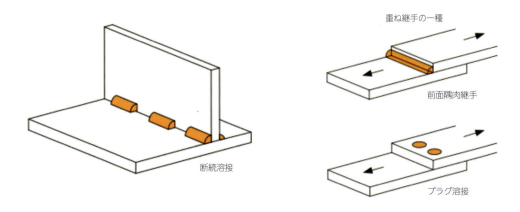

図4-3-2　溶接継手状況

## （3）疲労亀裂が発生しやすい橋梁

橋梁の形式やスパンによって疲労亀裂発生に特徴がある．これらの一般的な疲労特性の相違について以下に説明する．

## 1）設計年代と疲労亀裂

　日本国内の道路橋においては，1960年ごろよりリベット橋から溶接構造に変わり，また高度成長期には経済性を最優先した自重の軽い鋼桁が大量に建設された．また，道路橋については，鋼床版などを除いて疲労設計が導入されていなかった．その理由は鉄道橋などに比べ，設計荷重に占める活荷重の割合が小さく，活荷重による疲労は発生しないと考えられたためである．

　しかし，大型車交通量の増大とともに1980年ごろから疲労損傷が発見されるようになった．多くは主桁たわみに起因する2次部材との接合部の疲労亀裂であったが，ソールプレートや主桁端の切欠き部などのように，主桁母材に入る重大損傷につながる亀裂も報告されるようになり，2001年（平成13年）道示において，道路橋の設計に疲労の影響を考慮することが規定された．ここに示すように疲労に対する認識が欠けていた背景もあり，溶接採用初期の道路橋の溶接継手には，疲労強度の低い継手が採用されている場合がある．中でも，現在では道路橋には使用することのないように規定されている溶接方式が採用されているものもあるので注意が必要である．

## 2）短　い　橋

　橋梁の設計では，橋桁に発生する死荷重応力と活荷重応力の和が材料の許容応力を超えないように設計されるが，支間が長い橋梁に比べ，短い橋梁では活荷重の割合が大きくなる．その理由は，橋梁を通過する交通は同じであるが，長い橋梁は自身の死荷重が大きいため桁断面が大きくなり，全応力に占める活荷重の割合が小さくなる．つまり同じ強さの鋼材を用いれば，活荷重応力の大きさは短い橋梁の方が大きくなる．「短い橋梁に，疲労亀裂は出やすい」ことの理由である（図4-3-3参照）．

図 4-3-3　スパンによる疲労損傷の起きやすさ

## 3）長　い　橋

　前述したような理由で，長い橋梁には疲労損傷が少ないと言える．ただし，注意しなければいけない点は，活荷重応力が小さくなるのは，交通荷重を支える主部材についてであって，床組，鋼床版，支点部周辺などの荷重の集中点，荷重直下の部材については，橋梁規模の大きさによる疲労損傷の発生の差が小さいため，長い橋梁においても注意して点検する必要がある．

　また，主要な部材とそれに交差する横部材の接合部は，複数の部材が変位することによって生じる応力が重なり合った複雑な局部応力状態となる変位誘起型の損傷も，スパンの大小によ

らず発生する亀裂と言える．長大橋の変位誘起型損傷の典型事例としては，トラス橋において，主構トラスの弦材と床組の床桁（横桁）や横構との交差部の接合部に発生する疲労亀裂がある．またアーチ橋の主桁と，床組横部材の交差部，垂直材とアーチリブの接合部についても，同様の理由による疲労亀裂が発生しやすいので注意が必要である．

### 4）重量車両通行の多い橋梁

　疲労の損傷の大きさを測る尺度は「疲労損傷度」と呼ばれ，疲労のダメージを表す尺度とされている．疲労損傷度は鋼橋の場合，応力範囲（車両通過時の発生応力の最大値と最小値の差）のほぼ3乗に比例し，その繰返し回数に比例することが分かっている．したがって，大型トラックなど重量の大きな車ほど大きな疲労被害を与えることとなる．例えば25トンのトラック1台で，1トンの乗用車約15,000台分が通過した以上の損傷を与える結果となる．したがって，疲労損傷度を考える場合には，車の台数ではなく，車の通過に伴う応力の変化量とその回数が重要となる．大型車の比率を示す大型車混入率は，通常の交通量調査では大型トラック，バスなどの車種で分類するか，ナンバープレートで分類しているため，積載重量まで測定できていない．しかし，通過車両の重量を計測することが可能なセンサー技術の発達によって，近年では交通量と車両重量の頻度分布が計測できる技術が開発されており，疲労設計の照査に反映できるようになっている．一般的には，1車線を走行する大型車台数が1,000台/日程度以下であれば疲労について穏やかな環境と言え，3,000台/日以上では厳しい環境と言われている（図4-3-4参照）．

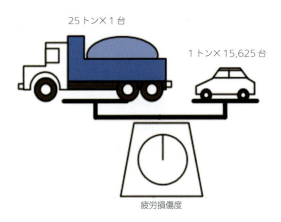

図 4-3-4　疲労損傷度のはかり

### 5）合成桁橋

　非合成桁は，鋼桁のみで荷重を支持できるよう設計されているが，実際には床版との合成効果があるため，床版の寄与分だけ主桁応力が低減されている．それゆえ，合成桁と比較すると，桁に生じる活荷重応力が小さくなり，疲労損傷の発生に関しては多少有利になる．しかし，桁と床版との合成を考えて設計している合成桁は，理論上や経済性からも総合的に有利であるこ

とから，これまでも国内外で多く使用されている．国内の場合は，高度成長期に軽量で床版厚の薄い中小スパンの合成桁橋が多く製作されたが，これらの橋梁は，応力的な余裕が小さく，たわみも大きいことから疲労損傷発生の事例が数多く報告されている．ここに示した損傷事例において，同一荷重で同スパン長の橋で比較するためのデータが少ないため，定量的に実証されていないのが現状である．また，疲労損傷発生の原因が活荷重応力以外，例えば詳細構造の配慮不足等の要因である場合には，合成，非合成の区別は意味がない．

## 6）斜橋，曲線橋

　斜橋で斜角がきついほど，桁間の相対変位が大きくなるので，交差部に疲労損傷が出やすい．曲線橋についても同様である．斜橋，曲線橋では各桁のたわみ角の差に起因して端部にねじれが発生し，これに対して横桁，横構が抵抗するため，その力によって部材定着部付近に亀裂が発生する場合がある．また，斜橋などでは，支承の回転軸の方向と桁の回転軸の方向が一致していない場合があり，このような場合には，桁の回転が拘束され，ソールプレート溶接部の亀裂などが生じる可能性がある．

## 7）揺れる橋

　橋梁が揺れる理由は様々であるが，橋梁が軽量で主桁の断面２次モーメントの小さい橋梁は揺れやすくなる．例えば，集中荷重に対する橋梁のスパン中央のたわみ量は下記に示す$y$である．

$$y = \frac{PL^3}{48EI}$$

ここで，$y$：たわみ量
　　　$P$：集中荷重
　　　$L$：径間長
　　　$E$：弾性係数
　　　$I$：断面２次モーメント

　先に示した式で明らかなように，高強度鋼などを用いて断面２次モーメント$I$を小さくした橋梁や，桁高を抑え多主桁とした橋梁は揺れやすくなる．揺れる橋梁は主桁間の変位差も大きく，変位に起因する疲労亀裂が多発する．また中小橋梁の部材は様々な高次の固有振動数を有しており，取り付けられた部材，付属物，通行する車両などがこの振動数と共振を起こすと，振幅と繰返し回数が飛躍的に増加し，疲労亀裂が急激に進展する場合がある．このような事例として，検査路のブラケット取付け部の疲労，アーチ橋の垂直材の風琴振動による疲労，道路照明柱の取付け部・道路標識板の格点部の疲労などがある．

## （4）疲労亀裂の着目点

### 1）疲労亀裂の調査方法

　疲労亀裂の進展する方向は原因となる作用応力の方向と直交して進展する．溶接部の表面から入る亀裂は，応力方向が溶接ビードにほぼ直交していれば止端に沿って進展するが，直交しない場合には最初に止端から発生した亀裂は，ビード止端と角度を持って母材（鋼板）内に進展し始める．

　ルート亀裂については，ビード上に亀裂が現れるが，複雑な部材接合部で応力方向を予測することが困難な場合もある．亀裂が進展するにつれ，作用する応力成分が変化する場合には，これに応じて亀裂進展方向も変化する．また主応力方向とビード方向に対して傾いた場合には，ビード止端に発生した亀裂が，斜め方向に分岐し，ひげ状の亀裂が多数発生する場合がある．

　**写真4-3-1**はＩ桁垂直補剛材上端の亀裂を示しているが，（a）は床版作用によって垂直補剛材上端に発生した亀裂が斜め上方に伸び，上フランジに進展した典型的な亀裂損傷事例である．荷重載荷点が床版スパン側にずれると垂直補剛材には圧縮と同時にせん断力が作用するため，亀裂方向が上方を向き，上フランジに進展する．主桁上フランジに進むためリスクの大きな亀裂である．一方，**写真4-3-1**（b）の亀裂は垂直補剛材側止端に近いが，ルート割れであることから，溶接のど厚が薄くのどに大きな応力が発生したことから，のどに沿って亀裂が生じたものと考えられる．不均一なルート部の溶接から発生した亀裂は表面では曲がりくねった亀裂となる．表面の亀裂の形状を調査することにより，亀裂の起点や応力方向が分かり，発生原因を推定する重要な手がかりとなる．

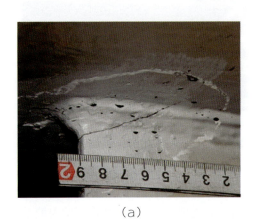

(a)　　　　　　　　　　　　　　　　(b)

写真 4-3-1　板厚，溶接位置の記入例

### 2）塗膜割れ

　疲労亀裂の近接目視点検では，塗膜割れを目安に亀裂を探す．止端亀裂がある程度大きくなり，開口すると塗膜に割れが生じる場合がある．ただし，応力集中部では亀裂がなくても塗膜が割れる場合があり，亀裂を伴わない塗膜割れも多くある．点検で発見された塗膜割れ部に非

破壊検査を行い疲労亀裂が見つかる割合は，1～2割程度と言われている．

　特に，溶接部は塗膜が薄く，乾燥時の割れも多いことから塗膜割れが生じやすい．乾燥による塗膜割れの場合，割れの方向が応力方向と直交しない場合があるので，乾燥塗膜割れと判断できる．このように，疲労亀裂の発生パターン（応力に直交）を知っておけば，塗膜割れのパターンと比較することで無駄な非破壊検査を省くことが可能となる．

　また，塗膜の種類によって亀裂損傷の発見しやすさは大きく変わる．例えば，塗膜の膜厚が厚く，粘性のある塗料を採用した場合は塗膜が割れにくい．厚膜型のタールエポキシ樹脂塗料などの可撓性のある塗料では，疲労亀裂が発生しているにもかかわらず塗膜割れが生じない場合が多い．裸使用の耐候性鋼材や亜鉛めっき仕様，金属溶射仕様でも，ある程度大きな亀裂に進展することで亀裂周辺の陰影などによって目視でも発見が可能である．特に照明付きの拡大鏡などを使用することで亀裂を発見しやすくなるが，小さな亀裂を確認した場合には亀裂の規模を正しく把握するために，発生が疑われる範囲を対象に非破壊検査を行う必要がある．

　亀裂には，溶接割れのように製作時に生じた亀裂もあり，このような場合には塗料が亀裂内に侵入していることが多く，亀裂内の塗料の有無で供用後に生じた疲労亀裂と区別できる．ただし，塗膜をディスクグラインダなどを使って除去すると，塗料が亀裂内に侵入することがあるため，点検ハンマなどで塗膜を割って注意深く除去することが必要である（**写真4-3-2**参照）．

写真4-3-2　疲労亀裂が発見されなかった塗膜割れの例

### 3）類似構造部位への点検範囲の拡大

　疲労亀裂の点検においては，1カ所に疲労亀裂を確認した場合，同様の構造部位を慎重に点検する必要がある．この際には，橋梁の構造を踏まえたうえで，同様の応力状態にある場所，同様の部材のある箇所を集中して点検すると効率的である．例えば，図4-3-5に示す形状の単純桁において横部材と主桁の交差部の亀裂が見付かった場合，桁間の相対変位が大きい赤破線の範囲内は類似の亀裂が発生する可能性が高いので，この範囲まで広げて点検することが必要である．

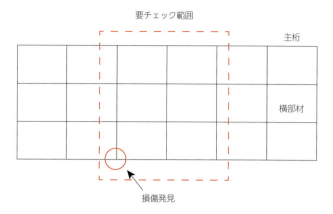

図 4-3-5　横部材交差部亀裂の重点点検範囲

### 4）緊急度の高い疲労亀裂

　I桁橋や箱桁橋の主部材である主桁のフランジ，ウェブに入る亀裂やトラス橋，アーチ橋等の主構部材に入る亀裂は特に注意して点検する必要がある．亀裂長が数10mm程度となると，荷重条件によってはぜい性破壊が生じる可能性が高くなり，気温，荷重などの条件によっては亀裂の急激な進展につながるおそれがある．また，先に示した主部材や主構造に亀裂が入った場合には，損傷が急速に拡大し，橋梁の荷重支持能力低下となる可能性が高いことから，早期に復旧する必要がある．

## （5）疲労亀裂の記録

### 1）記録項目

　疲労亀裂に関しては，重大な損傷であることから下記に示す情報を記録することが必要である．疲労亀裂の記録とは，近接目視点検で発見した亀裂だけでなく，非破壊検査等を併用した詳細調査（磁粉探傷試験など）を行って発見した損傷を含めて記録することである．

　①点検日，点検種別名（定期点検等），点検対象別（鋼床版点検等），点検責任者名，橋梁名
　②損傷番号，損傷箇所（亀裂の起点と終点，進展経路，位置記号，位置図），損傷部材名，損傷状況，損傷程度（亀裂幅，長さ）
　③必要な措置内容（緊急対策内容，追加調査，補修・補強），周辺状況（路面状況，橋下状況，アクセス手段）
　④損傷スケッチ，損傷写真（遠景，近景，磁粉探傷試験等非破壊検査），損傷部材図面

### 2）損傷写真
#### ①亀裂情報の記録

　亀裂の写真を撮る場合，亀裂そのものの詳細写真はもちろんのこと，溶接継手との位置関係

が分かる写真を撮っておくことも重要である．それゆえ，周辺の部材配置が分かる写真（遠景写真）と亀裂を含む損傷部位の写真（近景写真），さらには損傷部位そのものの詳細写真などを一体として撮影することが必要である．撮影時には，撮影対象の橋梁，部位，部材等が識別できるメモ，橋脚番号，桁番号などの損傷位置情報を入れて撮影することが点検後の判断，措置時の位置確認，次回点検と補修のときに必要となるので忘れてはならない．現地の状況等から撮影時にこれらの必要な情報を写真に組み込むことが困難な場合は，野帳などに写真番号と位置情報等必要な情報を記録しておく．

　また，亀裂の大きさが分かるようスケール，寸法テープを入れて撮影しておくと，前回点検時との比較や次回点検時の際に便利である．複数の亀裂が確認された場合には，それらの相対的位置関係を示す写真を1枚入れることで安全性の評価や構造的な問題点等も明らかとなる．写真では亀裂が鮮明に写らず，位置が分かりにくい場合，もしくはそのような状況が予測される場合は，チョーク等で亀裂位置を示すことで亀裂発生の情報を明確にすることが可能となる．ただし，亀裂の詳細写真は，補足的にチョーク等で明示した写真以外に，記入のない状態でも撮影しておく必要がある．

　亀裂周辺の磁粉探傷試験（MT）を実施した場合には，可能であれば亀裂と溶接ビードの関係が分かるような写真を撮影し，先の事例と同様に，亀裂に関係付けた板厚を示す線，寸法を入れることでより損傷位置が理解しやすいので望ましい（**写真4-3-3，4-3-4参照**）．

　　　写真 4-3-3　欠陥位置の記入例　　　　写真 4-3-4　板厚，溶接位置の記入例

## ②手振れ，ピンぼけ

　暗い場所で蛍光磁粉探傷を撮影する場合には，撮影した写真が手振れで明瞭とならない場合が多いので，三脚等の固定器具を使用して撮影するのが望ましい．特に，マクロ撮影時は被写体深度が不足し，ピントが合う範囲が狭くなるため，凹凸の大きな被写体では，深めの絞り（F値を大きくする）で撮影するとよいが，シャッタースピードが遅くなるため固定器具での撮影は不可欠である．カメラ固定器具としては，小型三脚，磁石式固定器具などを被写体の大きさ，場所などに応じて準備する．

　手振れ補正付きのカメラで暗所でも撮影が可能な機種を選定すれば，三脚等固定装置がなく

ても蛍光磁粉探傷写真の撮影は可能である．その際，感度をある程度上げて撮影するとよいが，感度を上げすぎると写真の画質が荒れる場合がある．しかし，疲労亀裂の発生している橋梁では，交通による橋自体の揺れが大きい場合が多いため，手持ちで撮影する場合は，橋梁の部材等に体，腕，カメラを固定して撮影すると手振れが少なくなる．また，磁粉探傷調査結果の写真は，亀裂に吸着した磁粉の像であり，亀裂幅等は記録ができないことを忘れてはならない．

　近年販売されているカメラは自動焦点式がほとんどであるが，暗所，近距離ではピントが合いにくいので，事前にカメラのピント調整能力を把握しておくべきである．

　撮影した写真はその場で拡大して手振れ，ピンぼけがないことを確認する．失敗した写真はその場で削除して撮り直すことが望ましい．事務所に戻り，パーソナルコンピュータ等で拡大してから失敗に気づくことがよくあるので，注意する必要がある．

### ③画像画素数

　近年，画素数が比較的大きいカメラが実用化されており，磁粉探傷試験を必要とする疲労亀裂の撮影に便利である．報告書に添付する程度の写真であれば，それほど高い解像度は必要としないため，画素数の大きくないカメラでもかまわないが，亀裂と継手部の位置関係や亀裂の詳細情報を確認して，今後の対応策を検討する場合には，できるだけ画素数の大きいカメラを使用するとよい．その理由は，撮影段階では，亀裂と継手部の関係が分かる位置関係から撮影しておき，報告書にする段階や今後の対策を検討する段階で亀裂の詳細を確認したい場合，パーソナルコンピュータで拡大して亀裂の詳細を見ることができるからである．

### （6）　疲労亀裂の評価と診断

　点検で発見した亀裂に対して，原因推定し補修・補強案を決定するために，疲労亀裂の評価，診断を行う．評価ではまず亀裂発生の原因推定が行われる．発見した亀裂の原因には大きく分けて，発生応力，共振振動，不完全な溶接施工などが考えられる．次に，疲労亀裂の発生位置，規模等から橋梁構造としてどの程度影響があるかを判断し，それらに対応する対策を決定することになる．さらに補修・補強法を決定するためには，損傷のメカニズムを明らかにし，損傷の進展を止めるために必要な措置を考える．疲労亀裂の評価，診断の結果は，腐食の場合と同様で，基本的に4ランクに分けて診断することになる．疲労亀裂発生の原因，メカニズムの推定のためには，亀裂の詳細な調査，更なる調査が必要となる場合もある．疲労亀裂発生の原因，進展程度や対策については，専門技術者の高度な技術力と経験によって行うこととなるので，本書では詳細な記述は行わない．

# 4.4 構造形式別事例と点検時の着目点（疲労亀裂）

　疲労亀裂の点検は重大事故を防ぐために極めて重要であること，疲労亀裂の発生箇所，進展速度等が多種にわたっていることなどから詳細な解説が必要なため，橋梁の部位，部材別に着目すべき疲労亀裂点検のあり方について説明することとする．ここで取り上げた構造形式としては，全国的に道路橋に採用している構造として数が多く，疲労損傷が多く発生しているＩ桁，箱桁，鋼床版，トラス桁に関して，これら構造部位ごとの点検着目点とその損傷の現れ方について説明する．

## （1）Ｉ　桁

　橋梁に発生する構造部位ごとの疲労亀裂について述べる．鋼橋の疲労点検を行う際には，疲労亀裂の発生しやすい部位を理解して点検を実施することが重要である．Ｉ桁構造で疲労亀裂の発生しやすい部位は，**図4-4-1**に示すような橋脚上や部材交差部，ボルト添接部である．

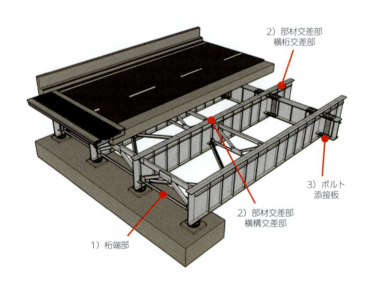

**図 4-4-1　損傷発生部位**

## 1）点検時の注意点

　疲労亀裂は，主に溶接部や切欠き部などから発生する．鋼橋は，防食機能保持する目的で塗装されているため，疲労亀裂を探す場合は溶接部に接近し，近接目視にて塗膜割れや錆汁を探す必要がある．Ｉ桁などの一般的な構造形式では，亀裂が発生しやすい部位はおおよそ決まっているため，これから記述する部位については，特に注意して目視する必要がある．塗膜割れには，**写真4-4-1**の（a）のように塗膜割れのみで錆汁がないものと（b）のように錆汁を伴うものとがある．いずれも疲労亀裂が内在する可能性が高いので塗膜を丁寧にはぎ，磁粉探傷

試験等によって亀裂の有無を確認する必要がある．

（a）塗膜割れ

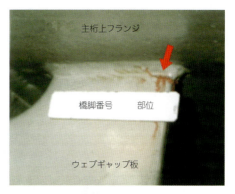
（b）錆汁を伴う塗膜割れ

写真 4-4-1　塗膜割れ状況

## 2）桁端部の疲労亀裂の点検

　橋脚上にある桁の端部は，風通しが悪く湿気がこもりやすい場所である．また，伸縮装置や桁と桁の間から雨水等が浸入し，橋脚や橋台の土砂堆積により常に滞水して湿潤状態になりや

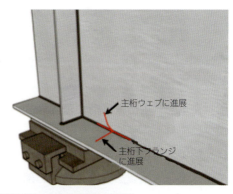

図 4-4-2　支承と主桁下フランジ溶接部の疲労亀裂発生箇所

写真 4-4-2　支承と主桁下フランジ溶接部の疲労亀裂

すいため，腐食が発生しやすい部位である．橋脚や橋台上で，橋桁を支持する支承の錆や腐食が生じると支承の機能が低下するため，注意して点検する必要がある．また，この部位では支承と主桁下フランジの溶接部に疲労亀裂が発生する場合が多いことはよく知られており，この亀裂は主桁下フランジや主桁ウェブに進展する可能性があるため，見逃してはならない亀裂である（**図4-4-2**，**写真4-4-2**参照）．

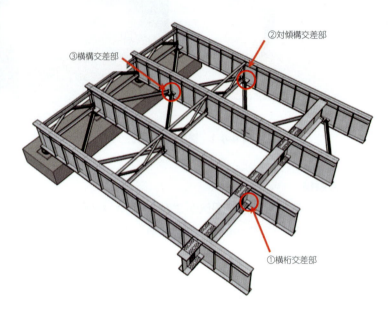

**図4-4-3　疲労亀裂の発生しやすい部材交差部**

### 3）部材交差部（主桁・横桁交差部）の点検

　鋼橋では部材どうしを接合するため，ボルトや溶接が用いられている．部材が交差する格点部では，溶接部の疲労亀裂やボルトのゆるみ，抜け落ちなどの損傷がある．**図4-4-3**に示す部材交差部は，疲労亀裂が発生しやすい部位であるため，注意して点検を行う必要がある．

　横桁は車両荷重の力を各主桁に分配する部材であり，各主桁間に配置されている．主桁と横桁の連結方法は**図4-4-4**に示すような【仕口形式】と**図4-4-5**に示すような【単せん断形式】がある．

　仕口形式の場合は，主桁のウェブに仕口が設けられ，横桁ウェブとフランジはボルトで連結されている．また，仕口の上下フランジと主桁フランジの間にはウェブギャップ板が設置されている．ウェブギャップ板の上側は大きな力が作用する部材であり，疲労亀裂が発生しやすい部位である．

　ウェブギャップ板に発生する亀裂の要因は，交通車両走行に伴う主桁のたわみ差や床版のたわみによるもので，主桁間隔が広く床版厚が薄い構造の橋梁で発生しやすい．

　ウェブギャップ板では，**図4-4-6**主桁上フランジの溶接線に発生する亀裂（a）が最も多く，（a）の亀裂が進展して破断すると図中の主桁ウェブの溶接線に亀裂（c）が発生する場合が

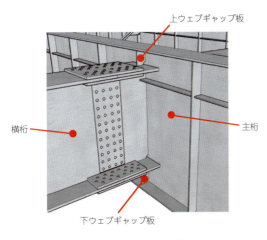

図 4-4-4 仕口形式

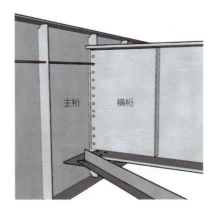

図 4-4-5 単せん断形式

多い．また，スカラップや図中の主桁の上フランジ首溶接部に亀裂（d）が発生する場合がある．Ｉ桁構造の場合，最も亀裂発生の多い箇所であるため注意して点検する必要がある（**図 4-4-6，写真 4-4-3** 参照）．

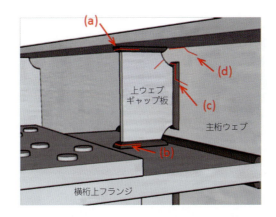

図 4-4-6 仕口形式の上側ウェブギャップの亀裂発生位置

写真 4-4-3 ウェブギャップ板の亀裂

横桁連結部が仕口形式の場合，横桁の上下フランジが主桁ウェブを貫通する構造（**図4-4-7**）と，貫通させずに主桁ウェブに溶接で接合する構造（**図4-4-8**）がある．

　横桁と主桁取りあい部では，下フランジ側に亀裂が発生する場合が多い．ここに示した亀裂は主桁ウェブ母材に進展するため，見逃さないよう注意して点検する必要がある．このように，

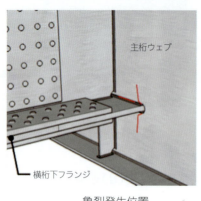

**図 4-4-7　横桁下フランジ貫通構造**

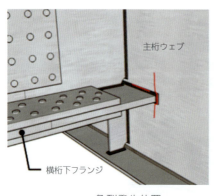

**図 4-4-8　横桁下フランジ突合わせ構造**

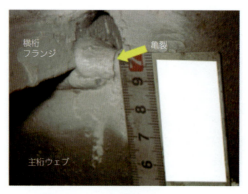

**写真 4-4-4　横桁貫通部からの亀裂**

主桁ウェブと横桁フランジ取りあい部では様々な構造様式が採用されていることから，点検前にはしゅん工図で構造を十分確認し，過去の事例や構造から亀裂発生の位置を予測してから点検を行うと効率的である（**写真4-4-4**参照）．

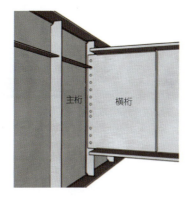 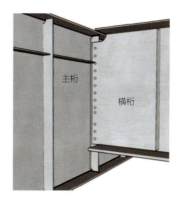

（a）上フランジ高さが異なる場合　　　　　（b）上フランジ高さが同じ場合

図4-4-9　単せん断形式の構造

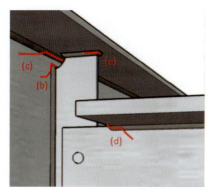 

（A）上フランジ高さが異なる場合　　　　　（B）上フランジ高さが同じ場合

図4-4-10　単せん断形式の連結上部の亀裂発生位置

横桁連結部が単せん断形式（**図4-4-9**参照）の場合は，横桁のウェブがリベットやボルトで垂直補剛材に接合されている．連結部の横桁上フランジの高さの違いによって，取付け部の構造が異なり，疲労亀裂の発生する箇所も異なる（**図4-4-10**参照）．

単せん断形式の場合，**図4-4-10**に示す（a）垂直補剛材と主桁フランジ溶接，（b）垂直補剛材と主桁ウェブ，（c）主桁フランジと主桁ウェブ溶接，（d）横桁フランジと横桁ウェブの回し溶接部から亀裂は発生する．上フランジ高さが同じ場合では，切欠き部から横桁ウェブ母材に亀裂が発生する．単せん断形式に発生する亀裂（a）は，ウェブギャップ板と同様にI桁構造に多く発生する亀裂である．上フランジ高さが同じ形式においては，切欠き部から（e）横桁母材に亀裂が発生する場合がある（**図4-4-10**，**写真4-4-5**参照）．

連結部の下側では，**図4-4-11**に示す（a）横桁下フランジと横桁ウェブ回し溶接部や切欠

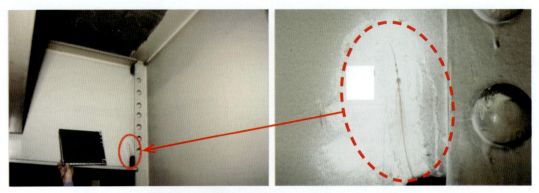

**写真 4-4-5　連結下部の横桁ウェブ切欠き部の亀裂**

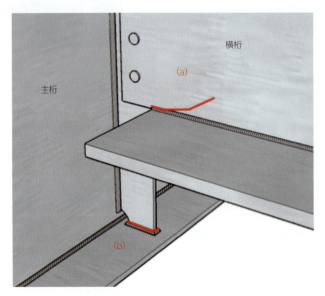

**図 4-4-11　連結下部の亀裂発生位置**

き部から亀裂が発生する．また，発生事例は少ないが（b）垂直補剛材と主桁下フランジ溶接部の亀裂は，主桁下フランジに進展すると下フランジを破断させる可能性がある要注意の亀裂である．

### 4）部材交差部（主桁・対傾構交差部）の点検

　対傾構は，風や地震の横から受ける荷重を主桁へ伝達する部材である．L形などの形鋼とガセットプレートが溶接され，垂直補剛材にボルトやリベットで接合されている．対傾構は一般部にある中間対傾構と支点上にある端対傾構がある（**図4-4-12，4-4-13**参照）．

　対傾構交差部上側の亀裂は，**図4-4-14**（A）に示す（a）垂直補剛材と主桁上フランジ溶接部，（b）垂直補剛材と主桁ウェブ溶接部，（c）主桁フランジとウェブの首溶接，（d）対傾構のガセットプレートと上支材の溶接部，（e）ガセットプレート連結部の最上段ボルト孔から発生する（**写真4-4-6**参照）．

4.4 構造形式別事例と点検時の着目点（疲労亀裂）

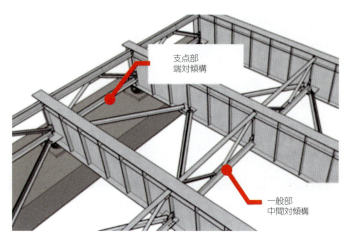

図 4-4-12　対傾構連結部の位置

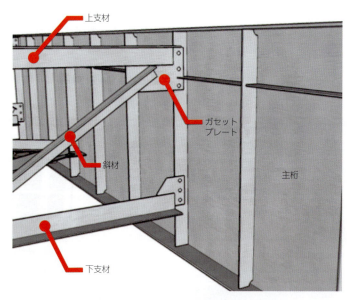

図 4-4-13　中間対傾構連結部の構造詳細

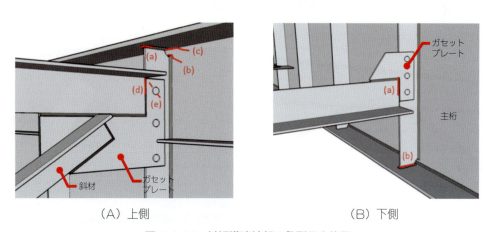

（A）上側　　　　　　　　　　　（B）下側

図 4-4-14　対傾構連結部の亀裂発生位置

写真 4-4-6　対傾構連結部（上側）の亀裂

　対傾構交差部下側の亀裂は，図4-4-14（B）に示す（a）対傾構ガセットプレートと下支材の溶接部，（b）垂直補剛材と主桁下フランジの溶接部から発生する．（B）の亀裂は，発生事例は少ないが，下フランジに進展すると下フランジを破断するおそれがあるため注意する必要がある（図4-4-14（B）参照）．

　端対傾構は上支材に床版が打ち下ろされているため，車両の輪荷重の影響を受けやすい．そ

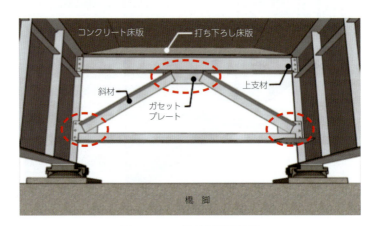

図 4-4-15　端対傾構連結部

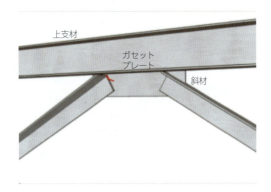

図 4-4-16　端対傾構亀裂発生部位

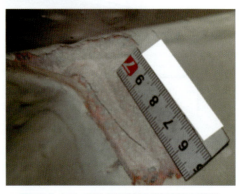

写真 4-4-7　端対傾構斜材溶接部の亀裂

のため，斜材とガセットプレートの溶接部に亀裂が発生する場合がある（図4-4-15，4-4-16，写真4-4-7参照）．

### 5）面外ガセットプレート（横構ガセットプレート）の点検

　面外ガセットプレートは，横構や対傾構をボルトなどで接合し，主桁ウェブとは溶接で接合されている．このガセットプレートは，端対傾構と横構を接合する支点部，横構・対傾構交差部，横構交差部などに設置されている（図4-4-17参照）．

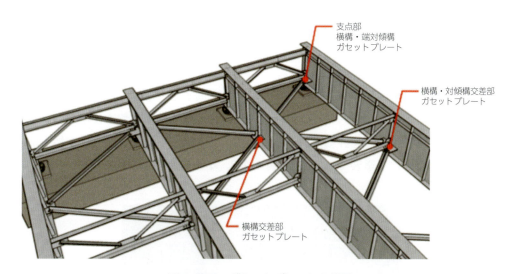

図 4-4-17　ガセットプレートの位置

　ガセットプレート周りに発生する亀裂は，図4-4-18に示す（a）ガセットプレート回し溶接部，（b）スカラップ回し溶接部，（c）垂直補剛材と主桁ウェブの溶接部に発生する．図4-4-19に示す亀裂（a）（b）は主桁ウェブ母材に進展することがあるため，注意して点検する必要がある．

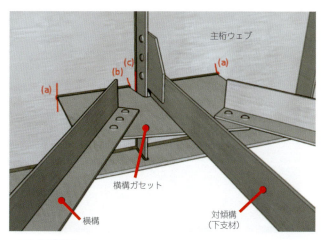

図 4-4-18　横構ガセットプレート（対傾構交差部）の亀裂発生位置

143

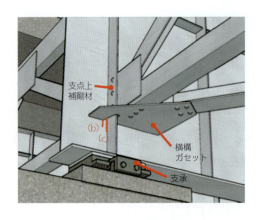 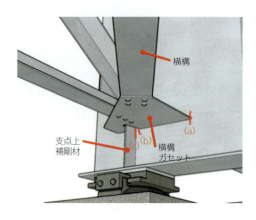

図 4-4-19　横構ガセットプレート（支点部）の亀裂発生位置

　横構ガセットプレートに発生した亀裂は，ウェブに進展すると急速に速度が速まり，最終的には桁を破断させる結果となる．亀裂は軽微であるからと楽観せずに慎重に亀裂の状態，応力方向，部位および部材位置等を詳細に調べることが，ここに示す事例のように主桁を破断させる事故とならないためにも重要である．（**写真 4-4-8，4-4-9 参照**）

写真 4-4-8　横構ガセットプレートからの亀裂で主桁が破断した事例

写真 4-4-9　横構ガセットプレートからの亀裂

## （2）箱　桁

### 1）点検時の注意点

　箱桁はⅠ桁と比較して曲げ剛性やねじり剛性が高いため，比較的長い橋梁や曲線橋に用いられる．箱桁橋は箱断面の主桁，横桁，縦桁，ブラケットなどから構成され，床版形式は鉄筋コンクリート床版形式と鋼床版形式がある．鉄筋コンクリート床版形式は，鋼床版形式と比較すると活荷重応力が低いため，疲労損傷は少ない傾向にある．

　箱桁橋に発生する疲労亀裂は，図4-4-20に示すように，箱桁内面の支点上および一般部のダイヤフラム，横リブや横桁・ブラケット・縦桁連結部に発生しやすい．また，支承部ソールプレート，切欠き部，横桁取りあい部などはⅠ桁と共通である．なお，鋼床版部については後述する「鋼床版の疲労点検」を参照されたい．

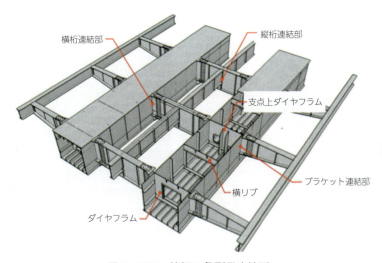

図 4-4-20　箱桁の亀裂発生箇所

### 2）支点上ダイヤフラムの点検

　図4-4-21に鉄筋コンクリート床版2箱桁橋の端部構造を示す．支点上ダイヤフラムは端支

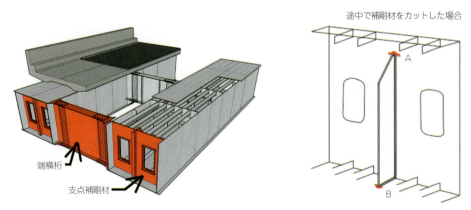

図 4-4-21　鉄筋コンクリート床版箱桁の桁端部構造

点と中間支点にあり，支点ダイヤフラムは支点上に取り付けられ支点反力を直接受けるため，大きな鉛直方向の力が加わる．このため支点直上には1本〜3本の支点補剛材が取り付けられている．支点補剛材は溶接によりダイヤフラム，主桁下フランジと溶接されており，補剛材上端は上フランジまで到達している場合と，途中で切断されている場合がある．

支点ダイヤフラムは橋上を車が通過するときに桁はたわみ，支点上で回転するが，このとき，支承の回転量と桁のたわみによるダイヤフラムの変形に差異を生じると，ダイヤフラムの面外変形を支点補剛材が抑止し，補剛材端部のダイヤフラムに局部的な曲げが発生する．この変形の差異の原因について詳細は不明であるが，鉄筋コンクリート床版箱桁の端支点，中間支点に多くの亀裂が見られることから，鋼桁の回転によるダイヤフラムの面外変形と床版の軸方向変位量が一致しないことが原因と考えられている．この結果，**写真4-4-10**に示すように，垂直補剛材上端の回し溶接部のダイヤフラム側止端に沿って亀裂が発生し，幅方向に母材内に進むとともに，板厚方向に貫通する．

写真 4-4-10　ダイヤフラム垂直補剛材の疲労亀裂

このため，補剛材端部には応力集中を緩和するためのフィレット形状を設定し，補剛材本数を増やすことによる端部の応力緩和対策がとられることが多い．よって，特に垂直補剛材上端が矩形のままで応力集中が大きいディテールでは，回し溶接部止端を注意して点検する必要がある．

また，下フランジと垂直補剛材の回し溶接部にも亀裂発生の報告事例が数多くあるので，注意して点検を行うことが必要な部位である．

### 3）ダイヤフラムの点検

ダイヤフラムの亀裂は，横桁フランジ控え材やブラケット控え材から発生する．箱桁ウェブに進展した亀裂は箱桁の一次応力によってぜい性破壊となる可能性が高いため，詳細に点検する必要がある（**図4-4-22**参照）．

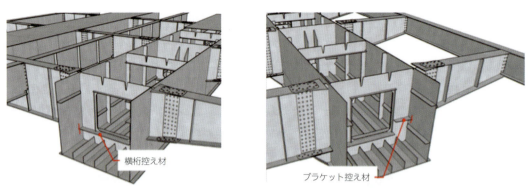

図 4-4-22　ダイヤフラムの疲労亀裂発生箇所

### 4）横リブの点検

横リブでは，図 4-4-23 に示すように横リブフランジと垂直補剛材の溶接部に疲労亀裂が発生する．

箱桁の中でも数多くある部位であり，溶接品質によっても差異はあるが，一カ所でも亀裂があれば同様な構造の部位は注意深く点検することが必要である．

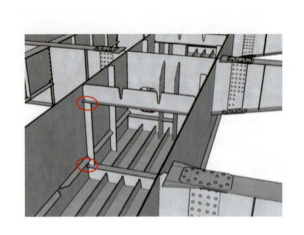
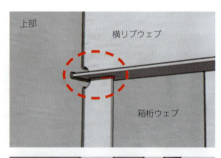
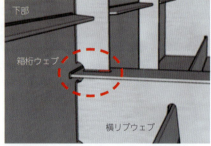

図 4-4-23　横リブの亀裂発生箇所

## （3）鋼 床 版

### 1）点検の注意点

鋼床版は，鋼箱桁橋に使用される事例が多い．そのため，鋼床版の点検は一般的に，箱桁内の点検，箱桁外側の桁間，張出し部での点検となる．点検項目は，防食機能の劣化，腐食，疲

労亀裂，ゆるみであるが，塗膜割れを目安にし疲労亀裂が発見されることが多い．

①箱桁間，張出し部の点検：張出し部は，塗装足場などを使った近接点検を行うことで疲労亀裂を確認することは可能であるが，遠望目視による調査は不適である．このため，箱桁内の点検はできても箱桁外の点検ができず，箱桁内外で点検時期がずれる場合が多い．足場がない場合には高所作業車を使用したり，最近ではロープアクセスによる箱桁外等高所の点検を行う方法はあるが，十分な近接目視を行えない場合が多い．今後，近接目視点検に代わって，ロボット等の機械を使った画像撮影や赤外線，電磁誘導機器などを利用して亀裂を発見するための手法や機器の開発が進められれば，数多く点検が可能となる．

②近接目視点検の事例

近接目視点検を行う場合，桁下の高さや桁の高さ等によって適切な手法で行うことになる．桁下が低い河川や運河等の場合は，船舶を使用しての点検となる．また，桁下高さが高い場合や桁の高さがあり，容易に対象となる部位や部材に近接できない場合は，ロープ，点検用の移動足場や高所作業車等を活用して点検を行うことになる．（**写真4-4-11，4-4-12，4-4-13，4-4-14参照**）

写真 4-4-11 船舶による近接が可能な箇所

写真 4-4-12 ロープアクセスによる点検

写真 4-4-13 移動足場による点検

写真 4-4-14 高所作業車による点検

③箱桁内点検：箱桁高さが２ｍ～３ｍ程度であると脚立を搬入して点検作業を行うことが可能であるが，脚立の運搬，組立て，脚立への昇降のために多大な労力を要し，効率の悪い作業となる．疲労亀裂の点検において，溶接線から１ｍ以上離れると十分な調査を行えない場合が多く，照明条件が好ましくないときなどの環境下では，塗膜割れを見落とす可能性があるので注意すべきである．**写真4-4-15**は近接目視点検作業の状況であるが，箱桁内部には様々な部材や装置が配置されていることが多いことから，十分に近接して点検作業を行うことができない箇所が出てくる．しかし，点検の重要性を認識し，箱桁内では労力を惜しまず，手間をかけてでも点検を行う必要がある．なお，鋼床版については，亀裂が発生していることを確認し，亀裂に対して措置が施された後において措置した亀裂が再発することがあるため，周辺部を含めて定期的に点検することが必要である．

写真 4-4-15　はしご，脚立による鋼床版近接目視状況

## 2）デッキプレートの点検

　道路橋において，路面が陥没し，走行していた車両の車輪が陥没した溝にはまり込む事故が発生した．路面陥没の原因は，鋼床版のデッキを貫通した疲労亀裂であった．近年発生した同様な事故調査事例によると，鋼床版デッキと縦リブの溶接に発生した当該亀裂は鋼床版に発生した亀裂総数の２割程度とされているが，デッキプレートの亀裂は長さが長く，車両が直接載るデッキの陥没事故に直結する重大な損傷と言える．また，鋼床版のデッキと縦リブの接合部に発生する亀裂は，縦リブがＵ形形状（Ｕリブ）の閉断面に発生した事例報告が多く，バルブプレート等の開断面縦リブを採用した鋼床版においては発生事例が少ない．

　鋼床版のデッキプレートと縦リブに発生する亀裂は，Ｕリブの内面側にある片面溶接のルート部から発生し，溶接ビード内を進みビード上に現れるビード貫通亀裂と，デッキプレートを貫通する方向に進展するデッキ貫通亀裂の２種類がある．どちらのタイプの亀裂が発生するかは，Ｕリブと走行車輪の位置関係，溶接部の溶け込み状態とのど厚，溶接ルート部の状態などによると考えられている（**図4-4-24，25，写真4-4-16，17**参照）．

　鋼床版の縦リブにＵリブを採用した初期の段階においては，溶接部に開先を設けないで溶

接を行った事例もあり，その結果，鋼板の内部に十分に溶接金属が入り込んでいない事例も数多く見られた．ここに示す事例のように，溶接の溶け込みが少ない場合にはビード貫通亀裂が発生しやすいことが明らかとなったため，2002年（平成14年）道示で鋼床版のデッキとＵリブの溶接は，板厚の75％以上を溶接するように規定された．

ビード貫通亀裂は初期にビードに沿って進展するが，亀裂がある程度伸びるとＵリブウェブ側に進み始める．これは亀裂の進展でＵリブとウェブの結合力が失われ，ウェブのみのせ

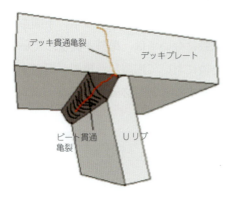
図 4-4-24　デッキ貫通亀裂とビード貫通亀裂

写真 4-4-16　デッキ貫通亀裂

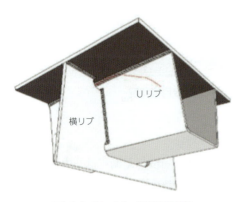
図 4-4-25　ビード貫通亀裂

写真 4-4-17　ビード貫通亀裂

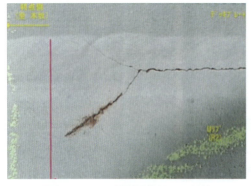
写真 4-4-18　亀裂屈曲部での分岐

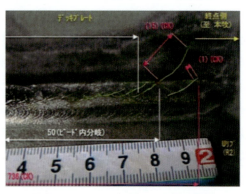
写真 4-4-19　せん断による斜め亀裂

ん断耐力によって輪荷重を支えるためである．このようなことから，亀裂の屈曲点付近では，**写真4-4-18**，**4-4-19**のように，せん断力によって斜め亀裂がいくつも現れ，デッキ側にも力が伝達することから，亀裂がデッキ方向に進展する場合がある．ここに示した疲労亀裂はビードからウェブに進展する重大な損傷であることから，点検において十分注意する必要がある．ここに挙げたウェブに進む亀裂に対しては，亀裂の先端にストップホールを設ける場合もあるが，効果は一時的である．その理由は，このような疲労亀裂が発生した鋼床版は，輪荷重の支持力がすでに失われており，最終的には縦リブの交換，補強などの対策工事が必要となる．

　デッキ部に発生した亀裂は，Ｕリブ内面側のルート部から発生し進展するため，Ｕリブ外面側からは亀裂が板を貫通するまでは目視によって亀裂を確認することができない．亀裂が板を貫通する前に発見するための手法としては，超音波探傷試験による手法がある．鋼床版とＵリブに発生する亀裂を超音波探傷試験によって検出する場合，縦リブの延長が長くなる場合が一般的であることから，手動による探傷では調査時間が長くなり非効率的である．そこで，このような状況下における亀裂の探傷は，半自動超音波試験装置（SAUT）などを用いることで作業が効率化できる．

　最近では，疲労亀裂の調査環境や点検技術者の量や質の問題から，作業効率，安全性等を考慮し，自走型のＵＴロボットなども開発されているので，技術の進捗程度を常に調査し，このような箇所の調査に活用することが望ましい．

### 3）Ｕリブと横リブ交差部の点検

　1996年（平成8年）道示以前に設計された橋梁には，Ｕリブと横リブの交差部には上側スカラップ，下側スリットが設けられている．この仕様で製作された橋梁のスカラップやスリットの回し溶接部から亀裂が発生している事例が多々あった．このような損傷事例を基に，2002年（平成14年）道示で上側スカラップを設けないように規定された．しかし，2002年道示以前に設計された橋梁の下側スリットに発生する亀裂は，過去の調査によると鋼床版に関係した亀裂全体の4割近くを占めており，最も発生数が多い．その理由として当該部分に発生している亀裂は，開断面，閉断面の縦リブ形状に関係なくすべての鋼床版に発生していることから，発生数が多い結果となっているものと予測される．当該箇所の亀裂は，回し溶接部のＵリブ側，横リブ側の止端に発生し，その後進展する．スカラップ部に発生する亀裂の原因は，車両通行時に縦リブの下方向への変位と縦リブの膨らむ変形を横リブが拘束するため，その境界であるスカラップの回し溶接部に大きな応力が発生し，亀裂が発生することになる．このとき，縦リブに板曲げが生じれば縦リブ側の止端に亀裂が発生し，横リブ側の面内応力が卓越すれば横リブ側の止端に亀裂が発生することになる（**図4-4-26**，**写真4-4-20**，**4-4-21**，**4-4-22**参照）．

　橋面のアスファルト舗装にひび割れを発見し，交通規制をしてアスファルトを撤去しひび割れ部分を調査すると，鋼床版の亀裂が見付かることがある．亀裂はＵリブの溶接に沿って発生していると考えられるが，亀裂の先端は網目状に広がり，亀裂の進展を止めるための先端除去ができない場合が多い．

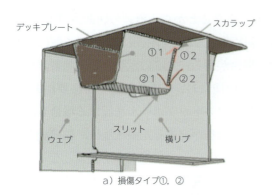

図 4-4-26　交差部疲労亀裂

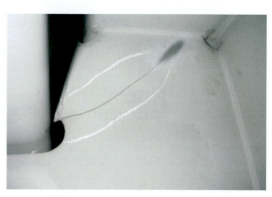

写真 4-4-20　交差部-横リブ側亀裂

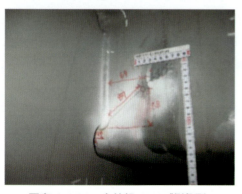

写真 4-4-21　交差部-Uリブ側亀裂

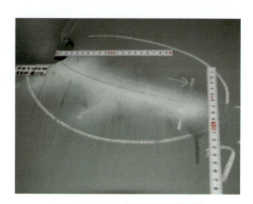

写真 4-4-22　横リブ母材亀裂

　このように重交通環境下におかれている道路橋では，Uリブ等補剛材の溶接線から亀裂が発生，その後デッキを貫通して舗装の陥没事故となる．このようなことから，先に示したように，舗装のひび割れ損傷として顕在化したときには非常に危険な状態になる可能性が高いので，舗装点検時にも注意して点検を行うことが必要である．

4）垂直補剛材の点検

　垂直補剛材と鋼床版のデッキとの回し溶接部から疲労亀裂が発生することがある．走行車両の車輪位置と垂直補剛材位置が一致する場合にこのような箇所に亀裂が発生することが多いので，当該箇所に亀裂が確認された場合には，他の同様な箇所でも発生している可能性があるため，他の箇所も含めて注意して点検する必要がある．垂直補剛材の頭部に発生した亀裂は垂直補剛材側の止端から発生し，斜め上に進みデッキに進展する場合が多い（**写真 4-4-23** 参照）．

(4) トラス桁

　トラス橋は，細長い部材を両端で三角形につないだ構造であり，上弦材，下弦材，斜材，床組，横構で構成される．トラス橋では，図 4-4-27 に示すような支点部および格点部に損傷が発生しやすい．

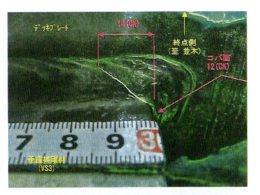

写真 4-4-23 鋼床版垂直補剛材亀裂

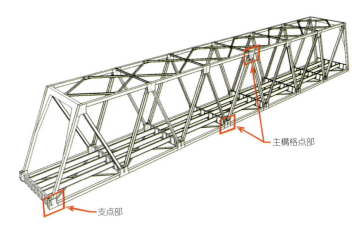

図 4-4-27 トラス橋の点検で着目すべき箇所

① 支 点 部

　支点部は，荷重の集中しやすい箇所であり，支承機能が低下すると周辺の部材に応力集中を生じ，亀裂が発生することがあるので注意して点検する必要がある．

② 主構の格点部

　トラス橋の主構は死荷重応力の割合が大きいことから，車両通過によって格点部に疲労亀裂が発生した事例は少ない．しかし，上弦材，下弦材に比較すると斜材の活荷重による応力変動が大きく，予想しない箇所に亀裂が発生する可能性が皆無とは言えない．そこで，トラスの部材をつなぎ止めるガセットプレート等を含め斜材側の格点に着目して点検を行うことが必要である．

　なお，トラスの格点部は滞水による腐食が生じやすいことから，鋼材の断面欠損に伴う亀裂発生の可能性もあるので，腐食が著しい場合は，錆や腐食部分を丁寧に取り除き，亀裂の有無を確認することが必要である．

## コラム

### 技術者のリダンダンシー

　1962年12月20日，首都高速1号羽田線の京橋〜芝浦間（4.5km）が開通した．首都高速道路の最初の供用である．今から半世紀以上前，東京オリンピックに向けて道路整備が急がれた時代．高速道路を建設するに当たり，いかに早く，そして「安く」つくるかが追求されたことと思う．労務費が安く，鋼材が高価な時代，「安く」とは鋼橋の場合，「軽く」と同意語であったのではないか．経済設計を競った思想に「疲労」という概念は全くなかったであろうし，「点検」という視点もおそらくなかったと思う．

　軽くスリムにつくられたうえ，重交通にさらされ続ける首都高では，平成に入って鋼橋の疲労の問題が大きなテーマとなった．主桁切欠き部，主桁・横桁取りあい部，主桁・対傾構取りあい部，支承部周辺，鋼床版など，鋼I桁橋や鋼箱桁橋の様々な部位に疲労クラックが発生した．委員会を立ち上げ，補修補強方法を検討，実施した．さらに2001年には，放置した場合橋梁の倒壊につながる鋼橋脚隅角部の疲労クラックが発見された．上部構造の疲労に目が行く中でこのクラックを発見した点検技術者の技術力に敬意を表する．

　道路法の改正により5年に1度の近接目視による道路構造物の点検が義務化された今，点検技術者の育成が喫緊の課題だと言われる．点検技術者の量，質ともに不足していることは否めない．しかし，不足しているのは点検だけを行う技術者だろうか．私はそうではないと思う．今，横浜地区で建設を進めている高速横浜環状北線は生麦JCT付近でJR東海道線，京浜東北線などの鉄道を跨ぐ．ここでは鉄道交差部にすべて恒久足場を設置し，いつでも点検・補修ができる構造を採用している．また，鋼床板へのUリブの採用を極力控えるなど，これまでの維持管理の経験に基づく疲労対策を実施している．新しい道路を設計・建設する場合において，点検・維持補修の視点を十分に反映させるためには，建設と保全のエキスパートをバランスよく構成したチームで臨むことが望ましい．技術の継承を考えるなら，それぞれの分野の若手からベテランまでをそろえ，必要最小限の人員の倍の人数のチームで実施するのが理想ではないか．あるいは，点検業務を実施する場合，新設構造物の設計を熟知した技術者がチームに付加されることが業務の品質を向上させるうえで重要である．コスト面などを考えると非常に難しいことではあるが，このようなやり方を通じて，維持管理のことを理解して新設構造物の設計ができる技術者や，構造物の成り立ちを理解する点検技術者が育つのではないか．構造物のリダンダンシーも必要だが，技術者のリダンダンシーも必要だと考える．

（大塚　敬三）

# 5章

## コンクリート橋の点検

コンクリート橋に発生する損傷が安全性，使用性および将来の耐久性に影響を及ぼすか否かの観点から，発生する損傷を分類し，それらの損傷がどのような形で出現するかについて説明し，発生する種々な損傷に対しどのように点検を行うかについて解説する．特にコンクリート構造物の代表的な損傷であるひび割れについては，ひび割れが現れる位置と鉄筋腐食等の発生原因について図解と写真を用いて詳しく説明する．

　また，第三者被害，すなわち「地覆，高欄，床版等からコンクリート塊が落下し，路下の通行人，車両等に危害を与えるおそれのある損傷」については，構造物としては性能的な影響は少ないと言えども放置すれば危険であることから，そのおそれのある「浮き・はく離・抜け落ち」についても説明する．

　さらに，これらの耐荷力や耐久性に影響を及ぼす損傷が，構造形式別にどのように発生するかを過去の損傷事例から明らかにし，点検時の着目点についてポイントを絞って説明する．

# 5.1 コンクリート橋に発生する損傷の種類と点検

## （1）ひび割れ

　ひび割れは，コンクリート橋における代表的な損傷であり，材料や施工不良によって施工直後から数年のうちに発生する初期ひび割れや，設計や構造の配慮不足や想定を超える外力によって発生するひび割れ，使用環境等の影響によって発生する劣化ひび割れなどがある.

　ひび割れの発生原因によって，ひび割れの発生する部位やひび割れの進展方向・パターン，ひび割れからの析出物などに特徴があり，これらをよく調査し，ひび割れの特徴から原因を推定することが必要である. また，主構造にひび割れが発生した場合，どの程度のひび割れ幅以上が耐荷力・耐久性に与える影響が大きいかを判定する目安として，PC橋では0.2mm以上，鉄筋コンクリート橋では0.3mm以上とされている. したがって，発生しているひび割れがこの幅以上に進展した場合，その原因を想定し，対策の要否を検討することが必要となる.

　ひび割れの点検では，ひび割れの発生部位や位置，ひび割れの方向，長さ，幅，間隔，ひび割れ密度，ひび割れからのエフロレッセンス（コンクリート表面に生ずる白色の結晶）や漏水，錆汁などの析出物の有無等を調べ，前回点検時からの変化が確認されたかなどの情報を確認できるように，ひび割れのスケッチや写真などによって詳細に記録しておくことが必要である.

### 1）施工不良によるひび割れ

　施工不良のひび割れとは，コンクリートの配合や品質の劣った骨材の使用に起因するものや，運搬・打込み・締固めや養生，打継ぎ，型枠・支保工などの施工不良によって発生するひび割れを言う. 施工不良によるひび割れは，施工直後から数年間の初期段階で発生するが，その後ひび割れの進展が止まることが多い. このひび割れは，その程度によっては耐久性等の性能に影響を及ぼすため，工事が完了する前に適切に修復することが必要であり，供用後もひび割れが進展するようであれば，欠陥となるので早期の対応が必要となる.

①亀甲状，蜘蛛の巣状のひび割れ：亀甲状，蜘蛛の巣状のひび割れとは，締固め不足，養生の不良などの施工不良によって桁表面にひび割れが発生することを言う. また，過密な鉄筋配置やPC鋼材配置によって，コンクリート打設時の充填不足や締固め不足などが原因でコンクリート内部に空洞ができることもある. 周囲の状況から空洞が発生していることが疑われる場合には，コンクリート表面から内在する空洞を目視によって確認することができないため，点検ハンマ等によるたたき点検によって空洞の有無を確認する必要がある（図5-1-1参照）.

---

■キーワード：エフロレッセンス，乾燥収縮，温度応力，局部応力，アルカリシリカ反応（以下、ASR），中性化，第三者被害，クリープ

図 5-1-1　施工不良によるひび割れ（1）

②鉛直方向ひび割れ：桁の鉛直方向に発生するひび割れは，締固め，養生などの施工不良によって桁側面に発生するひび割れである．当該ひび割れは，コンクリート打設時に使用する型枠の目地に沿って発生する場合もある（**図5-1-2参照**）．

図 5-1-2　施工不良によるひび割れ（2）

③水平方向ひび割れ：桁の水平方向ひび割れは，ウェブやフランジおよび梁部材のコンクリートを数度に分けて打設する場合に発生し，打設したコンクリートの沈下，乾燥収縮などによって桁側面に発生するひび割れである（**図5-1-3参照**）．

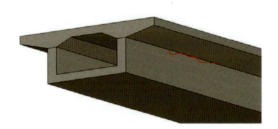

図 5-1-3　コンクリート打設を数度に分けた場合に発生するひび割れ

④ウェブとフランジ打ち継目の鉛直方向のひび割れ：ウェブとフランジ打ち継目の鉛直方向ひび割れは，コンクリート打設時の打ち継目において，コンクリートの乾燥収縮や温度応力（セメントの水和熱によってコンクリートに発生する収縮が拘束されると，引張応力が発生する）に対する用心鉄筋（コンクリートに発生するひび割れやはく離を抑止するために配置する鉄筋）の不足によって支間中央の桁側面に発生するひび割れである（**図5-1-4参照**）．

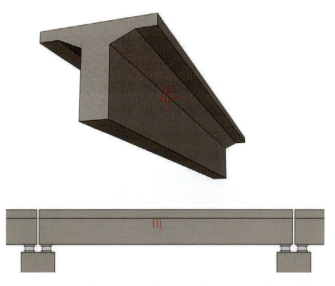

**図 5-1-4　ウェブとフランジ打ち継目部の鉛直方向ひび割れ**

⑤シースに沿ったひび割れ：シースに沿ったひび割れとは，桁上縁や桁端部のPC鋼材定着部の後埋めコンクリート部からシースに沿って雨水等が浸入し，グラウト充填不良部に滞水し，冬期の凍結融解やPC鋼材の腐食等によって発生するひび割れである（**図5-1-5参照**）．

**図 5-1-5　シースに沿ったひび割れ**

⑥プレキャストセグメントブロック桁の鉛直ひび割れ：プレキャストセグメントブロック桁の鉛直継目のひび割れとは，コンクリートの乾燥収縮や温度応力に対する検討不足によって桁を構成するセグメントブロックの継目に発生するひび割れである（**図5-1-6**，**5-1-7**，**写真5-1-1**参照）．

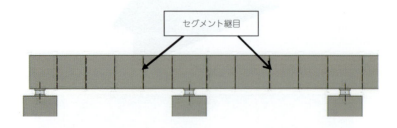

図5-1-6　プレキャストセグメントブロック桁のイメージ

写真5-1-1　継目部の鉛直ひび割れ状況

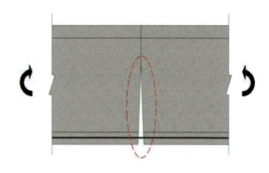

図5-1-7　継目部の目開きの原因とイメージ

⑦横桁・隔壁部のひび割れ：横桁・隔壁部のひび割れとは，主桁架設後と後施工となるコンクリート横桁とのコンクリート材齢差による乾燥収縮や温度応力によって発生する縦および横方向のひび割れである（**図5-1-8**参照）．

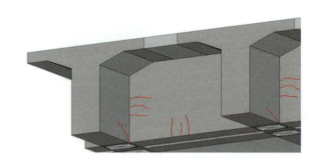

図5-1-8　横桁部に生じるひび割れ

⑧間詰めコンクリート部のひび割れ：間詰めコンクリート部のひび割れとは，T桁橋の場合，間詰め部および間詰め部と主桁の継目部に，主桁コンクリートとの乾燥収縮差による2方向や継目に沿って発生するひび割れである（**図5-1-9**参照）．

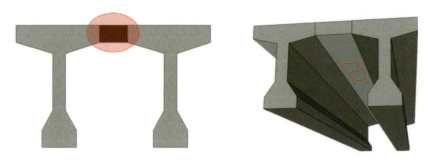

図 5-1-9　間詰め部コンクリート部のひび割れ

⑨中空床版橋の橋軸方向ひび割れ：中空床版橋の橋軸方向ひび割れとは，中空床版橋のコンクリートを打設するときに円筒型枠の固定が確実に行われていなかった場合，型枠の浮上がり等によって型枠に沿って発生する橋面上のひび割れ（a），および下面のかぶりが十分に確保されていない場合の桁下面に発生するひび割れ（b）のことである（**図5-1-10**参照）．

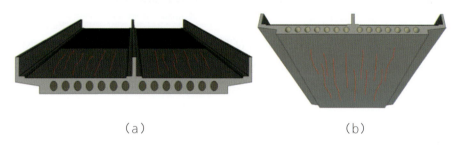

（a）　　　　　　　　　　　　（b）

図 5-1-10　中空床版橋の橋軸方向ひび割れ

## 2）設計や構造上の不具合，想定を超える外力によるひび割れ

　設計や構造上の不具合，想定を超える外力および環境等の変化によって発生するひび割れである．一般的には供用開始後早い時期に発見され，対策することが多い．このようなひび割れを発見した場合，設計図書等によって配筋状況を確認するとともに，再計算を行うなど，保有耐荷力の確認を行う必要がある．また，発生したひび割れが進展性の場合は，載荷試験などを行って現有耐荷力を確認し，問題のある場合には適切な対策を行うことが必要である．

①正の曲げモーメントによるひび割れ：正の曲げモーメントによるひび割れとは，支間中央部の桁下面の橋軸直角方向および桁側面の下縁側の鉛直方向に発生するひび割れで

ある．このひび割れは，作用荷重による曲げモーメントによって発生するひび割れで，設計時のプレストレス不足などが原因として想定される．一般的には，供用開始後早い時期に発見され，対策を行うことが多い（図5-1-11参照）．

図5-1-11　正の曲げモーメントによるひび割れ

②負の曲げモーメントによるひび割れ：負の曲げモーメントによるひび割れとは，連続桁の中間支点部桁側面の上縁側に鉛直方向に発生するひび割れである．このひび割れは，連続桁および連結桁中間支点上の荷重によって発生する負の曲げモーメントに対するプレトレス不足や鉄筋量不足によって発生する（図5-1-12参照）．

図5-1-12　負の曲げモーメントによるひび割れ

なお，中間支点上のウェブに鉛直方向のひび割れが発生する場合があるが，支承からの反力によって発生する局部応力に対する用心鉄筋の不足が原因であり，耐久性に影響するので注意すべきである．

③せん断力によるひび割れ：せん断力によるひび割れとは，桁端部の支承部（a）および連続桁中間支承部（b）の桁の側面中央部分に斜め方向に発生するひび割れである．このひび割れは，作用荷重によって発生するせん断力に対し，プレストレス不足や鉄筋量不足によって発生する（図5-1-13参照）．

図5-1-13　支点部付近のせん断ひび割れ

④ねじりモーメントによるひび割れ：ねじりモーメントによるひび割れとは，桁橋や中空床版橋に発生する場合もあるが，主に曲線箱桁橋に発生する事例が多く，橋梁全体に斜め45°方向にひび割れが発生することである．このひび割れは，作用荷重によって発生するねじりモーメントに対するプレストレス不足や鉄筋量不足によって発生する（図5-1-14参照）．

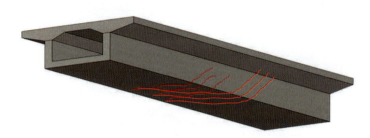

図5-1-14　ねじりモーメントによるひび割れ

⑤連続桁の側面および下面に発生するひび割れ：連続桁の側面および下面に発生するひび割れとは，1968年（昭和43年）道路橋示方書（以下，道示）において床版と桁との温度差によって発生する応力に対して必要な鉄筋量を規定したが，それ以前に設計された橋梁に発生するひび割れである．この道示の規定以前に架設された橋梁に対しては，必要鉄筋量が不足していることからひび割れ発生の可能性が高く，注意が必要である（図5-1-15参照）．

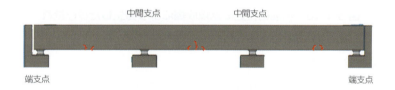

図5-1-15　連続桁の側面および下面に発生するひび割れ

⑥不静定力によるひび割れ：不静定力によるひび割れとは，連結桁の接合部に見られる連結構造に特有のひび割れである（図5-1-16参照）．当該ひび割れは，連結後の不静定力に対する検討不足によって発生する場合がある．

図5-1-16　桁連結付近に発生したひび割れ

⑦連結桁の接合部のひび割れ：連結桁の接合部のひび割れとは，主桁と連結部とのコンクリートの材齢差による乾燥収縮や温度応力によって発生するひび割れである（図5-1-17，5-1-18参照）．

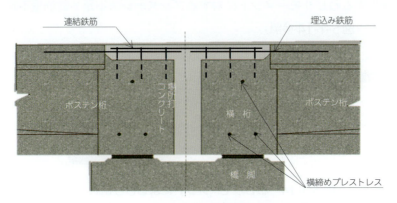

図 5-1-17　桁連結桁の接合部における詳細構造

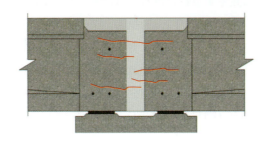

図 5-1-18　桁連結付近に乾燥収縮により発生したひび割れ

## 3）局部応力によるひび割れ

　局部応力によるひび割れは，当初設計時に配慮できなかった局部応力等によって発生することが多い．局部的に働く応力は，設計時にすべてを予測して対応することが困難であるため，用心鉄筋（ひび割れや欠け落ち等を防止するために用心して入れる補助的な鉄筋）を配筋することで対応しているが，種々な部分に設計で配慮できない損傷が確認される．想定していない箇所にひび割れが発生している場合は，設計図書等で対象部分の配筋状況を確認して，適切な対策を行う必要がある．

①PC鋼材曲げ上げ部のひび割れ：PC鋼材曲げ上げ部のひび割れは，支間1/4部付近の桁下面および側面に発生するひび割れである．PC鋼材を曲げ上げると断面に作用するプレストレス応力が大きく変化するため，それによって発生する局部応力によって発生するひび割れである（図5-1-19参照）．

図 5-1-19　PC鋼材曲げ上げ部のひび割れ

②支間1／4部のひび割れ：支間1/4部のひび割れとは，PC連続桁中間支点の変局点付近である支間1/4部で曲げ上げたPC鋼材の分力によって，PC鋼材に沿ったひび割れ（図5-1-20（a））やPC鋼材に直交するひび割れ（図5-1-20（b））に発生するひび割れである．また，PC鋼材を集中して配置したことによってPC鋼材に直交するひび割れが発生する場合もある．

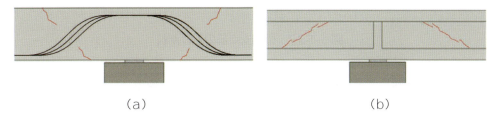

図 5-1-20　支間1／4部のひび割れ

③PC鋼材に並行したひび割れ：PC鋼材に並行したひび割れとは，PC鋼材が集中して配置されているフランジ部とウェブとの境界面に発生するひび割れで，プレストレス導入によるフランジとウェブの収縮差によってプレテン桁の桁側面に発生する（図5-1-21参照）．

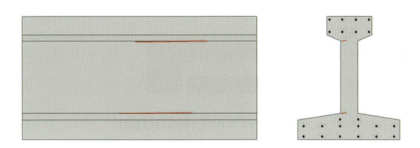

図 5-1-21　PC鋼材に並行したひび割れ

④桁端支点部のひび割れ：桁端支点部のひび割れとは，支点部および桁端部周辺の支承機能の低下やPC鋼材定着によって発生するひび割れである．ひび割れ発生の原因は，桁端部には上部工の反力が集中するだけでなく，雨水や土砂などが滞留しやすいため，鋼製支承は腐食，ゴム支承はゴムの劣化や変形による機能劣化が起こるた

めである（図5-1-22（a））．また，PC鋼材の定着位置を分離して設けた場合，PC鋼材の定着部に発生する局部応力に対応する鉄筋が不足すると，当該箇所にひび割れが発生する（図5-1-22（b））．

凍結防止剤を散布している場合は，伸縮装置等から漏水した雨水等に含まれる塩分がPC鋼材定着部を腐食させ破断するなど，耐荷力に影響を与えるケースが多いので，慎重な点検が必要である．

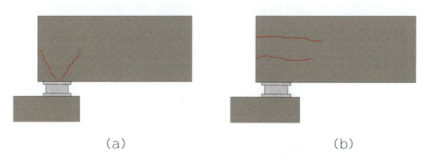

図 5-1-22　桁端支点部のひび割れ

⑤ゲルバー部のひび割れ：ゲルバー部のひび割れとは，支承の損傷や施工不良などによって発生する局所応力を原因として発生するひび割れである．飛来塩分の多い地域や凍結防止剤散布地域の場合は，伸縮装置からの漏水が塩害等に直結するので特に注意が必要である（図5-1-23参照）．

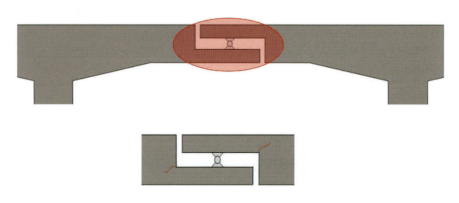

図 5-1-23　ゲルバー部のひび割れ

⑥箱桁の桁高変化部のひび割れ：箱桁の桁高変化部のひび割れとは，桁高が変化する場合，下床版の軸線が変化することから発生する圧縮力による偏向力や，PC鋼材プレストレスによる腹圧力等によって，箱桁下面に発生するひび割れである（図5-1-24参照）．

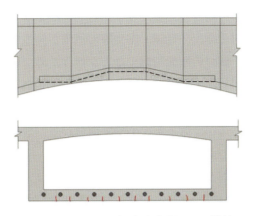

図 5-1-24　箱桁の桁高変化部のひび割れ

⑦PC鋼材中間定着部のひび割れ：PC鋼材中間定着部のひび割れとは，箱桁内下床版上面から下床版下面に発生するひび割れで，桁側面に進展する場合がある．当該ひび割れの発生は，連続箱桁に配置するPC鋼材の定着を下床版とした場合に発生する局部応力が原因である（図5-1-25参照）．

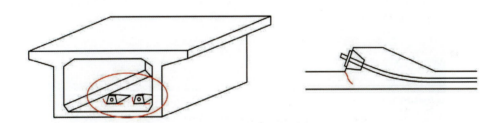

図 5-1-25　PC鋼材中間定着部のひび割れ

### 4）使用環境の影響等によるひび割れ

使用環境の影響等によるひび割れは，塩害，アルカリシリカ反応（以下，ASR），中性化，疲労などのコンクリートの劣化現象により発生する．これらのひび割れは，以下に示す種々な原因によって発生し，耐荷力に影響があり，耐久性にも影響を及ぼす可能性があることから，ひび割れがどのように発生し，どのように進展するかなどを詳細に確認し，発生原因を明らかにし，ひび割れ発生の原因に対応する対策が必要である．

①塩害：塩害によって発生するひび割れは，コンクリート中の塩化物イオンの影響で鉄筋などの鋼材が腐食し，腐食によって鋼材の体積が膨張することからかぶりコンクリートがはく離し，鋼材の断面欠損によって耐荷力が低下する現象である．通常，コンクリート中に塩化物イオンはほとんどないが，使用してはならない海砂を骨材として使用した場合や，飛来塩分，凍結防止剤の散布等によって塩化物イオンがコンクリートに侵入する場合などがある．このように，塩化物イオンが侵入する

と塩害によって，錆汁を伴ったひび割れや，かぶりコンクリートの浮き・はく離，鉄筋などの鋼材の露出，発錆・腐食等の損傷が発生する．塩害地域における損傷の進行は速く，鋼材の断面積減少などを伴うため，早期に対策を行うことが必要である．なお，「塩害対策指針1984年（昭和59年）」制定以降は，このような損傷原因を除去する目的でコンクリートの品質，かぶりの値，スペーサの材質等が改善されているが，施工不良や飛来塩分が多い地域の場合には注意して点検を行うことが必要である．

このような損傷が発見された場合は，かぶりコンクリートをはつって鋼材の状態を調査したり，コンクリートからコアを採取して塩化物イオンの分布状況および自然電位法などの非破壊試験を用いた鋼材の腐食状況を調査したりして，対策の要否を検討することが必要である（**写真 5-1-2 参照**）．

**写真 5-1-2　塩害による損傷事例**

②アルカリシリカ反応：アルカリシリカ反応（ASR）とは，コンクリート中のアルカリ成分と骨材中のアルカリシリカ反応性鉱物とが反応し，水分を含んで骨材が異常膨張する現象である．一般的に，鉄筋コンクリート構造物の場合は亀甲状のひび割れが発生するが，PC橋の場合はプレストレスによってコンクリートの膨張が拘束されるため，PC鋼材に直角方向のひび割れは発生せず，プレストレスの影響を受けないPC鋼材に沿った方向に縦ひび割れが発生する．さらにASRが進行すると，コンクリートの膨張圧によりスターラップのコーナー部が破断することもある．なお，ASRに対する局長通達1986年（昭和61年）以降はASRに対する規制が行われたことから，ここに示すひび割れは少なくはなったが，規制後のコンクリート桁も注意して点検を行う必要がある．ASRによる劣化が原因と考えられる場合は，対象構造物からコアを採取し，偏光顕微鏡によるアルカリシリカ反応性鉱物の種類やアルカリシリカゲルの有無，アルカリ量試験や残存膨張量試験などを行って，対策の要否を検討する必要がある．なお，ASRを総称して

アルカリ骨材反応と呼ぶ場合もある（**写真5-1-3**，**図5-1-26**参照）．

写真 5-1-3　鉄筋コンクリート構造の亀甲状のひび割れ

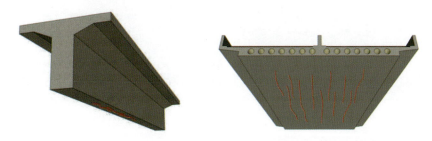

図 5-1-26　PC 桁下面橋軸方向に発生する ASR の縦ひび割れ

③中性化：中性化とは，強アルカリ性のコンクリートに，空気中の二酸化炭素や排気ガスなどの酸化物，酸性雨などが浸入することで炭酸化反応が起こり，コンクリートがアルカリ性から中性化となることである．中性化は進展速度が比較的緩やかであることから，中性化が疑われる場合は，長期間の調査が必要である．

　中性化が進展することでかぶり不足の鉄筋などの鋼材が腐食し，腐食によって鋼材の体積が膨張し，かぶりコンクリートをはく離させ，鋼材の断面欠損によって耐荷力が低下することにもなる．錆汁を伴ったひび割れやかぶりコンクリートの浮き・はく離，鉄筋などの鋼材露出等の損傷が発生した場合は，対策が必要である．

　また，中性化は，塩害と類似した損傷状況を示すので注意が必要であり，橋梁の周辺環境など十分考慮して点検する必要がある．中性化が劣化要因として考えられる場合には，コアの採取やドリル削孔法などを用いて中性化深さ測定試験を行い，中性化の進行状況を把握して対策の要否を判断することが必要である．

④疲労：疲労とは，活荷重の繰返しによりひび割れが発生し，ひび割れの進展によって部材が

破壊する現象である．道路橋の場合，疲労による損傷の多くは，活荷重の影響を直接受ける床版に発生する．

### （2）鉄筋・シースの露出，発錆・腐食，錆汁

　鉄筋・シースの露出とは，鋼材を被覆するかぶりコンクリートがはく離し，鉄筋やシースが露出した状態のことである．シースの露出（**写真5-1-4（a）**）は，シース下側部が狭隘な部分であることからコンクリート打設・締固めを行うことが困難であるため，施工時の欠陥として空洞や豆板となって，表層部のコンクリートがはく離することによって発生する．また，鉄筋露出（**写真5-1-4（b）**）は，かぶり不足や鉄筋の腐食などによって発生する（**図5-1-27**参照）．

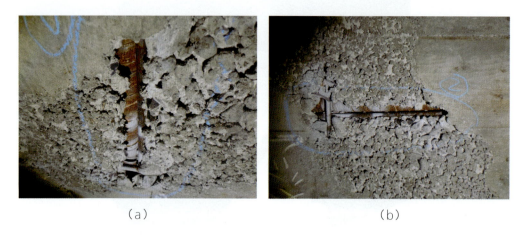

（a）　　　　　　　　　　　　　　　　（b）

写真 5-1-4　シース管の露出とかぶり不足による鉄筋露出

図 5-1-27　シース管の露出状況

　鉄筋等鋼材の発錆・腐食は，露出した鋼材が大気中の水分等によって腐食が進行し，水分に溶けた錆がひび割れなどから流出して錆汁となることから発生する．鉄筋の腐食状態やPC鋼材，シースの露出状態から耐荷力や耐久性等の確認を行い，保有性の損失程度を判断することが必要である．いずれの損傷も放置すると，鋼材等の腐食が進行し耐荷力に重大な影響を与える結果となる場合が多く，早急な対策が必要である．

## （3）浮き・はく離

施工不良によるかぶり不足は，鋼材やPC鋼材を被覆しているコンクリートの厚さが不足していることから，水や塩化物イオン等がコンクリート内部に浸入し，鋼材の腐食をひき起こす．さらに，腐食の進展に伴う膨張圧によってかぶりコンクリートが押し出される状態となる．このような状態となったかぶりコンクリートがひび割れて浮いた状態となる現象を"浮き"，押し出されたかぶりコンクリートがはがれた状態を"はく離"という．いずれの現象もかぶりの不足，コンクリートの締固め不足等によってコンクリート内部の鉄筋等が腐食することから発生する．

浮き・はく離は，コンクリート片の落下による第三者被害となる重大な損傷であることから要注意の損傷である．道路橋の桁下が公園，歩道など人が利用する状況の場合は，浮いたコンクリートを強制的に撤去することや防護するなどのコンクリート片のはく落防止対策が必要である．浮き・はく離の点検は，近接目視によりコンクリート表面の膨れや浮きを確認するほか，点検ハンマによる打音点検によって診断することが必要である（**写真5-1-5**参照）．

**写真 5-1-5　浮き・はく離の状態**

## （4）漏水・遊離石灰

漏水とは，ひび割れから雨水等がコンクリートに浸入し析出したものである．また，ここで言う遊離石灰とは，コンクリート中に含まれる酸化カルシウム（CaO）遊離石灰が，ひび割れ部から浸入した雨水等と反応して水酸化カルシウム$Ca(OH)_2$となってコンクリート表面に移動し，析出したものであり，白色や明褐色をしている．遊離石灰は，膨張性物質であることから，膨張ひび割れの原因ともなるので注意が必要である（**写真5-1-6**参照）．なお，遊離石灰と同様な扱いで呼ばれるエフロレッセンスとは，コンクリートに浸入した水分が蒸発する際に石灰分などの可溶成分がしみ出て固化し白亜化する等の現象である．

先に示した遊離石灰は，主桁と後打ちコンクリートとで構成された構造形式や床版部で多く見られ，後打ちコンクリート部，間詰め部や床版部の打ち継目部の施工不良を原因として発生する事例が多い（**図5-1-28**参照）．床版からの漏水を放置すると，コンクリート内部の鋼材の腐食や遊離石灰による膨張ひび割れによって耐久性に影響を与えることになるので注意が必要である（**図5-1-29**参照）．

写真 5-1-6　床版からの漏水・遊離石灰

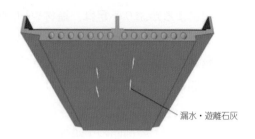

図 5-1-28　遊離石灰による損傷

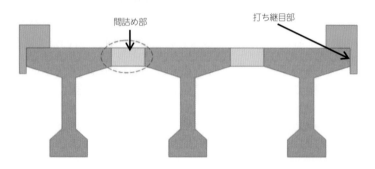

図 5-1-29　間詰め部および打ち継目部の漏水・遊離石灰析出箇所

## （5）抜け落ち

　抜け落ちとは，プレキャスト部材と間詰め部（間詰め床版）との一体化が不十分なことが原因で間詰め部が抜け落ちることである．抜け落ちは，走行している車両が抜け落ちた孔にはまったりする第三者被害を起こすだけではなく，耐荷力に影響を与えることにもなるので十分な注意が必要である．

　間詰め部のある場合は，当該箇所の施工不良等によって亀甲状のひび割れが発生し，コンクリート塊が抜け落ちることがあるので十分注意して点検を行う必要がある（**写真5-1-7参照**）．

写真 5-1-7　間詰め床版の抜け落ち

## （6）PC鋼材定着部の異常

　PC橋にプレストレスを導入するために使用しているPC鋼材を定着する箇所に種々の原因で損傷が発生し，PC鋼材の抜け出し等の重大な損傷となる場合がある．以下に損傷発生箇所別にその詳細を説明する．

### 1）縦締め（主桁）PC鋼材定着部

　桁端部は，縦締めPC鋼材定着部がある場合が多く，PC構造として大きな緊張力を定着する重要な箇所でもあることから，定着部付近のひび割れや定着部の後埋めコンクリート部分の損傷発生に注意して点検を行わなければならない．当該箇所の点検は，重大損傷となる兆候を把握するためにも確実な点検を行うことが求められるが，桁端のPC鋼材定着部は狭隘で点検が困難な箇所であるため，周辺の横桁，支承周辺，伸縮装置周辺等の損傷等から推測し，判断することも必要である（**図5-1-30**参照）．

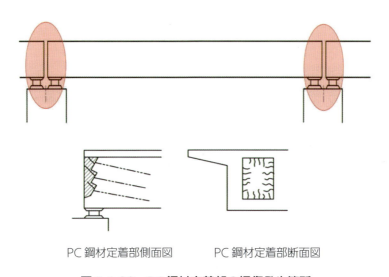

PC鋼材定着部側面図　　PC鋼材定着部断面図

**図5-1-30　PC鋼材定着部の損傷発生箇所**

### 2）鉛直PC鋼材定着部

　鉛直PC鋼材定着部は，床版上縁側でPC鋼材を緊張し，定着部を後埋めコンクリートで保護した構造であることから，橋面からの雨水等の浸入の影響を受けやすく，ウェブや床版上面や下面のひび割れ，漏水，錆汁等に注意して点検を行うことが必要である（**図5-1-31**参照）．

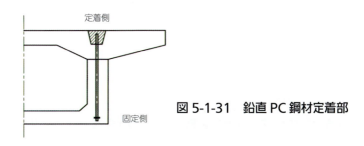

**図5-1-31　鉛直PC鋼材定着部**

3）横締めPC鋼材定着部（横桁，床版）

　PC桁の端支点や中間支点の横桁には，横締めPC鋼材が配置され，PC鋼材緊張後にモルタルやコンクリートなどで後埋め処理する箇所であることから，後埋めした箇所にひび割れが発生する事例が多い．当該箇所に発生するひび割れは局所的ではあるが，PC鋼材部分がグラウト不良の場合は浸水などによってPC鋼材の腐食や破断となるため，注意して点検すべきである．（図5-1-32参照）．

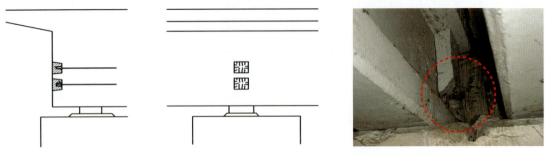

図5-1-32　横締めPC鋼材定着部

4）張出し床版部

　PC橋の床版に横締めPC鋼材が配置された構造のPC定着部は，高欄・地覆等の後打ちコンクリートや後埋めモルタルで保護されている場合がある．このような構造の定着部において，ひび割れ，浮きやはく離などの損傷事例が多々ある．当該箇所のコンクリートがはく離した場合，PC鋼材の腐食や破断等の重大な損傷となる可能性があるため，十分注意して点検する必要がある（図5-1-33参照）．

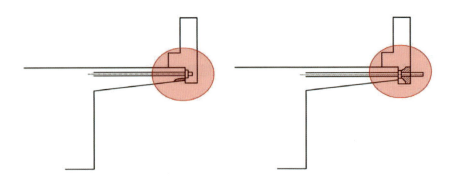

図5-1-33　張出し床版部横締めPC鋼材定着部

（7）凍　　害

　凍害とは，気温の低下に伴ってコンクリート中の水分が凍結膨張することによって発生し，水分の凍結，融解の繰返しによってコンクリートが劣化する現象である．コンクリートへの水の供給や外気温の変化程度，日射の影響などの環境要因，コンクリートの配合やコンクリート

中の空気量，骨材の品質などによって，凍害損傷の進行程度が異なってくる．凍害には，コンクリート表面が薄片状にはく離するスケーリングや微細なひび割れ，ポップアウト（低品質な骨材の膨張により，円すい状にはく落する現象）などの損傷がある．凍害は，橋梁本体に凍害が発生する前に，道路橋周辺の街渠ブロックや他のコンクリート構造物の表面の荒れやはく離などからある程度の予測は可能である．また，凍害による劣化が進行している場合には，地域や環境条件，コンクリートの品質，スケーリング深さなどから対策方法を選定することになる（**写真 5-1-8** 参照）．

写真 5-1-8　凍害による損傷

**（8）たわみ・変形・異常振動**

　コンクリートのクリープ，温度変化，乾燥収縮や地盤の不同沈下，および地震などの外力の作用によって曲げ部材やヒンジ部（**図 5-1-34** 参照）において垂れ下がりや角折れなどの変形が発生する場合がある．また，コンクリート橋の異常たわみや変形などによって，車両走行時の橋梁本体の異常振動や異常音などが発生する場合がある．これらの現象が確認された場合は，橋梁の本体だけでなく，周辺地盤状況なども併せて早急に点検し，原因を特定するとともに，桁の崩落等の事故とならないように緊急対策を含め適切な対策を行うことが必要である（**図 5-1-34** 参照）．

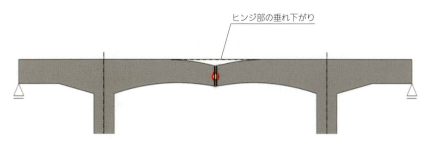

図 5-1-34　ヒンジ部の垂れ下がり

## （9）空洞（内部欠陥），コールドジョイント

　空洞は，過密な鉄筋配置やPC鋼材配置が原因でコンクリートの充填不足や締固め不足などが発生し，コンクリート内部に空洞ができる現象である．空洞は，コンクリート内部にあるため表面から目視によって確認することは困難である．そこで，点検ハンマによる打音点検によって空洞の有無を確認することになる．打音点検を行う箇所は，ひび割れの有無，変色等で決められる場合もあるが，赤外線調査などを併用するとより効果的である．

　コールドジョイントとは，コンクリートの打重ね時間を過ぎてコンクリートを打設した場合に，コンクリートが一体化せずに不連続な面が生じる現象である．コールドジョイント部は，コンクリートの品質が悪く耐久性，水密性に影響を及ぼすひび割れに進展する場合が多く，当該箇所は前回の点検との比較や析出物等の有無などの確認によって，致命的な損傷に発展することがないように十分注意して点検する必要がある．

## （10）汚れ・変色

　汚れとは，コンクリート表面を雨水等が流した跡や大気中の排気ガスなどの塵埃，藻類，カビなどの付着によってコンクリートの表面が汚れた現象である．汚れが直ちにコンクリート橋の安全性や耐久性に影響することは少ないが，美観を損ねるほか，コンクリート表面の目視調査が困難になるなど，点検・維持管理上での支障となるため，可能な限り汚れを落とすことが必要である．

　変色は，コンクリート表面の汚れなど材料そのものの変色でない場合は，コンクリートの強度が低下していると考えなくてよいが，火災による熱の影響によってコンクリートが変質して変色する場合やコンクリート内部の鉄筋等鋼材の腐食によって変色する場合などでは，コンクリートの劣化に関して調査する必要がある．

## 5.2　構造形式別損傷事例と点検時の着目点

　これまでコンクリートに発生する損傷別の点検時における留意点を説明した．ここでは，対象橋梁の構造形式別に多く見られる損傷事例から，点検時に注意すべき着目点を示し説明する．内容は，損傷別の点検時の留意点と重複する場合もあるが，点検時に発生している損傷を中心として点検を行うよりも構造形式別に損傷の発生する可能性の高い箇所について，各々の構造詳細図を示したうえで，構造特有の注目すべき箇所も示して詳細に説明する．

### (1) PCプレテン床版橋, PCプレテン中空床版橋 (プレテン：プレテンションの略)

　小支間のPC橋で採用されている事例の多いPCプレテン床版橋，PCプレテン中空床版橋における点検の着目点について示す（**図5-2-1，5-2-2**参照）．

図5-2-1　PCプレテン床版橋　　　　図5-2-2　PCプレテン中空床版橋

### 1) 橋軸方向縦ひび割れ

　「アルカリ骨材反応暫定対策」（1986年（昭和61年）建設省通達）以前のプレテン床版橋の下面にはASRによる縦ひび割れ損傷が多数発生している（**図5-2-3，5-2-4，写真5-2-1，5-2-2**参照）．当該構造形式にASRによる縦ひび割れが発生している原因の一つは，反応性骨材を多く産出している地域に，PCプレテン桁の製作工場が多く存在したことが挙げられる．反応性骨材を使用した橋梁部材は全国に出荷され，使用されているため，これらの桁を有する橋梁では，縦ひび割れ（幅0.5mm以上）の発生が多数報告されている．

　損傷の初期状態は，部分的な縦ひび割れであるため耐荷力が急激に低下することはないが，ASR反応が進行してひび割れが進展した場合，桁下面のひび割れからコンクリートがはく離・鋼材腐食へと進み，さらに内部の鋼材が破断することがある．このようなひび割れが確認された場合は，点検時に損傷の進行状態を把握し，継続的にひび割れ等の規模を追跡調査する必要がある．

　橋軸方向の縦ひび割れのうちASRを原因とするひび割れ以外は，①コンクリートの若材齢時における過大プレストレスの導入　②PC鋼材のかぶり不足　③塩害による鋼材の腐食　などによるひび割れがある．

図 5-2-3　橋軸方向縦ひび割れ

図 5-2-4　橋軸方向縦ひび割れ

写真 5-2-1　PCプレテン床版橋の橋軸方向縦ひび割れ

写真 5-2-2　PCプレテン中空床版橋の橋軸方向縦ひび割れ

## 2）間詰め部のはく離・漏水

　PCプレテン床版橋やPCプレテン中空床版橋では，間詰め部に詰めたコンクリートの充填不良などがある場合，上面からの雨水等の浸入によって，間詰め部のはく離・漏水が発生する場合がある．コンクリートのはく離は，第三者等被害の可能性が高い損傷でもあることから，はく離や漏水を確認した場合は，ハンマ等で打音点検を行うことで，浮き，はく離等がないか

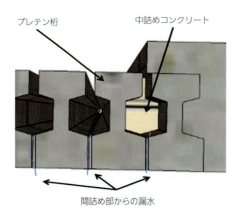
図 5-2-5　桁間の漏水

写真 5-2-3　漏水・遊離石灰の状況

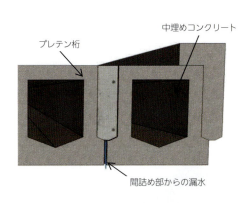

図 5-2-6　間詰め部漏水

写真 5-2-4　漏水・遊離石灰の状況

を確認する必要がある．

　PCプレテン桁間は間詰め部に詰めたコンクリートで充填され，床版橋として一体性が保持されているが，充填不良によって部分的に隙間があった場合，上面からの雨水等の浸入によって遊離石灰の析出や鉄筋腐食となる．点検時には損傷の進行状況を確認するとともに，継続的にはく離の進展等を追跡調査する必要がある（**図 5-2-5**，**5-2-6**，**写真 5-2-3**，**5-2-4** 参照）．

### 3）中空床版桁内の滞水

　PCプレテン桁上面のひび割れから雨水等が浸入して中空桁の内部に滞水する場合がある．滞水した水が内部からひび割れ等を介して桁下面に浸入することでPC鋼材の腐食原因となる．PC鋼材の腐食が進行した場合，鋼材が破断して耐荷力に影響を及ぼす可能性も高いので，点検時には中空桁内部からの漏水等を確認し，錆汁の有無など損傷の進行状況を把握するとともに，滞水の可能性が高い場合は継続的に漏水や変色等を追跡調査していく必要がある（**図 5-2-7**，**写真 5-2-5** 参照）．

　中空床版桁内に滞水すると，桁の下面に漏水・遊離石灰の損傷が現れる場合がある．桁下面の漏水・遊離石灰に錆汁が混入する状態に進展した場合は，内部の鋼材腐食の可能性が高いので，点検時に損傷の進行状況を確認する必要がある．桁内に滞水する原因としては，

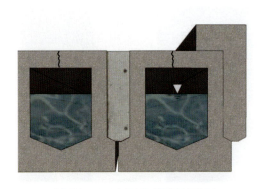

図 5-2-7　中空床版桁内の滞水

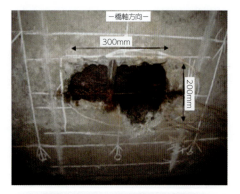

写真 5-2-5　中空床版の損傷

①橋面防水，排水工の不良
②緊張時の上側ひび割れからの漏水
③中空内型枠設置不良（内型枠の浮上がり）
④中空内型枠設置後のプレテン桁製作時におけるコンクリート打設時の充填不良・締固め不良
などが考えられる．

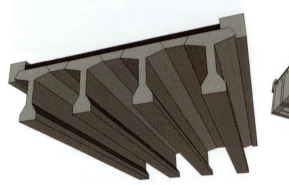

図 5-2-8　PC プレテン T 桁橋

図 5-2-9　PC ポステン T 桁橋

（2）PC プレテン T 桁橋，PC ポステン T 桁橋

　PC プレテン T 桁橋，PC ポステン T 桁橋は，PC プレテン床版橋，PC プレテン中空床版橋よりも支間長の長い橋梁に採用されている中規模橋梁の代表的な構造形式である（図 5-2-8，5-2-9 参照）．

### 1）橋軸方向縦ひび割れ

　PC プレテン T 桁橋，PC ポステン T 桁橋では，桁の下面に軸方向の縦ひび割れが発生する．縦ひび割れの初期状態は部分的な縦方向に発生するひび割れであり，耐荷力が急激に低下することはないが，ひび割れが進展した場合，ひび割れからはく離・鋼材露出へ進展し，最悪鋼材破断となる．桁下面のコンクリートはく離の範囲が拡大し，桁本体の大きな断面欠損と損傷が

図 5-2-10　桁下面に発生した縦ひび割れ

写真 5-2-6　縦ひび割れ損傷

進行し，急激に耐荷力が低下する可能性が高い損傷であることから，点検時にこのような縦ひび割れを確認した場合は，その後の進行状況を把握するとともに，ひび割れの進行程度を追跡調査する必要がある（**図 5-2-10**，**写真 5-2-6** 参照）．

橋軸方向縦ひび割れ発生の原因としては，
①コンクリートの若材齢時における過大プレストレスの導入
②ASRによる骨材膨張性
③PC鋼材のかぶり不足
④塩害による鋼材の腐食

などがある．また，ポステン方式の場合には，①～④以外にシース内に充填する膨張剤を入れたグラウトによる内圧力も原因として考えられる．

## 2）主桁支間中央部付近の橋軸直角方向ひび割れ

桁下面に縦ひび割れ等が発生し，ひび割れが進行してPC鋼材が破断すると，必要なプレストレスが不足することとなり，支間中央付近の桁下面に橋軸直角方向の曲げひび割れが発生す

図 5-2-11　支間中央部橋軸直角方向のひび割れ

る．このひび割れは曲げ耐力の不足によってひび割れが発生するものであり，最悪落橋となる致命的な損傷でもあることから，ひび割れの規模や進行程度によっては，緊急対策の必要性が高く，通行規制するなどの対応も必要である（**図 5-2-11** 参照）．

PC鋼材の破断以外で支間中央部に発生する橋軸直角方向ひび割れ損傷の原因としては，
①初期プレストレス不足　②設計時の作用荷重の誤り　③作用荷重の増加　などがある．

## 3）シースに沿ったひび割れ

ポストテンション方式の場合，シース内のグラウトの一部に未充填部があり，その中に水が浸入した場合，内部のPC鋼材が腐食し，体積膨張によってウェブのシースに沿った位置にひび割れが発生したり，PC鋼材が破断する場合がある．PC鋼材が破断すると耐荷力が減少することになるので，点検時にはシースに沿ったひび割れの進行程度を確認するとともに，PC鋼材の破断となることがないように十分注意してひび割れ等を追跡調査する必要がある（**図 5-2-12**，**写真 5-2-7** 参照）．

PCグラウト未充填以外の損傷原因としては，①上縁定着部後埋めコンクリートの施工不良　②橋面防水工の施工不良　などがある．

図 5-2-12　シースに沿ったひび割れ　　　　写真 5-2-7　シースに沿ったひび割れ

### 4）間詰め床版の抜け落ち

　PCT桁橋においては，先述したようにT桁フランジ側面の形状は，テーパー形状に改善され，1990年（平成2年）道示において，T桁と間詰め床版との一体性を確保する目的で補強鉄筋を配置することが規定された．昭和40年代以前に架設されたPCT桁橋等の間詰め床版を有する構造の場合，プレストレスの現象等から一体性が失われ，その結果，間詰め床版とT桁接合分のひび割れ部から漏水・遊離石灰化等が析出する状況となる．このような状況が確認された場合には，抜け落ちの可能性が非常に高いので緊急対策も視野に入れた対策を行う必要

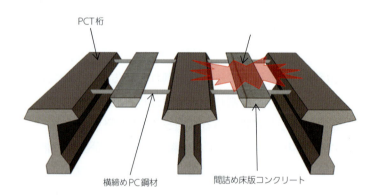

図 5-2-13　間詰め床版抜け落ち概念

図 5-2-14　抜け落ちに至るひび割れ

がある．また，先に示した漏水や遊離石灰，ひび割れ等が確認されない場合でも架設年次を確認し，テーパー処理や補強鉄筋がない場合は，関連する損傷の追跡調査を行う必要がある（図5-2-13，5-2-14参照）．

5）横締め定着部の異常

PC鋼材横締め定着部に異常が発生する原因としては，後打ちコンクリートの充填不足，かぶり不足や防水・排水工不良などが想定される．横締め定着部の異常からPC鋼棒が破断して突出した事故事例（図5-1-32参照）もあるので，第三者被害の事故となる前に横締め定着部の点検には注意が必要である．定着部の後打ちコンクリート部にひび割れが発生し，雨水等が内部に浸入すると，PC鋼材が腐食してコンクリートがはく離したり，定着機能が損なわれることになる．横締め定着部の損傷原因としては，①後打ちコンクリートの充填不足　②かぶり不足　③橋面防水工，排水工不良　などがある（図5-2-15，写真5-2-8参照）．

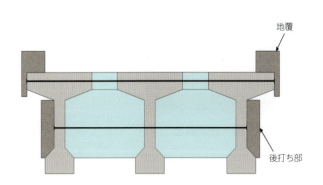

図 5-2-15　横締め定着部配置図

写真 5-2-8　横締め定着部のひび割れ

（3）PCポステン合成桁橋，PCコンポ橋

PCポステン合成桁橋，PCコンポ橋に発生する損傷は，これまでに示したPC橋特有の損傷と同様であるので説明を省略し，両型式だけに発生する特有の損傷を説明することとする（図5-2-16，5-2-17参照）．

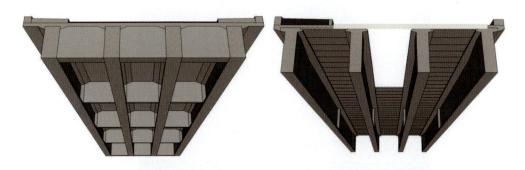

図 5-2-16　PCポステン合成桁橋　　　図 5-2-17　PCコンポ橋

1）はく離・鉄筋露出（PC合成桁の鉄筋コンクリート床版部）

　PC合成桁の鉄筋コンクリート床版においては，施工不良が原因とされるかぶり厚不足や1984年（昭和59年）「塩害対策指針」以前に使用が認められていた金属スペーサの腐食によってコンクリート表面にはく離や鉄筋露出が発生する場合がある．損傷の初期段階の場合は部分的な鋼材の腐食であることから耐荷力が急激に低下することはないが，鋼材腐食が進行した場合，桁下面のはく離範囲は大きくなり，著しい断面欠損へと移行し，急激に耐荷力が低下することになる．鉄筋コンクリート床版の下面にはく離・鉄筋露出が確認された場合には，架設年次を含めて調査し，発生原因を明らかにする必要がある（**写真5-2-9**参照）．

写真 5-2-9　床版下面のはく離・鉄筋露出

2）横締め定着部の異常

　PCポステン合成桁橋，PCコンポ橋の横締め定着部の異常は，前述したPCT桁橋の横締め定着部と同様な原因で，浮き等の損傷が発生する．横締め定着部の異常は，当該部分が落下する等第三者被害や構造物の耐荷力への影響も懸念される損傷であり，注意して点検を行うべき部位である（**写真5-2-10**参照）．

写真 5-2-10　横締め定着部の異常（後埋めコンクリートの浮き）

## 3）PC板からの漏水，遊離石灰析出（PCコンポ橋）

　PCコンポ橋の主な損傷は，床版部埋設型枠であるPC板と主桁の継目に発生する漏水，遊離石灰析出等の損傷である．プレキャスト部材と後打ちコンクリートとの打ち継目部における施工不良によって漏水・遊離石灰が発生することがある（図5-2-18参照）．

　打ち継目の漏水，遊離石灰析出等の発生原因としては，①ジョイント部の処理不良　②橋面排水工の不良　などがある．

図5-2-18　PC板と主桁継目部との漏水，遊離石灰

## （4）PCポステン中空床版橋，鉄筋コンクリート中空床版橋

　PCポステン中空床版橋と鉄筋コンクリート中空床版橋は似通った構造で，床版の中にボイド管（円筒型枠）を保有し，プレストレスト構造であるか鉄筋コンクリート構造であるかが両

図5-2-19　PC中空床版，鉄筋コンクリート中空床版橋

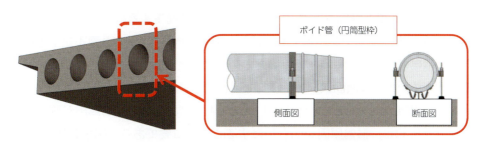

図5-2-20　中空床版橋施工時のボイド固定方法

構造の差異である（図5-2-19参照）．

　PCポステン中空床版橋と鉄筋コンクリート中空床版橋は，コンクリート充腹断面で設計すると死荷重（自重）が大きくなり下部構造への負担が大となることから，ボイド（中空）によって軽量化を図った構造である（図5-2-20参照）．

### 1）床版橋下面縦方向ひび割れ，遊離石灰析出

　ボイド管は，管内は空隙であることからコンクリート打設時に浮力で浮上がり現象が発生し，適切な施工が困難であった．このようなことから，ボイド管の浮上がり防止について1978年（昭和53年）道示で固定方法について規定された．この規定以前に設計されたPC中空床版，鉄筋コンクリート中空床版橋は，ボイド管とのかぶり厚が確保されていない場合があり，桁上面や桁下面にひび割れが発生する事例がある．当該構造の点検時には，舗装面や床版上面，床版下面にひび割れや遊離石灰の析出が発生していないかを注意深く調査する必要がある（図5-2-21参照）．

　ボイド管（円筒型枠）以外の損傷原因としては，①施工不良（かぶり不足）　②ASRによる軸方向ひび割れ　などがある．

図5-2-21　ひび割れの概要（軸方向のひび割れ）

### 2）はく離，鉄筋露出

　PCポステン中空床版橋と鉄筋コンクリート中空床版橋に発生するはく離，鉄筋露出の原因は，PCポステン合成桁橋，PCコンポ橋でも記述した原因と同様で，かぶり厚不足や金属スペーサ使用である．損傷の状態評価も同様で，損傷の初期は大きな問題には至らないが，鋼材腐食が進行すると桁本体の大きな断面欠損等へ移行し，耐荷力の低下が危惧される状態になる．

　PCポステン中空床版橋と鉄筋コンクリート中空床版橋にはく離や鉄筋露出が確認された場合は，構造形式を確認し，損傷原因を明らかにすることが重要である（図5-2-22，写真5-2-11，5-2-12参照）．

写真 5-2-11　鉄筋コンクリート中空桁橋のひび割れ

図 5-2-22　はく離・鉄筋露出

写真 5-2-12　損傷写真

（5）PCポステン箱桁橋，鉄筋コンクリート箱桁橋，有ヒンジラーメン橋

　PCポステン箱桁橋，鉄筋コンクリート箱桁橋，有ヒンジラーメン橋は，いずれも箱形状のコンクリートが主構造であるが，PCポステン箱桁橋はプレストレス構造，鉄筋コンクリート箱桁橋は鉄筋コンクリート構造，有ヒンジラーメン橋は，断面は同様で箱形状であるが，橋軸

図 5-2-23　PCポステン箱桁橋

図 5-2-24　鉄筋コンクリート箱桁橋

方向の中間部分にヒンジ構造を有する橋梁である（図5-2-23，5-2-24，5-2-25参照）．

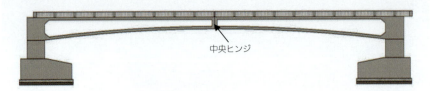

図 5-2-25　有ヒンジラーメン橋

1）橋軸方向縦ひび割れ

　橋軸方向に発生するコンクリート内部の鋼材に沿った縦ひび割れは，施工不良によってかぶりが十分確保できなかった場合に発生する．また，ASRによるひび割れは，プレストレス緊張方向（軸方向）にPC鋼材と並行にひび割れが発生する．橋軸方向縦ひび割れの点検は，錆汁を伴っていないか注意する必要がある（図5-2-26参照）．

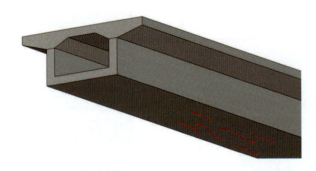

図 5-2-26　ひび割れの概要（橋軸方向にひび割れ）

2）箱桁内の滞水

　箱桁内の滞水とは，桁端の開口部からの雨水等の浸入や，桁内に配置した排水管からの漏水が原因で箱桁内部に水がたまる状態である（図5-2-27参照）．

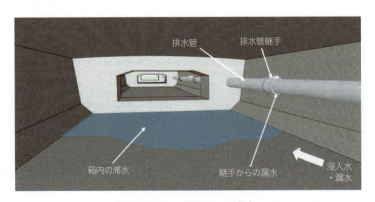

図 5-2-27　箱桁内の滞水

滞水は，コンクリート表面から水がコンクリート内部に浸入して鉄筋やPC鋼材を腐食させ，致命的な損傷に至る場合がある．箱桁内の滞水は，外面からは確認が不可能であるので，点検時に箱桁内部の点検も併せて行う必要がある．

### 3）路面の段差，ひび割れ

　有ヒンジ構造の路面の段差，ひび割れとは，主桁のクリープによる影響や角折れが原因で，路面に段差が生じたり，段差を通行する車両の衝撃荷重によって主桁断面にひび割れ等が発生することである．点検時に路面に段差や角折れを確認した場合は，ヒンジ部および周辺のひび割れやはく離等の損傷について点検する必要がある（**図5-2-28**，**写真5-2-13**参照）．

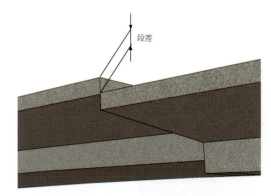

図 5-2-28　ヒンジ部の段差

写真 5-2-13　路面の段差

## （6）連結PC桁橋

　連結PC桁橋は，プレキャスト桁を連結した構造である（**図5-2-29，5-2-30，5-2-31，5-2-32**参照）．

　PC桁を中間支点部で連結する連結PC橋では，連結部は鉄筋コンクリート構造となるので連結部が弱点となって損傷が発生し，耐久性等への影響が懸念される．このようなことから中間支点部の鉄筋コンクリート連結構造部では，損傷の原因となる浸水対策としての床版の防水処理を確実に行うことが重要である．

図 5-2-29　連結 PC 中空床版橋

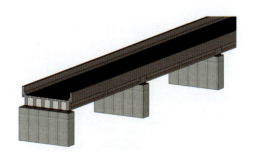

図 5-2-30　連結 PC プレテン T 桁橋

図 5-2-31　連結PCポステンT桁橋

図 5-2-32　連結PCポステン合成桁橋

## 1）主桁連結部下フランジからウェブ垂直方向のひび割れ

　主桁連結部下フランジからウェブ垂直方向のひび割れとは，連結構造系特有の損傷であり，下フランジからウェブに発生する（**写真5-2-14**参照）．

写真 5-2-14　損 傷 写 真

　当該箇所の垂直方向ひび割れ発生の原因としては，①連続桁への構造系変化に伴うクリープ二次不静定力に対する配慮不足　②連続桁橋における床版と桁との温度差（5℃）による不静定

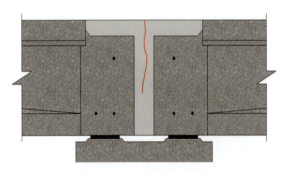
図 5-2-33　連結部の損傷

写真 5-2-15　側面に発生したひび割れ

力に対する配慮不足　③連結部の施工不良　などがある.

### 2）主桁連結部側面のひび割れ

　主桁連結部側面のひび割れは，連結構造系特有の損傷であり，連続桁の上部に発生する負の曲げモーメントによる損傷か否かに着目して点検する必要がある（**図5-2-33，写真5-2-15**参照）.

　当該箇所のひび割れは，活荷重等が連続桁に作用し，連結部の負曲げ領域に発生する．負の曲げモーメントによるひび割れ発生の原因としては，①連続桁への構造系変化により生ずる応力に対する配慮不足　②施工不良　などがある.

# 5.3 コンクリート床版の点検

## （1）鉄筋コンクリート床版

　鉄筋コンクリート床版は鋼桁やPC合成桁に数多く使用されているが，活荷重による繰返し荷重などによってひび割れが発生すると，そのひび割れが新たな方向のひび割れに進展し，内部鉄筋との一体力を失い，コンクリートが抜け落ちることとなる．床版のひび割れ進展は，疲労による損傷事例が数多い．

　床版の疲労損傷の進行過程は，初期は橋軸直角方向のひび割れが発生，その後橋軸方向のひび割れが発生することで2方向ひび割れへと進展する．その後，2方向のひび割れはそれぞれがつながり，網状（網細化）に進展し，鉄筋との一体化を失って抜け落ちることになる．なお，ここに詳細に示した疲労以外の原因としては，塩害，ASRなどがある（図5-3-1参照）．

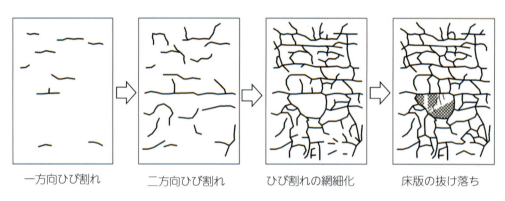

一方向ひび割れ　　二方向ひび割れ　　ひび割れの網細化　　床版の抜け落ち

**図 5-3-1　鉄筋コンクリート床版の疲労損傷の進行過程**

　鉄筋コンクリート床版の疲労による損傷は，活荷重と深く関係する．活荷重が床版に作用すると，床版断面に繰返し曲げやせん断力を発生させ，ひび割れ面の相互のたたきやすり減りによってひび割れ面が摩耗し，付着力を失って抜け落ちる現象である．床版のひび割れ部に水が浸入すると，砥石に水をかけた状態と同様になり，付着力の減少を助長させることになる．このような理由から，床版に防水を行うことはひび割れ発生から，抜け落ちを防止する有効な対策の一つである．

　コンクリート床版の点検を行う事前準備として，床版の構造・諸元はもとより，床版の支持条件や橋梁の特性，路面の状況，交通量等の床版に関わる事項について確認する必要がある．

　また，鉄筋コンクリート床版の損傷の多くは，1964年（昭和39年）鋼道示以前に設計されたものに多く見られ，すでに鋼板，縦桁，増厚等で補強されているコンクリート床版も含め，点検時においては以下の点に注意して点検する必要がある．

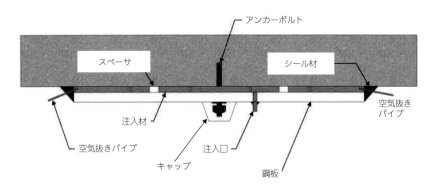

図 5-3-2　鋼板接着補強方法の事例

　鉄筋コンクリート床版の下面から，主鉄筋の不足分を補う工法である鋼板接着工法によって補強されたコンクリート床版について説明する．

　鋼板接着した鋼板の継手やコンクリートとの接合面から漏水，遊離石灰の析出鋼板等の浮き等の損傷が見られるケースが多い．この原因としては，鋼板に注入した樹脂の充填不良，鋼板とコンクリート面の接着不足が多く，橋面から漏水がある場合には，鋼板が腐食し，接着力を失って鋼板自体がはく離，落下することになる（図5-3-2参照）．コンクリート床版の補強対策として，炭素繊維等FRP材で補強する方法もあるが，発生する損傷は同様である．

　鉄筋コンクリート床版の点検の着目箇所は以下のとおりである．

①床版端部（端横桁，端対傾構側）
②床版支間中央付近の下面
③ハンチ部
④床版打ち継目（施工目地，新旧床版打ち継目）
⑤補強鋼板等接着部

　鉄筋コンクリート床版にひび割れを発見した場合，走行する車両の通過時にひび割れ開閉の有無を確認することが重要である．ひび割れが開閉している場合，このひび割れは活動状態であり，角落ちが発生し，ひび割れが進展しているので注意する必要がある．ひび割れ箇所から漏水や遊離石灰が確認される場合は，ひび割れが路面と貫通していると考えるべきである．このような状態となった場合，ひび割れが進行し，最悪抜け落ちとなる可能性が高く，床版防水の有無や遊離石灰析出箇所も特定し，早期に対策を行うことも含め，対応を検討する必要がある．

　コンクリート床版の鉄筋が腐食している場合，露出鉄筋以外の鉄筋も腐食している可能性が高く，かぶり部分がはく離し，落下する可能性が高い．また，床版を部分的に打ち直した部分は，新旧の打ち継目にはひび割れや接着不足などの欠陥が出やすいので注意深く点検する必要がある．

　鋼板接着部分の点検は，鋼板端部からの漏水，錆汁，および止めボルト腐食破断の有無を確認すると同時に，鋼板と床版の接着不良や充填不足によって生ずる空隙を打音点検によって確

認する必要がある．鋼板に錆汁の流出や止めボルト破損が多い場合は，必ず打音点検を行わなければならない．

## （2）PC床版

PC床版には，PC場所打ち床版とPCプレキャスト床版があるが，PC床版では以下に示す損傷が発生している場合が多いので注意して点検する必要がある．

①PC場所打ち床版の損傷は，コンクリート施工打ち継目部に橋軸方向ひび割れが発生しやすい．これは，新旧PC床版の材齢差に起因する静弾性係数やクリープひずみの差によるものと考えられる．

②PCプレキャスト床版の場合，橋梁の桁端部（端横桁，端対傾構側）はPC場所打ち床版で施工されるが，PCプレキャスト床版とPC場所打ち床版との接合部には材齢差によるひび割れが生じやすい（**図5-3-3**参照）．

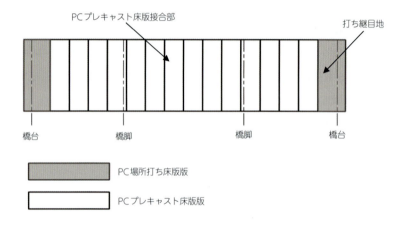

**図5-3-3　桁端部PC場所打ち床版とPCプレキャスト床版との接合部**

③PCプレキャスト床版接合部の間詰め部は，雨水等の浸入を受けやすい箇所であることから，漏水や遊離石灰の析出が発生している場合がある．また，PCプレキャス

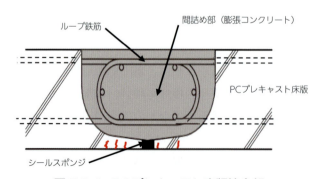

**図5-3-4　PCプレキャスト床版接合部**

ト床版接合部下側は部材厚が薄い構造としているため，ひび割れが発生する場合が多いので注意して点検する必要がある（図5-3-4参照）．

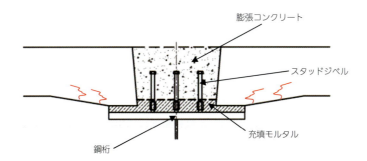

図5-3-5　PCプレキャスト床版と鋼桁との接合構造

④PCプレキャスト床版ハンチ下面と鋼桁との接合部は，繰返し荷重によるひび割れが発生しやすく，橋面からの雨水の浸入によって床版下面に遊離石灰の析出を確認する場合がある．当該箇所もプレキャスト桁と後打ちコンクリートの接合部や桁のフランジとの一体化が損なわれた場合に多く，注意して点検する必要がある（図5-3-5参照）．

## コラム

### 点検は誰にでもできるのか？

　道路の維持管理のためには，道路構造物を定期的に点検してその状態を診断することが出発点となる．点検には3つの要素があると考えている．第一に，その構造物の損傷や変状を確実に見付け出さなければならない．第二に，見付けた損傷等を速やかに補修しなければならないのか，あるいはさらに詳しく調査して原因を特定しなければならないか判断をしなければならない．そして最後に，その結果を正確に記録に残して維持管理に活用できるようにしなければならない．これらの発見，判断，記録・活用という作業は一見簡単そうであるが，道路構造物はその一つひとつが特注品であり，どのように施工されたのか，どのような環境にあるのかなど現場条件も様々であり，損傷等を確実に見付けるのは容易ではない．鋼橋の疲労や床版の疲労など一部の劣化現象は概ね分かっているが，どのような過程を経て壊れていくのかよく分かっていないのが現状である．

　道路構造物に損傷等があっても，それが構造物の安全性はもちろん，首都高のように高架構造であれば高架下を通行される方などの安全性に問題があるかどうかも的確に判断することは，誰にでもできることではない．変状・損傷を見過ごしたり，見落としたりすることなく報告するには，道路構造物に対する専門知識がなければ見付けることができない，つまり点検業務は務まらない．

　ある専門家の会合で首都高の点検について講演した際，点検技術者が不足していて困っていると話をしたところ，アルバイトを雇って点検できないのかという意見があり，点検に対する専門家の認識の違いに驚いた．言うまでもなくアルバイトでは点検できないのであり，さらに的確に判断するにはある程度の経験や実績が必要になると思っている．

　一方，道路には遮音壁，照明，標識などの様々な道路付属物が設置されている．一般に，これらの付属物は多数のボルトナットなどの細かい部品や部材で構成された製品で全体が構成されており，道路構造物本体に比べて一般に耐久性が短く，一品ものが多く，本体同様きめ細かな点検が必要である．繰り返しになるが，首都高のように街路や公園などの上にある高架の道路では，付属物の小さな部品の落下でも大きな事故につながるおそれがあるので，その構造をよく理解した点検技術者でないと点検は難しい．

　全国には橋梁が約70万橋，トンネルが約1万本存在し，5年に1回の点検ができていないものが多数存在すると言われている．点検の法令化によってその期待とニーズは高まっており，点検技術者の育成と技術力向上を推進することが重要な課題である．首都高速道路㈱では，平成14年から独自に点検技術者の資格認定制度を導入して点検技術の維持・向上を図っており，平成27年7月現在，約1,500名の点検技術者を認定している．平成26年度から点検技術力の更なる向上を目指して，資格認定期間3年の中間年において，実構造物を使用した点検実技を確認・審査するという「中間審査」という制度を導入した．首都高速道路をはじめとする道路の安全・安心のため，今後も点検技術者の育成と技術力向上のために取り組んでいきたい．（今村　幸一）

# 6章

## 下部構造の点検

下部構造に発生する損傷が作用する荷重を支持する性能や将来の耐久性に影響を及ぼすか否かの観点から発生する損傷を分類し，それらの損傷がどのように発生するかを過去の損傷事例から明らかにし，点検時の着目点についてポイントを絞って説明する．

　下部構造の橋台や橋脚に使われている材料によって発生する損傷も異なる．鋼製の場合は，防食機能の劣化（具体的な事例としては，塗膜のはがれや白亜化など），腐食（鋼材の錆），亀裂，変形，ボルトの脱落やゆるみなどがある．また，コンクリート製の場合は，ひび割れ，はく離・鉄筋露出，漏水・遊離石灰，変色などがある．下部構造の中でも基礎については，土中や水中にあることから目視で状態を確認することは困難な場合が多く，基礎部分が河床から露出する状況（洗掘）等の場合は，船舶などを使用してポールによる洗掘の状況確認などを行う必要がある．

# 6.1 下部構造に発生する損傷と点検

　下部構造に発生する損傷には，上部構造から作用する荷重，周辺の地盤から作用する土圧，下部構造に作用する水圧や流水圧，波圧，地盤の側方移動や不同沈下，地震時の地震力などによって種々の種類がある．下部構造に発生する損傷を部位別に説明する．

## （1）コンクリート橋台，橋脚

　コンクリートの損傷には，ひび割れ，はく離・鉄筋露出，漏水・遊離石灰，浮き，変色，漏水，滞水などがある．ひび割れの発生原因は，温度収縮や乾燥収縮，塩害や中性化，かぶり不足，ASR，凍害，基礎の洗掘や沈下である．はく離・鉄筋露出の発生原因は，建設時のコンクリート締固め不足，凍害，かぶり不足，塩害や中性化などである．漏水・遊離石灰析出の発生原因は，打ち継目の処理不良，締固め不足である．浮きの発生原因は，直接的には内部にある鉄筋やPC鋼材の腐食による膨張であるが，膨張を引き起こす塩害，中性化などが間接原因となる．変色の発生原因は，セメント水和物の変色，セメント成分の溶出である．

　コンクリート製の下部構造に発生する損傷は，先に示したコンクリート橋と同様な損傷および対比する原因については，省略し，下部構造特有の損傷，原因について説明する．

## （2）鋼製橋脚

　鋼製橋脚の損傷には，腐食，亀裂，ゆるみ・脱落，漏水・滞水，変形などがある．腐食の発生原因は，伸縮装置や継手からの漏水，溶接部やマンホールのすき間からの雨水の浸入による結露，塗装の塗替え時の素地調整不良などである．亀裂の発生原因は，伸縮装置や舗装の段差による衝撃荷重や過荷重，溶接部分の欠陥等による疲労強度低下などである．ゆるみ・脱落は，部材継手部のボルトやリベットに発生し，その原因は，ボルトの遅れ破壊，締付け不足，車両等による振動である．漏水・滞水の発生原因は，溶接部やマンホールのすき間からの雨水の浸入，排水装置の土砂詰まりや機能不全である．変形の発生原因は，地震等による過荷重や，車両や船舶の接触などによるものである．

　鋼製橋脚に発生する損傷は，先に示した鋼橋と同様な損傷および対比する原因については，省略し，コンクリート製の下部構造と同様に，特有な損傷，原因について説明する．

## （3）基　　礎

　基礎の損傷には，沈下，傾斜，移動，洗掘などがある．沈下，傾斜，移動の発生原因は，地盤支持力の不足，不同沈下，洗掘，ネガティブフリクション，側方流動，地震などである．また，洗掘の発生原因は，台風や豪雨時の流水等による基礎周辺の土砂流出である．

## 6.2 下部構造部位別損傷事例と点検時の着目点

### （1）コンクリート橋台

　コンクリート橋台では，橋台躯体の前面，パラペット，ウイングに発生する損傷に留意して点検を行う必要がある．

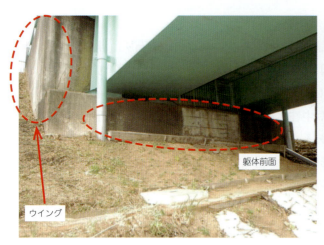

写真6-2-1　橋台の損傷発生の多い箇所と点検ポイント

　橋台に発生するひび割れは，コンクリート構造物の代表的な損傷であり，性能低下やその予兆を示す重要なキーポイントでもある．また，ひび割れは，発生する原因が明確な場合が多いことから，目視によってひび割れの方向，規則性，ひび割れ間隔，遊離石灰の析出物の有無，はく離の深さ等を入念に点検することが必要である．なお，下部構造で特に留意すべき点は，橋台の前面，パラペットおよびウイング表面に発生するひび割れ，鉄筋露出，はく離などの損傷である．点検時に確認が必要な箇所と損傷の留意点は以下のとおりである（**写真6-2-1**参照）．
　①ウイングおよびパラペット，取付け擁壁接続部分の漏水
　②橋座および支承部分の斜めひび割れ，はく離，鉄筋露出，漏水，滞水
　③橋台前面下部の流水と接する部分の浸食，ひび割れ
　　損傷別，部材別の損傷原因と留意点を，以下に示す．

### 1）橋台躯体

　橋台の躯体建設時の水平方向打ち継目箇所に，鉛直方向に等間隔でひび割れや遊離石灰の析出が発生する場合がある．これは，温度収縮，乾燥収縮および施工不良等が損傷原因である．

---

■キーワード：ひび割れの方向，規則性，ひび割れ間隔，遊離石灰の析出物，はく離，凍結，融解，凍害，T形，門形，壁式，流水部，コンクリート単柱橋脚，鉄筋段落とし部，浸食，洗掘，遊間，くし型鋼製伸縮装置

発生したひび割れが，橋台背面に貫通し，漏水等によって鉄筋腐食となるので注意して点検を行う必要がある（**写真6-2-2参照**）．

写真6-2-2　躯体に発生した打ち継目

　鉄筋コンクリート橋台の躯体等で鉄筋量が少ない場合，ASRによって亀甲状のひび割れが発生する事例が多い．雨水等によって水分が供給されることから，ひび割れは，膨張進展し，鉄筋を破断する結果となる場合もあることから，注意して点検を行う必要がある（**写真6-2-3参照**）．

写真6-2-3　ASRによるひび割れ

　寒冷地のコンクリート橋台の躯体では，雨水や路面排水，凍結防止剤などがコンクリートに浸透し，凍結，融解を繰り返してコンクリートがもろくなる凍害現象で，ひび割れ，はく離など損傷が発生する．発生している損傷の程度や進行性で構造的検討等の対策が必要な場合が多いので注意して点検を行う必要がある（**写真6-2-4参照**）．

写真6-2-4　凍害によるひび割れ，はく離

### 2）橋台パラペット

　橋台のパラペットには，部材の斜め方向にひび割れが発生する事例が多い．ひび割れの発生原因は，下部構造の不同沈下，基礎の沈下や洗掘，地盤変動等である．いずれの場合も構造体として耐力が不足している場合が想定されるので注意して点検を行う必要がある（**写真6-2-5**参照）．

写真6-2-5　パラペットに発生したひび割れ

### 3）橋台躯体前面およびウイング（翼壁）

　橋台躯体の前面，ウイングなどには，鉄筋の腐食によるかぶり部分の浮き，はく離，ひび割れ，鉄筋腐食が発生する事例が多い．損傷の発生原因は，かぶり不足，塩害，雨水や塩化物の浸入，中性化，ASRなどである．浮きの直接原因は，内部の鉄筋が外部からの水の浸透等で腐食，膨張したことが挙げられる．損傷の原因によっては，急激な進行によって耐力や耐久性が損なわれることがあるので注意して点検を行う必要がある（**写真6-2-6, 6-2-7, 6-2-8**, 参照）．

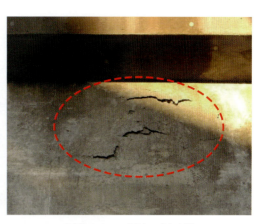

写真6-2-7　浮き・はく離

写真6-2-6　躯体前面に発生したはく離および鉄筋露出

写真6-2-8　橋台前面に発生したひび割れ

### 4）橋台の縁端拡幅部

　耐震補強のために縁端距離を確保する目的で沓座を拡幅することが多い．このような場合，拡幅した部分から遊離石灰が析出する事例が多い．これは，コンクリート打継ぎ時に締固めや接合面の処理が不十分であることによって発生する．構造的な弱点となる箇所ではないが，地震発生時において落橋防止機能に影響があるので注意して点検を行う必要がある（**写真6-2-9参照**）．

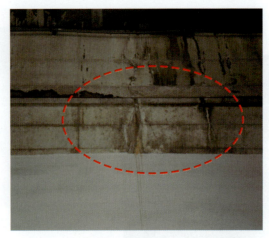

写真6-2-9　縁端拡幅部に発生した遊離石灰

## 5）橋台支承部

支承周辺や橋座においては，支承の調整コンクリートや支承部にひび割れ，はく離などが発生する事例が多い．これら損傷の発生原因は，支承の機能障害や下部構造の不同沈下，傾斜などである．ここに示す損傷は，重大な損傷であることから，損傷の程度，進行度や構造的影響度などを考慮して点検を行う必要がある．なお，点検時にひび割れが開閉する，異常音がある等の場合は，早急な対策が必要である（**写真6-2-10参照**）．

写真6-2-10　沓座面に発生したひび割れ

## （2）コンクリート橋脚

コンクリート橋脚には，T形，門形，壁式などがある．点検時に確認が必要な箇所と損傷の留意点は以下である．

　①柱，梁，柱と梁の交差する部分などに発生しているひび割れ，遊離石灰析出，鉄筋露出などの損傷

　②柱下部およびフーチングの流水と接する部分に発生している浸食，すり減りなどの損傷

③柱と梁の交差部，柱中央部に発生するひび割れ，はく離，鉄筋露出，遊離石灰析出などの損傷
④橋座および支承部の土砂・塵埃の堆積，滞水，斜め方向のひび割れ，浮きなどの損傷

## 1）壁式橋脚

壁式橋脚は，支承周辺，躯体の打ち継目周辺，フーチングの流水部付近にひび割れ，すり減り等損傷が発生しやすいので注意して点検を行う必要がある（**写真6-2-11**参照）．

写真6-2-11　壁式橋脚の損傷発生箇所

## 2）門形（ラーメン式）橋脚

コンクリートラーメン構造の弱点となりやすいのは，梁中央部，柱と梁の交差部であり，当該部分のひび割れやはく離の発生に十分注意することが必要である．点検時に確認が必要な箇所と損傷の留意点は以下である．
①ラーメン構造の弱点部に発生する損傷
②柱下部の流水と接する部分付近のすり減り，浸食，鉄筋露出損傷
③横梁中央部の下面から側面に発生する鉛直ひび割れおよびはく離損傷
④柱と梁が交差する部分に発生する斜め方向のひび割れおよびはく離損傷

門形橋脚は，ラーメン構造であることから支承周辺，門形梁部の中央付近，梁と柱の交差部付近（隅角部）などに損傷が発生しやすいので注意して点検を行う必要がある（**写真6-2-12**参照）．

写真6-2-12　門形橋脚の損傷発生箇所

　中柱のある門形ラーメン橋脚も同様で，張出し部付け根部は片持ち梁で断面力も大きい箇所でもあることから，ひび割れが発生することがある．また，支承部周辺も支承の機能が十分でないと影響を受けやすい部分であるので注意して点検を行う必要がある（**写真6-2-13**参照）．

片持ち，横梁付け根部分，中央部および橋座面，支承部周辺

写真6-2-13　橋脚の張出し部および沓座面

　ラーメン橋脚に発生する損傷は，橋脚の躯体が流水に接する部分，上部工からの荷重が作用することで断面力が大きくなる横梁と柱の付け根部，横梁中央部，橋座面および支承部周辺など損傷が発生する事例が多く，注意して点検を行う必要がある（**写真6-2-14**参照）．

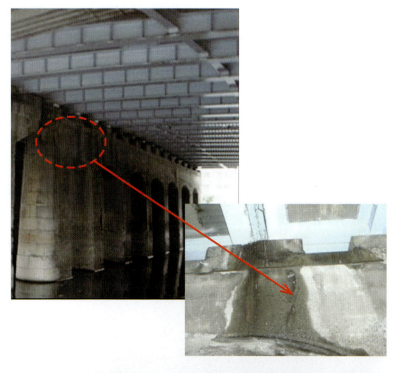

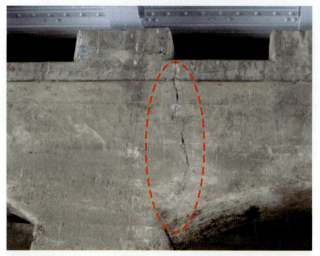

写真6-2-14　ラーメン橋脚支承部付近から梁部に発生したひび割れ

　横梁に鉛直方向ひび割れが発生する場合は，作用している荷重の増大，耐荷力の不足，継続荷重によるクリープおよび基礎の沈下や移動によることが多い．架設年次の古い橋脚の場合，作用荷重や必要鉄筋量の設定自体が少ないことが多いので注意して点検を行う必要がある．

### 3）コンクリート単柱橋脚

　コンクリート単柱構造の弱点となりやすいのは，鉄筋段落とし部，柱と梁の交差部であり，当該部分のひび割れやはく離の発生に十分注意して点検を行う必要がある．点検時に確認が必要な箇所と損傷の留意点は以下である．

　①単柱段落とし部に発生する損傷（地震発生時等）
　②柱下部の流水と接する部分付近のすり減り，浸食，鉄筋露出損傷

　単柱式橋脚躯体およびフーチング部の流水の接する部分は，流下する水によってコンクリートがすり減り，断面が欠損するので注意して点検を行う必要がある．

　流水による下部構造躯体のすり減りが発生すると上部構造に作用する力を適切に基礎へ伝達できないだけでなく，最悪転倒崩壊するので細心の注意が必要である（**写真6-2-15**，**6-2-16**参照）．

写真6-2-15　橋脚が流水に接する部分

写真6-2-16　流水部に発生した洗掘による断面欠損

## （3）鋼製T形およびL形などの橋脚

　　鋼製の橋脚は，一般的に採用の多い柱式や壁式が何らかの理由で採用できない箇所に多く用いられ，その理由としては，桁下制限などがある．このようなことから，構造が門形，L形，門形から梁を延ばした形状など複雑な形状の橋脚が多い．これら鋼製橋脚に発生する損傷は，腐食，防食機能の劣化，亀裂，変形，ボルトのゆるみ・脱落，破断，漏水・滞水などである．点検時に確認が必要な箇所と損傷の留意点は以下である．

①柱と梁の接合部，溶接によって添接している部分に発生している亀裂
②柱，梁，根巻き部分に発生している腐食，防食機能の劣化，変形
③添接部，マンホール，ハンドホール等のボルトやリベットのゆるみ，脱落，破断
④柱，梁内部の漏水，滞水および排水装置の異常
⑤柱，梁の揺れや振動による異常音

　鋼製橋脚は，梁や柱部材を建設する際に部材を組み合わせて造ることから，多くの高力ボルトや溶接による接合箇所がある．接合部分は，鋼板と鋼板を高力ボルト等で添接した場合，当該部分から雨水が浸入することや鋼部材内面が寒暖の差で水滴を生じ，それが下面に滞水することがある．滞水は，放置しておくと腐食が進行し，断面欠損することになるので注意して点検を行う必要がある（**写真6-2-17**参照）．

**写真6-2-17　鋼製橋脚内面の滞水と腐食**

## （4）基　　礎

　基礎は，流水等による洗掘によって土砂が流失すると沈下・傾斜し，路面，地覆，高欄や防護柵に沈下・ずれが発生する．このようなことから，基礎の流失や洗掘を判断するには，まず第一に，上部の高欄，防護柵，横断抑止柵などを遠景から確認し，橋軸方向および橋軸直角方向にずれがないか，段差がないかを確認することが必要である（**写真6-2-18**参照）．

写真6-2-18　洗掘によって不同沈下した橋

## 1）躯体底部およびフーチング部

　直接基礎および杭基礎において，フーチング側面が露出したような状態となった場合，フーチング斜め横方向からフーチングの下に打設してある杭やケーソンの一部が確認できる場合がある．このような状態になると，下部構造が不安定な状態となる可能性大であるので早急な対応が必要である．

　洗掘は，程度が軽微の状態で発見し，早めに対策を講じることが必要であることから，水面下のフーチング部分を注意して点検を行うことが必要である．洗掘が確認されているのに放置すると，豪雨や台風時の異常出水によって一気に洗掘が進行し，手遅れとなることがあるので細心の注意が必要である（**写真6-2-19**，**6-2-20**参照）．

写真6-2-19　基礎の洗掘状況

写真6-2-20　基礎（直接基礎）部分の異常な洗掘

## 2）橋台パラペットと上部工の遊間

橋台とパラペットのすき間，伸縮装置の異常な遊間，支承の上沓と下沓の異常なずれ，支承のモルタルひび割れや圧壊等が生じている場合は，基礎の沈下や傾斜および移動が想定される．このような状態を早期に発見することで事故を未然に防止することが可能となる．点検時には，パラペット，躯体等と上部構造の遊間（空き）を確認することが必要である．

**写真6-2-21**は，橋台のパラペットと主桁および床版の遊間が上下において空きが不均一な状態であり，上部もしくは下部に損傷発生が予測される．

写真6-2-21　下部（パラペット）と桁等の不適正な遊間

## 3）伸縮装置等

路面時の点検において，伸縮装置，高欄，防護柵および地覆等に異常な動きを確認した場合は，下部構造の側方移動や不同沈下が予測されるので注意が必要である．

一般的に伸縮装置の場合，夏季には遊間の幅が狭くなり，冬季は広くなる．いずれにしても

写真6-2-22　くし型鋼製伸縮装置の不適正な遊間

遊間が全くないような状態やせり上がった状態は異常な状態であることから，これらに留意して点検を行う必要がある（**写真6-2-22参照**）．

> **コラム**

## カメラの進歩　それは点検の進歩でもあった

　私が橋梁の点検に携わったのは昭和58年からです．その頃，首都高では各年度で塗装の塗替え対象路線を決めていて，対象路線全線の塗替え工事が行われ，その塗装足場を利用して近接点検を実施していました．鉄筋コンクリート床版が輪荷重の繰返しで疲労損傷することが問題になっていましたが，鋼桁の母材に疲労亀裂が入ることなど考えられませんでした．それが平成になって間もなく，3号渋谷線の塗装足場を利用した近接点検で支承部分のソールプレートと下フランジの溶接部から腹板に伸びる亀裂が見付かりました．これをきっかけに溶接部の塗膜割れについて磁粉探傷試験を実施するようになりました．

　当初は磁粉探傷試験の有資格者が少なく，進捗を上げるのに苦労しました．その後，点検技術者に磁粉探傷試験の資格を取得していただき，今では首都高の点検に携わる点検技術者の大部分がその資格を持ち，近接点検で溶接部の塗膜割れを見つけるとすぐに磁粉探傷試験を行っています．報告様式についてもできるだけ損傷状況がよく分かるように内容を検討し，損傷位置図と亀裂の写真（近景，遠景）以外に亀裂長を記載したスケッチを添付することにしました．

　磁粉探傷試験を始めた頃は，高価なフィルムカメラに外付けフラッシュを使用して亀裂を撮影しました．暗所で狭いことからフラッシュの使い方が難しくピントぼけが多く，何度も撮り直しました．その後，写真撮影の技術も上がり，カメラもフィルムカメラからデジタルカメラに代わり，安価で高機能になり解像度のよい画像データが取得できるようになりました．今では緊急対応の必要な損傷は，現場から画像データを補修対応する事務所に送信するようになり，あの頃と比べると現場の点検も様変わりしました．

　しかし，時代が変わっても近接点検の作業環境が厳しいことは変わりません．道路から発生する粉塵は長い間に橋梁に付着しているため，粉塵の中での点検となり，そのうえ夜間，狭隘部または高所での作業となります．また夏の桁内部は灼熱の状況です．こんな作業環境の中，小さな損傷まで見つけている点検技術者には頭が下がる思いです．本当にご苦労さまと声を掛けたい．

　最近の構造物の損傷で感じることは，橋梁本体のように輪荷重や地震時等を考慮した構造物は耐久性があるため短期間で損傷が進行することは少ないけれど，付属物（外装板，遮音壁，裏面吸音板，標識，標識柱，防護柵，電らん管等）の部材は薄肉であるため，特に取付けボルト部は漏水によって短期間に腐食が進行し，健全性が急激に失われ落下する場合があるということです．これからは，付属物にもよく注視し，内部から発生している損傷を打音による点検等で早期に異常を発見することが必要だと思います．

　皆様といっしょに確実な点検で安全安心な道路を維持していきたいと思います．　　（川口　隆）

## 首都高速道路建設のころとその構造物

**中央環状線　かつしかハープ橋**
1987年9月供用
綾瀬川左岸から荒川左岸（背割り堤）へ渡る4径間連続S字曲線斜張橋

**湾岸線　横浜ベイブリッジ**
1989年9月供用
横浜国際航路を本牧ふ頭から大黒ふ頭へ横断する中央径間460m，全長860m，2層構造の斜張橋

# 7章

## 付属物の点検

本書で対象とする道路付属物は，橋梁の機能を適切に果たすために必要な伸縮装置，支承，排水装置および道路照明（橋灯），道路標識，道路情報提供装置，遮音壁などである．

　これら付属物は，橋梁や橋梁周辺に設置している箇所数が多いため，第三者被害となる損傷発生の事例が多く，また主構造に悪影響を及ぼすことも多々あるので，効果的に点検を行うことが必要である．付属物に発生する損傷は，車両や人が通行する路面にある伸縮装置，舗装，高欄，防護柵，上部構造の力を下部構造に伝える支承，地震時に橋梁が崩落するのを防ぐ落橋防止システムなど多種にわたっている．これら付属物に発生する損傷を過去の事例から明らかにし，点検時の着目点についてポイントを絞って説明する．

## 7.1 伸縮装置

　伸縮装置の点検は路面上より行う点検と路面下から行う点検がある．路面上より行う点検は，目視やたたき点検，計測による点検である．路面上からの点検では，伸縮装置本体の破損，後打ちコンクリートの破損，取付け部，段差，遊間量などを確認する．特に段差が大きい場合や陥没している場合は，橋台や橋脚の沈下や桁の座屈など重大な損傷が主構造物等に発生している可能性もあることから，このような損傷を確認したときには橋梁全体の状況を注意して確認する必要がある．

（1）点検時の着目点（路面上）
　伸縮装置に発生する損傷の種類は以下である．
①段差，陥没，伸縮装置と後打ち材の段差，後打ち材と舗装の段差，取付け部のボルト破損と充填材の脱落
②鋼製…フィンガープレートの破損
③ゴム製…ゴムの摩耗，はく離（**写真7-1-1，7-1-2，7-1-3参照**）

**写真7-1-1　鋼製フィンガープレートの破損**

ゴムの摩耗

後打ちコンクリート破損

**写真7-1-2　伸縮ゴムの摩耗，コンクリートの破損**

写真7-1-3　ジョイントの段差と段差計測

### (2) 点検時の着目点（路面下）

　路面および桁下面からは，間詰め材の脱落や，排水装置の破損，非排水型装置の破損などの損傷に対して点検を行う必要がある．付属物の損傷は，橋梁への衝撃荷重等が増加することから安全性や耐久性に影響が大きい．また，伸縮装置の損傷は，車両事故や第三者被害等管理者として瑕疵を問われる重大事故となるので十分留意して点検を行う必要がある（**写真7-1-4参照**）．

（a）目地垂れ下がり

（b）止水部の破損

（c）止水部の破損

（d）排水装置破損

写真7-1-4　伸縮装置の損傷事例

# 7.2 支　　承

　支承は，上部工の反力を下部工へ伝達するための重要な部位である．支承はさまざまな損傷が発生する箇所でありながら，狭隘で漏水や塵埃の堆積があるため，点検しにくい箇所でもあるが，重要な部材であるため，入念な点検が必要な部位である．特に堆積物や腐食がある場合には，支承周りをきれいに清掃し，大きな損傷を見逃すことがないよう注意して点検を行うことが必要である．

## （1）鋼製支承点検時の着目点

　鋼製支承の本体に発生する損傷には，部材の腐食，本体の割れ，ボルトのゆるみなどがある．可動支承の中で支承板支承を事例として発生する損傷を以下に示す（**図7-2-1**参照）．
①本体の損傷：腐食，支承板の割れ，移動制限装置の破損，ボルトのゆるみ，破断，上沓・下沓の割れ
②上部構造への取付け部：セットボルトのゆるみ，抜け落ち，破断，ソールプレートと下フランジ溶接部の疲労亀裂
③下部工への取付け部：充填モルタルの割れ，アンカーボルトのゆるみ，抜け，破断，沓座コンクリートの圧壊

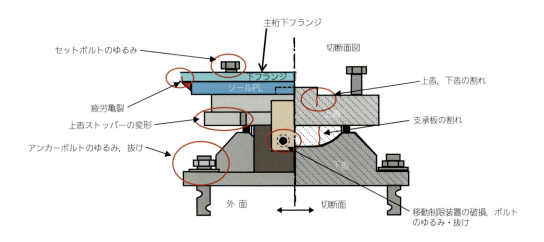

**図7-2-1　支承板支承の損傷例**

　ボルトのゆるみ・抜けや本体の割れ，移動制限装置の破損などは地震発災時に発生する場合も多く，地震発災後の点検では十分注意して点検を行う必要のある箇所である．他形式の鋼製支承に特有な損傷としてピン支承のピンの破損，ローラ支承のローラのずれ，脱落，落下がある．支承部に発生する主な損傷の種類と点検について以下に示す．

## （2）支承の腐食

支承部可動部に錆や腐食が発生すると支承の移動や回転機能が低下する．また，可動支承，固定支承によらず，漏水箇所では，支承本体の腐食に伴い，沓座モルタル，コンクリートに雨水等が浸入し，鉄筋が腐食し沓座が破壊する場合もあるため，注意して点検を行う必要がある（**写真7-2-1**参照）．

（a）支承本体の腐食 　　　　　　　　　　　（b）支承の腐食とモルタルの破損

**写真7-2-1　支承の損傷**

## （3）支承の破損

### 1）サイドブロック，上沓ストッパーの割れ

支承に求められる橋軸方向移動量は，交通荷重，温度と地震時の移動量の合計値であるが，実用時に当初設計時の値を超えた場合には，下沓のサイドブロックが上支承の突起に衝突することになる．このような状況になると，ストッパーが変形したり，変形量が過大で作用力が大きいとストッパーが破壊し，飛散する事例もある．

また，地震発災時には，固定沓，可動沓のサイドブロックやストッパーが破断することがあるので，点検時にはこれらに留意して点検を行う必要がある（**図7-2-2**，**写真7-2-2**参照）．

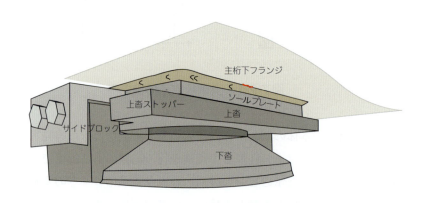

**図7-2-2　支承板支承の名称と損傷**

（a）サイドブロックの割れ　　　　　　　（b）上沓ストッパーの割れ

**写真 7-2-2　支承部品の破断**

### 2）アンカーボルトの損傷

　アンカーボルトの損傷としては，地震時に発生する大きな外力によって発生するボルトの破断や抜け出し，上部工等の振動によるナットのゆるみおよび腐食がある．アンカーボルトのゆるみについては，ボルトの締付け検査，点検ハンマによる打音検査などによって，目視で確認ができない状態確認を点検時に行うことが必要である．コンクリート内部で支承部等の破断の可能性がある場合は，超音波や弾性波等によってこれらを確認することが可能であるので参考にするとよい（**写真 7-2-3 参照**）．

**写真 7-2-3　アンカーボルトの腐食**

### 3）遊間の確認（遊間：移動制限突起とサイドブロックのすき間）

　上部構造は，温度変化によって伸縮し，可動支承等でその伸縮量を吸収している．しかし，支承設置時に温度による伸び量算定を誤って計算して支承を設置した場合や，下部構造が不同沈下や側方移動等によって許容値以上に移動すると，通常時においてサイドブロックとストッパーが接触する状況となっている場合がある．このような状態は，支承の移動が拘束された状態で，必要な移動機能を失った状態であるので注意が必要である．点検時に遊間の異常を確認

した場合には，点検時の温度を考慮し，可動支承の遊間を計算し，計測値と比較することで許容範囲内の状態であるかの判断も可能である．支承の点検では，伸縮装置と同様に上部構造と下部構造の相対変位量や下部構造の異常な移動等を把握することが可能であるので注意して点検を行う必要がある（**写真 7-2-4 参照**）．

なお，鋼橋の遊間量は支承によって異なっているが，支承設置時の設定温度を15℃±25℃としている場合は，温度移動量の目安としては，

$$移動量 = (設置時温度 - 15) \times 0.13 \times L \text{（mm）}$$

で計算可能であるので参考にするとよい．ただし，$L$はスパン長（m）である．

**写真 7-2-4 サイドブロック許容移動量を超えた状態**

## （4）ゴム支承点検時の着目点

ゴム支承の損傷には，主要部品であるゴム本体とそれを固定する装置等の損傷がある．ゴム支承の損傷を支承の部位別に以下に示す（**写真 7-2-5 参照**）．

①支承本体：ゴム層の欠損，変形，せん断変形異常，サイドブロック破断，沈下・移動・傾斜
②沓座：沓座モルタルのひび割れ，欠損，沓座付近の下部工の欠損
③アンカーボルト：ゆるみ，脱落，破断，腐食

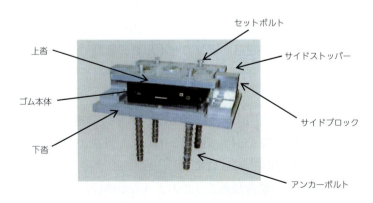

**写真 7-2-5 可動ゴム支承**

④セットボルト：破断，脱落

以下にゴム支承の点検時の留意点を部位別に示す．

## 1）ゴム本体

　ゴム本体の損傷による有害な割れが生じると支承の移動に障害が出る可能性が高い．また，支承本体に想定以上の水平力が作用するとせん断変形異常を引き起こし，ゴム本体がせん断破壊する．支承が過大な鉛直反力を受けた場合は，ゴムのはらみが発生し，破壊に至る場合もある．さらに，沓座モルタルが破損したり，下部工の不同沈下によって支承が沈下した場合，ゴム本体と上沓との接触面に肌すきが発生する場合が多いので，ゴム本体と上沓との接触面に肌すきが生じていないかを点検時に確認する必要がある（**写真7-2-6**参照）．

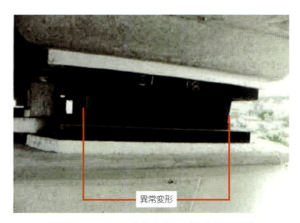

**写真7-2-6　ゴム支承のせん断変形**

## 2）ゴムを固定する金属部分

　地震などの大きな水平力によって支承のセットボルト，サイドブロックおよびサイドストッパーが損傷する場合があるので，地震発災時の点検では特に注意が必要である．また，サイドブロックとサイドストッパーが接触している場合には，より注意深く点検する必要がある（**写真7-2-7**参照）．

**写真7-2-7　サイドブロックボルトの破断**

写真7-2-8　沓座モルタルの欠損

### 3）下部構造との取りあい

　アンカーボルトが腐食した場合，アンカーボルトの破断や抜け出しが発生する場合がある．支承の点検時には，アンカーボルトの抜け出しやナットのゆるみについても注意して点検する必要がある．

　また，支承部に地震等による大きな外力や衝撃を受けた場合，沓座が破損することがある．沓座モルタル・コンクリートの損傷は，支点が沈下し，上部工に重大な損傷を与えることもあるので，点検時には，支承本体のほかに，沓座モルタルのひび割れ等の損傷にも注意して点検を行う必要がある（**写真7-2-8参照**）．

# 7.3 落橋防止システム

　落橋防止システムは，桁かかり長，落橋防止構造，横方向変位拘束構造，段差防止構造など様々な機能を備えた装置がある．これらの装置は，狭隘な支承周辺に複数設置されていることから，点検時にこれらの装置の損傷を確認することが困難な場合が多い．このようなことから，点検時には，近接して状態を確認する方法を十分に検討し，現地で適切な点検を行うことが必要となる．落橋防止システムに発生する損傷の種類を以下に示す．

## （1）損傷・劣化

　落橋防止システムの損傷として　①腐食，②亀裂，③ゆるみ，④脱落，⑤破断，⑥遊間異常，⑦変形などがある．落橋防止システムは，桁端の狭隘な場所に設置され，塵埃の堆積や伸縮装置からの漏水などで過酷な状況にさらされている場合が多いので，注意して点検を行う必要のある部位である．

　また，施工誤差によって伸縮量が確保できていない場合には，異なる損傷が落橋防止システムの様々な部位に同時に発生する可能性が高いので注意が必要である．

## （2）落橋防止システム点検時の着目点

　落橋防止システムは，設置時に適切な遊間が確保されていない場合，温度変化によって桁が縮んだ際に連結板の変形やボルトの破断などが発生する．また，直近に地震発災によって大きな力を受けた場合，落橋防止システムに損傷が発生していても，見えにくい場所に設置されていると緊急点検において見逃す場合もある．連結板やケーブルや連結ボルトの破断については，再度の被災やその後の橋梁の供用下における振動等で落下する可能性もあるので，十分注意して点検を行う必要がある．

　また，落橋防止システムにケーブルやPC鋼棒等を使用している場合は，定着部のねじ部やナットの破損についても注意して点検を行う必要がある．さらに，落橋防止システムの各装置が点検時の温度と最小最大気温との差による伸縮量を十分確保できているかを確認することも必要である．温度変化による伸縮量を測定できない場合は，橋長を測定し，必要な移動量を算定，落橋防止システムの移動可能量との比較を行うとよい．さらに，桁かかり長（縁端距離）が必要量確保されているかを現地で計測し，確認することも必要である．以下に点検時における落橋防止システムの代表的な構造の留意点を説明する．

## 1）チェーンタイプの落橋防止構造

　チェーンタイプの落橋防止構造の損傷は，固定ボルトの破断や腐食，チェーンの破断などである（**図7-3-1**参照）．

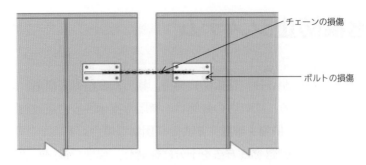

図7-3-1　チェーンタイプの落橋防止構造

## 2）リンク式連結板形式の落橋防止構造

リンク式連結板形式の落橋防止構造の損傷は，連結ピン，連結板の破断や腐食である（図7-3-2参照）．

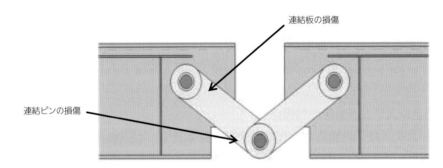

図7-3-2　リンク式連結形式の落橋防止構造

## 3）タイバーによって連結する落橋防止構造

タイバーによる落橋防止構造の損傷は，伸縮部からの漏水による腐食，これに伴う可動部の固結化である．タイバーを固定しているボルト，補強板，主桁端部の破断および腐食についても注意して点検を行う必要がある（図7-3-3，写真7-3-1参照）．

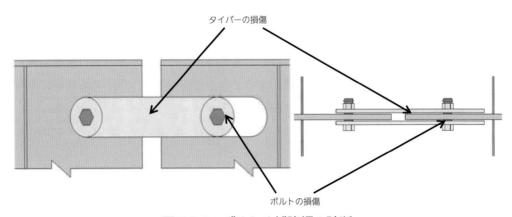

図7-3-3　ボルトや補強板の破断

写真7-3-1　タイバーのボルト腐食

## 4）ピンによって連結する落橋防止構造

ピンによって連結する落橋防止構造は，鋼桁の桁端ウェブに連結板を取り付け，桁どうしをピンによって連結する構造である．連結板の可動部ボルトが過大な軸力で締め付けられている場合や，ピンすき間量が不適切な場合には，桁移動が制限され遊間異常等を引き起こす場合がある．点検時には，桁移動時の拘束力によって発生するピンの破断，脱落に注意して点検を行う必要がある（**写真7-3-2**，**7-3-3**参照）．

写真7-3-2　ピンのゆるみ，腐食

写真7-3-3　移動を拘束しているピン

## 5）横桁をPC鋼棒によって連結する落橋防止構造

コンクリート橋，鋼橋の横桁間をPC鋼棒によって連結した落橋防止構造の場合には，支圧板のゆるみ，支圧板・緩衝材の破損，プレストレストコンクリート鋼材の破断などに注意して点検を行う必要がある（**図7-3-4**参照）．

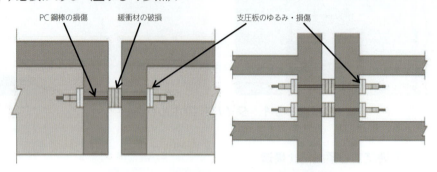

**図7-3-4　横桁を連結した落橋防止構造**

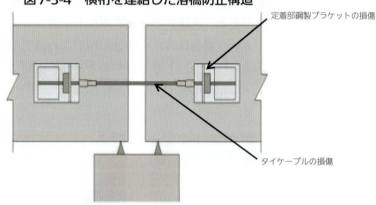

**図7-3-5　隣接桁間を連結した落橋防止構造**

**写真7-3-4　被覆材の損傷およびPC鋼線の発錆**

## 6）タイ（PC鋼材）ケーブルによって連結する落橋防止構造

タイケーブルによって連結する落橋防止構造は，隣接する鋼桁間をタイケーブルで連結した構造で，定着部の鋼製ブラケットを固定しているボルトの破断，ナットのゆるみに注意して点検を行うことが必要である．またタイケーブルを被覆している被覆材が損傷し，ケーブルが腐食している事例も多くあるので，錆汁の発生等に注意して点検を行う必要がある（**図7-3-5**，**写真7-3-4**参照）．

## 7.4 排水装置

　路面上の排水ますの損傷は，排水機能を損なう土砂詰まりや排水ます蓋の外れ，破損がある．排水ますの詰まりは，雨天時の路上滞水，ます蓋の破損は蓋が外れて事故となる可能性も高いので十分注意して点検を行う必要がある（**写真7-4-1**参照）．

（a）排水ます土砂詰まり　　　　　　　　（b）排水ます破損

**写真7-4-1　排水装置の損傷事例**

　排水管は，継手部や本体の破損，排水管を支持する支持材や吊り材に損傷が発生する．排水管や継手部の破損によって，排水が橋下や鋼部材に漏れ，第三者被害や，鋼部材の腐食の要因となるので十分注意して点検を行う必要がある．点検時には，排水管の継手部，排水管の勾配や流末管の向きなども点検するとよい（**写真7-4-2**参照）．

（a）継手部外れ　　　　　　　　　　　　（b）継手部漏水

**写真7-4-2　排水管の損傷事例**

# 7.5 その他の付属物

## （1）橋面舗装

橋面舗装は，供用後，交通条件，気象条件，環境条件，排水条件等が相互に関連しあって路面状態が変化し，損傷の発生で走行性，すべり抵抗性，安全性や快適性などが損なわれる．橋面舗装の点検は，使用されている材料や構造を十分に理解して点検を行うことが必要である．特に，近年の高機能舗装（排水性舗装（低騒音舗装），保水性舗装，遮熱性舗装等）は，使用している骨材，アスファルト針入度，添加剤等が異なり，それぞれの舗装特有の損傷が発生するので注意が必要である．例えば，排水性舗装の場合は，水が浸透しやすい構造であることから，舗装骨材の結合力に問題が生じると骨材分離による段差やポットホールが発生しやすい．このようなことから，点検は雨天時等に行うとよく，路面を流れる雨水の状態や伸縮装置や排水ます周辺の滞水状態を確認し，損傷の発生を可能な限り早く捉えることが重要である．

路面性状に関する損傷としては，局所的なひび割れ（ヘアクラック，線状ひび割れ，施工継目ひび割れ，縦および横方向ひび割れ），段差，変形（わだち掘れ，縦断方向の凹凸，コルゲーション），摩耗（ラベリング，ボリッシングはがれ），崩壊（ポットホール，はく離，老化），きず（事故等による）がある．また，構造に関する損傷としては，全面的な亀甲状ひび割れ，噴泥凍上がある．これらを定量的に点検，診断するには，ポットホールの有無と数，ひび割れ，わだち掘れ，縦断凹凸（平たん性）などの路面性状調査，舗装を構成する各層の厚さ，交通量，補修履歴などを調査することが必要である．

橋面舗装（路面）の代表的な損傷である段差，コルゲーション，ポットホール，わだち掘れや陥没の点検について説明する．

## 1）段差およびコルゲーション

段差とは，縦断方向および横断方向において高さ方向の差異が生じ，車両や人の通行時に安全上および使用上問題が生じることである．また，コルゲーション（舗装の洗濯板状態）も広義的には段差であるが，道路延長方向に規則的に生じる比較的短区間の凹凸を指す．段差やコルゲーションがあることで車両走行時に衝撃力が発生し，舗装・床版の損傷や騒音・振動の原因となる．点検時の留意点を以下に示す．

①車両走行時に車両はね方，荷物のおどり，バスなどの揺れ等を調査し，段差の有無を確認する．

②車両走行時に注意深く調査し，騒音や振動音を確認する．

③問題のある段差があると確認された場合は，水糸，定規など測定器具を用いて測定する（写

---

■キーワード：アスファルト針入度，添加剤，骨材分離，ポットホール，わだち掘れ，コルゲーション，ラベリング，ボリッシングはがれ，縦断凹凸，平たん性，路面性状調査，陥没，締固め不足，たわみ性防護柵，剛性防護柵，ガードレール，ガードパイプ，ボックスビーム，ケーブル型防護柵，直壁型，単スロープ型，フロリダ型，アルミニウム，ステンレス，灯具，灯具取付け部，配線開口部，ベースプレート取付け部，リブ補強部，中間配電盤設置部，照明器具取付け部，留め金，付属物，門型道路標識，標識版，マーク線，ラチス式鋼製門型道路標識，遮音壁，防音壁

真7-5-1参照).

写真7-5-1　橋面舗装の段差

## 2）ポットホール

　ポットホールとは，橋面舗装の表面に局部的な小孔が生じることである．ポットホールの発生原因は，アスファルト混合物の締固め不足，アスファルトの過加熱，混合不良，アスファルト量の不足や水の浸入である．ポットホールは，小孔が一気に拡大することもあるので位置，交通量等を確認し，点検を行うことが必要である．なお，目視によってポットホールの規模を確認するときは深さ○○mm，径○○mmと記述する（**写真7-5-2参照**）．

写真7-5-2　ポットホール

## 3）わだち掘れ

　わだち掘れとは，車両の走行に並行する橋軸直角方向の凹凸である．交通荷重，制動荷重，温度，摩耗および施工不良等が原因で発生する．わだち掘れによって，走行不良や降水時の滞水によるすべり抵抗の低下等が起こるので十分に注意して点検を行う必要がある（**写真7-5-3参照**）．

写真 7-5-3　わだち掘れ

## 4）陥　　没

　陥没とは，橋面舗装等が床版下に落下し，孔が開いた状態である．舗装を支える床版の抜け落ちや床版を支える部材（鋼床版等）が亀裂等で破断した場合などが原因で発生する．舗装の陥没によって車両や人が傷つく重大損傷となるので，予兆を含め細心の注意を払って点検を行う必要がある（**写真 7-5-4 参照**）．

写真 7-5-4　橋面の陥没

## 5）橋面舗装のひび割れ

　橋面舗装に幅数 mm から数 cm のひび割れ（クラック）が発生することがあるが，このひび割れの発生原因は，アスファルト混合物，床版の損傷，床版の構造などによってそれぞれ異なっている．鋼床版上の舗装に発生するひび割れは，

①鋼床版の大きなたわみ変形による曲げ引張応力度とせん断応力度が舗装の限界を超えた場合
②部材相互の鉛直および水平変形等による舗装の限界値を超えた場合
③舗装の施工不良や舗装間に使用される接着剤の不適の場合

④鋼床版やリブに発生した疲労亀裂によって舗装の限界値を超えた場合

などによって発生する．鉄筋コンクリート床版上の舗装ひび割れは，

①床版が過荷重や施工不良等によって損傷した場合

②床版コンクリート自体が雨水等の浸入で土砂化した場合

③床版の鉄筋とコンクリートの一体化が失われて床版下に落下する状況となる場合

などに発生する（**写真 7-5-5，7-5-6** 参照）．

写真 7-5-5　亀甲状ひび割れ　　　写真 7-5-6　ひび割れ（橋軸直角方向）

　ひび割れの点検としては，簡単なスケッチや写真撮影を行う場合，ひび割れ率（決められた範囲内のひび割れ量を換算）を算出する場合などがあるが，特に後述するひび割れ率を機械的に算出する方法として車両に専用のカメラやビデオを装着し，連続的に多量に測定する路面性状測定車がある．いずれにしても，供用後の車両の走行によってひび割れは進展するので，ひび割れ長さ，ひび割れ深さ，ひび割れ幅，ひび割れ位置を測定し，次回点検時に対比が可能となるように点検を行うとよい．

## 6）橋面舗装のより，くぼみ，はく離（はがれ）

　「より」とは，アスファルト舗装の局部的な盛上がりを指し，「こぶ」と呼ぶ場合もある．「より」の発生原因は，タックコートの過多・散布不良，水の浸入などである．「くぼみ」は，アスファルト舗装の局部的な凹凸を指す．「くぼみ」の発生原因は，アスファルト舗装の締固め不足，タックコートの施工不良，雨水の浸入などである．「はく離（はがれ）」は，アスファルト混合物の骨材とアスファルトの接着性が失われたり，アスファルト量の不足，アスファルトの混合不良，アスファルト混合物の締固め不足，雨水等の浸入によってアスファルト混合物として一体化が失われた場合などに発生する．ここに示す損傷は，いずれも車両事故や人災となることが多いので注意して点検を行い，損傷を確認した場合は早急な対応が必要である（**写真 7-5-7** 参照）．

写真 7-5-7　舗装のより

## （2）高　　欄

　高欄の代表的な損傷には，腐食，亀裂，ボルトのゆるみ，脱落，変形，はく離，鉄筋露出，破断などがある．高欄は，人や自転車，車椅子など歩道を通行する人々の落下を防止する目的で設置されている．高欄の点検は，鋼部材（ダクタイル鋳鉄，アルミニウム，ステンレス等含む）については腐食，亀裂，破断，ボルト等の抜け落ち，コンクリート部材についてはひび割れ，はく離，鉄筋露出などであるが，さらに，高欄を構成している部材の脱落，わん曲，破断，異常な凹凸などが発生しているかも点検することが必要である．点検する部材に内在する損傷発生の可能性があれば，対象となる部材を打音点検，添接するボルトのゆるみ点検などを併せて行う必要がある．

### 1）鋼製の高欄

　鋼製など金属製の高欄は，縦桟（縦格子）のような比較的短い部材を手摺（てすり）や横桟のような長い部材で構成されている．鋼製の高欄の損傷は，防食材料の劣化（はく離），腐食，断面欠損や変形などがあるが，歩行者が手に触れる場合が多いことから，こまめに損傷を確認することが求められている．軽微な損傷でも事故につながることが多いので**写真 7-5-9**のような状態で放置することはあってはならない（**写真 7-5-8，7-5-10**参照）．

写真 7-5-8　全面腐食

写真 7-5-9　断面欠損による横桟の欠損

写真 7-5-10　縦桟の変形

### 2）コンクリート製の高欄

コンクリートおよび石やレンガ等で作られている高欄の点検は，コンクリート橋と同様であるが，人が触れることを想定し，ひび割れ，はく離，鉄筋露出，遊離石灰の析出，部材の脱落，部材の移動（石材やレンガの場合）について注意深く確認し，点検を行う必要がある（**写真 7-5-11 参照**）．

写真 7-5-11　鉄筋コンクリート製の高欄

### 3）親　　柱

親柱は，石，鉄筋コンクリート，鋼材などで作られ，橋梁の名前，建設年次などが記述されている．親柱は，経年によってひび割れが発生したり，割れたり，貼り付けた石がはがれたりする．点検にあたっては，目視で確認するだけでなく，親柱をゆすったり，打音するなどによって転倒，落下などを防ぐことが必要である（**写真 7-5-12 参照**）．

写真7-5-12　景観に配慮し貼り付けた石の脱落

## （3）防護柵

　防護柵は，車両が異常な走行によって進行方向を誤った場合の路外への逸脱防止，正常な進行方向への復元，車両乗員の障害程度の軽減を目的として，車道の路肩部外側に設置している．防護柵は，路面から柵の上端までの高さ60cm以上100cm以下となっている．防護柵は，たわみ性防護柵と剛性防護柵に分けられている．

　たわみ性防護柵は，車両衝突の衝撃を和らげるように各部材が変形して抵抗し，逸脱を防止する構造である．たわみ性防護柵の種類は，金属製のガードレール，ガードパイプ，ボックスビーム，ケーブル型防護柵などがある．

　また，剛性防護柵は，幅員が狭く歩道のない橋梁に設置することを目的に，防護柵の変形がほとんどなく車両の衝突荷重に耐えられるように設計されている．剛性防護柵の種類は，コンクリート製の壁式がほとんどで，直壁型，単スロープ型およびフロリダ型などである．

## 1）たわみ性防護柵

　たわみ性防護柵の多くは，金属製である．たわみ性防護柵の主な点検は，車両への障害，人や自転車等の接触によって危害を受けることのないようにする目的で以下の項目がある．

　①支柱の沈下や傾斜，支柱定着部の損傷
　②支柱と水平材の取付け部，端部のカバーの損傷
　③ガードレール，ガードパイプ，ビーム型防護柵の変形，破損
　④ケーブルのたわみ，損傷

　ガードレール，ガードパイプおよび鋼製の防護柵は，取付け部のボルトや取付け金具が腐食することなどによって，断面欠損や抜け落ち，端部の脱落などがないかを目視で確認するだけでなく，部材を人力で動かすなどして危険性を把握することが必要である．

　また，ガードレール，ガードパイプおよびガードケーブルは，車両等の衝突や接触によって支柱ごと大きく変形する事例がある．車両の進行方向および側面から遠望でまずは確認し，近接して変形程度を確認することが必要である（**写真7-5-13，7-5-14参照**）．

写真7-5-13　トップレール端部の脱落

写真7-5-14　鋼製パイプの変形

**2）剛性防護柵**

　剛性防護柵の多くはコンクリート製であることから，鉄筋コンクリート防護柵の点検を主として説明する．鉄筋コンクリート製の壁高欄では，コンクリートの浮きやはく離，鉄筋露出などの損傷が多くみられる．橋下条件によっては，第三者被害となる可能性が高いので注意して点検する必要がある．近接目視点検で浮きやはく離を確認した場合は，打音点検を行うだけでなく，浮き部分をたたき落とすことも必要となる．また，地覆部分などは車両接触などによって損傷し，二次災害の可能性も高いので要注意箇所である（**写真7-5-15参照**）．

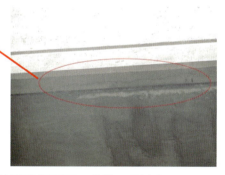
写真7-5-15　鉄筋コンクリート製剛性防護柵下面の遊離石灰析出

　剛性防護柵の主な点検は，たわみ性防護柵と同様な目的で行い，点検項目は以下である．
　　①床版と防護柵取りあい部分のひび割れ，遊離石灰析出の状況
　　②壁面のひび割れ，遊離石灰析出，鉄筋露出，はく離の状況
　鉄筋コンクリート製剛性防護柵は，中性化や塩害などによって内部の鉄筋が腐食し，かぶり部分がはく離して落下する事例が多いので，ひび割れ，遊離石灰，浮きなどがないかを十分注意して点検を行う必要がある（**写真7-5-16，7-5-17参照**）．

写真7-5-16　変色，遊離石灰，鉄筋露出

写真7-5-17　遊離石灰，鉄筋露出，はく離

## （4）道路照明

　道路照明は，鋼製，アルミニウム，ステンレスなどの柱と照明器具で作られている．道路照明は，上部構造の振動，風や雨水による荷重を受けることで灯具や柱が予想を超えるような動きとなり，それによって部材の接合部，灯具取付け部，配線開口部周辺，ベースプレート取付け部およびリブ補強部などに亀裂や破断損傷が発生するので，これらを重点的に点検を行う必要がある．

　灯具が付いている柱の部分は，基部，中間配電盤設置部，照明器具取付け部などに腐食，亀裂が発生する．腐食は，適切な措置を行わずに放置すると柱自体が転倒するなど重大損傷につながる．また，照明器具取付け部も柱先端に確実に固定されているか，留め金が外れかかっていないか，取付けボルトにゆるみや脱落がないかを目視だけでなく，打音等によって確認することが必要である（**写真7-5-18，7-5-19参照**）．

写真7-5-18　ハイウェータイプの道路照明

写真7-5-19　道路照明基部の著しい腐食

道路照明には，金属製の柱に灯具を接合したタイプと標識柱等に抱かせるように灯具を接合した共架タイプの2種類がある．いずれのタイプも過去の事例から，腐食や疲労亀裂の発生が予測される箇所は，柱脚部，基部，配電盤等の開口部，板厚変化部，灯具取付け部，柱分離部等であるので，該当する箇所を注意して点検を行う必要がある（**図7-5-1参照**）．

道路照明の中には，遮音壁と並行した箇所に設置する場合がある．そのような場合は，橋梁の外側から道路照明を隠す化粧版等で覆われていることから，点検時には，取付けボルトや化粧版等の腐食や脱落に留意して点検を行う必要がある（**写真7-5-20参照**）．

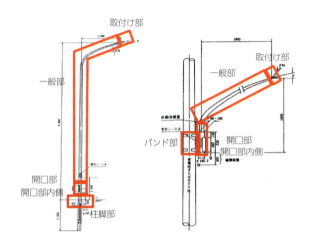

（a）道路照明（独立型）　　（b）道路照明（添架型）

**図7-5-1　道路照明の点検個所**

**写真7-5-20　道路照明取付け部のカバープレートの腐食**

## （5）道路標識

橋面上には，照明柱や標識柱などの付属物が設置されている．これらの付属物は金属製品が多く，腐食や治具の外れ，ボルトのゆるみなどの損傷がある．また，標識柱などには標識板や

写真 7-5-21　道路標識基部の腐食

写真7-5-22　門型道路標識の梁上面の腐食

　灯具など付属施設が多く設置されており，ボルトや溶接などで設置されているこれらの付属物についても注意して点検を行う必要がある．道路標識の基部，門型道路標識の梁上面は腐食しやすく，活荷重，橋梁の振動，風振動などによって疲労亀裂が発生する場合もある（**写真7-5-21，7-5-22参照**）．

　道路標識は，標識柱や標識版を固定するボルトが振動等でゆるむ場合がある．ゆるんだボルトは，ナット自体が脱落したり，最悪の場合は支柱の倒壊や標識版の落下のおそれがあることから十分注意して点検を行う必要がある．なお，ナットやボルトのゆるみを確認できるようにマーク線を点検時に記入し，確認することが必要である（**写真7-5-23，7-5-24参照**）．

　道路標識は，風雨等によって標識版や標識柱が振動し，標識柱本体や梁の取付け部分に疲労亀裂が発生する事例がある．このように，道路標識の柱に亀裂が発生すると倒壊や落下の可能性が高いので十分に注意して点検を行う必要がある（**写真7-5-25，7-5-26参照**）．

7.5 その他の付属物

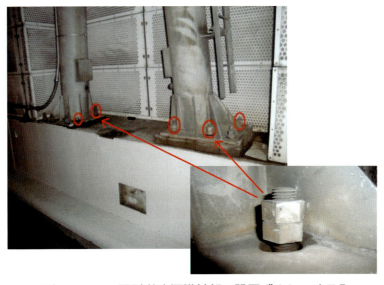

写真7-5-23　門型道路標識基部の設置ボルトのゆるみ

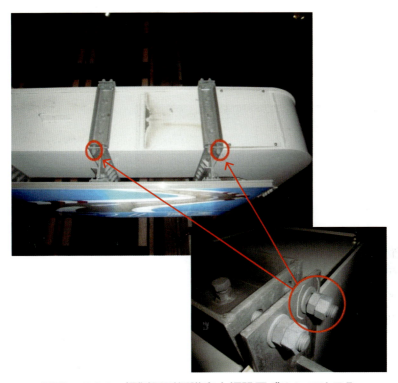

写真7-5-24　鋼製門型標識案内板設置ボルトのゆるみ

7 付属物の点検

241

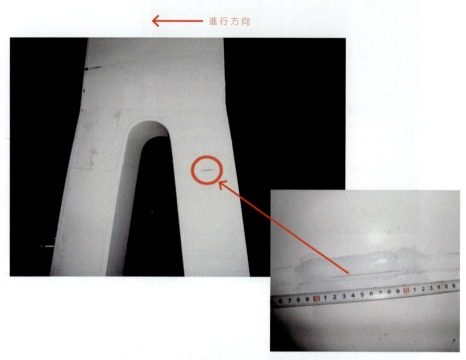

写真7-5-25　鋼製道路標識柱の疲労亀裂

写真7-5-26　ラチス式鋼製門型道路標識取付け部の疲労亀裂

（6）遮音壁

　遮音壁（防音壁）の機能は，車両走行音や段差を越える際の衝撃音などの防止である．遮音壁は車両の接触事故等が多い部材であること，脱落すると大事故となること等を考慮し，遮音

壁を構成する部材の構造や落下防止装置などの構造詳細を十分理解して点検を行うことが必要である．遮音壁の代表的な損傷は，風による部材の脱落，はく離，車両接触による部材の破断，変形，ゆるみ，脱落，腐食による断面欠損，ゆるみ，脱落などである．遮音壁の点検項目を以下に示す．

　①支柱と水平材およびパネルの固定状況
　②支柱の変形，横材の変形，支柱の沈下，傾斜状況
　③支柱，水平材，防音パネル，カバープレート，取付けボルトの腐食，断面欠損状況
　④固定ケーブルおよび落下防止ケーブルのゆるみ，たわみ状況

　遮音壁を固定している支柱の変形，傾斜は，壁自体が落下し第三者被害の可能性が大きい．また，遮音壁は，車両の衝突や風等によってパネルが傾斜したり，脱落することがある．遠望目視等によって強風による遮音壁自体の揺れなどを確認し，外れたり，落下する可能性がある場合は，タワー車両等を使って近接目視点検および打音点検が必要である．遮音壁のパネルが車両等によって損傷した場合は，パネルが落下したり，支柱が転倒する可能性が高いので注意して点検を行う必要がある（**写真7-5-27**参照）．

写真7-5-27　遮音壁の変形，摩耗

### （7）桁カバー

　近年，都市内の橋梁は，景観等に配慮し，主構造を覆う桁カバーが設置されている事例が多い．桁カバーは，橋梁の構造としては桁カバーが変形や脱落しても問題はないが，第三者被害となるので十分に注意して点検を行う必要がある（**写真7-5-28**参照）．

### （8）その他

　道路橋の桁下は，有効に活用できる空間を所有している反面，その空間を不法に使用される

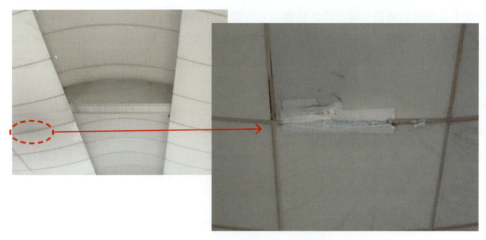

写真 7-5-28　桁カバーの変形

写真 7-5-29　橋桁下の不法占拠状況

場合もある．このような場合は，不法使用されている状況を発見次第，早急に道路管理者等に報告することが必要である．

　橋梁の桁下における不法使用中に，桁下において火気を使用して火災となり，橋梁が大きな損傷を受ける事例が多々ある．本来，桁下は，点検等を適切に行うことが可能なように，ある程度の空間が必要である．それゆえ，桁下を不法に占拠されている場合は，状況を把握し，不法占拠している相手側に通告した後，不法占用物の撤去が必要である（**写真7-5-29**参照）

## コラム

### 生活の中の点検，首都高の点検，日本のインフラの点検

　毎日生活している中で，点検に出くわすことは意外に多いものである．例えば，自宅の火災報知器やスプリンクラーの点検，エレベーターの定期点検，車検などである．私たちの健康診断や歯科検診もその中に入るだろう．

　また，交通機関でも，新幹線のドクターイエローが走行中に様々な点検をしたり，整備場で飛行機を点検したりする様子をテレビで目にすることがある．

　私たちの眼に触れないところでも絶えず点検は続けられている．

　どうして点検するかと言えば，当たり前のことであるが，日常を安全に，そして円滑に過ごせるようにするためである．火事のときにスプリンクラーが働き，火災報知器が鳴れば，被害は最小に食い止められる．新幹線や飛行機も大幅な遅れや運航停止を防ぐことができる．長期にわたり，良い状態を維持しようと考えたとき，点検は必須の行為なのである．

　さて，首都高の点検について考えてみよう．

　遡ること約30年前，首都高速道路技術センターが設立された．予想を超える交通量の増大，車両の大型化などにより，首都高の95％を占める構造物の点検業務を総合的，専門的な技術力を有する者が継続的に行う必要が生じ，さらにその点検結果について公正を期することが求められたためである．

　また首都高速道路技術センターは，同時に技術的調査研究，技術開発の推進を担うこととなった．

　約10年前には，首都高速道路公団において点検員資格認定講習会・試験制度が創設された．

　平成26年度からは当技術センターでそれを引き継ぎ，点検技術者資格認定講習会・定期試験として主催することとなった．

　毎年多くの合格者を世に送り出し，日々彼らの手で適切な点検業務が行われている．

　一方，国は道路法改正により，道路管理者に道路構造物（橋梁，トンネル）に対する「5年に一度の近接目視による点検」を義務付けた．これら社会資本の点検・診断等における所要の知識・技術を有する者を確保する必要があるとして，「公共工事に関する調査及び設計等の品質確保に資する技術者資格登録規程」を制定した．

　これからの社会資本の維持管理・更新を着実に実施するための点検，診断に必要な技量等が明確に示された．国が橋梁（鋼橋，コンクリート橋），トンネル等における既存の民間資格を認定し，登録することとなり，将来的には，橋梁等の点検における参加要件や指名業者選定時にこれら民間資格保有者を優位に評価するといった検討が行われているようだ．

　点検業務は，一つひとつの小さな積み重ねの作業であるが，大きな災害や事故を未然に防ぐ必須の業務であり，安全に寄与する誇れる仕事である．　　　　　　　　　　　　　（山下　寛）

## 首都高速道路建設のころとその構造物

**11号台場線　レインボーブリッジ**
1993年8月供用
上層に首都高速，下層に臨港道路，新交通「ゆりかもめ」，歩道が設置された2層構造の吊橋

**湾岸線　鶴見つばさ橋**
1994年12月供用
中央径間510m，全長1,020mの世界最大級の一面吊り斜張橋

# 8 章

## 機器を用いた点検

橋梁の近接目視点検は，遠望目視点検とは異なり，点検対象の部材に限りなく接近し，微細な損傷の程度等を確認する基本的な点検である．近接目視点検で確認できる損傷としては，鋼橋を対象とした場合は，防食機能の劣化，腐食，塗膜割れ，亀裂，変形などがある．コンクリート橋を対象としたときは，ひび割れ，遊離石灰，浮き，はく離，汚れ・変色などがある．いずれも損傷の程度によって，近接目視点検の結果を基に，発生原因，損傷の進行度，緊急度などを評価，判定し，対策が必要か，経過観察すべきか等を判断することになる．点検・診断において，対象橋梁が健全である，ほぼ健全である等，次回の点検時まで必要な保有性能を保持していることが確実であれば問題はない．ところが，点検・診断した結果，重大な損傷を抱えているが目視では判断が困難である場合や，追跡調査が必要な場合などとなると詳細調査を行うことになる．

　詳細調査においては，近接目視では得られないような損傷情報を求めるため，様々な調査機器を用いる．例えば，鋼部材の塗膜割れの下にある亀裂の有無を確認するための磁粉探傷検査，亀裂の鋼材内部への進展深さや内部欠陥の確認に用いる超音波探傷検査，疲労亀裂や部材変形箇所の発生応力を確認するためのひずみ測定などは，それぞれ専用の検査機器を用いた非破壊検査となる．

　同様にコンクリート構造物の詳細調査にも様々な機器が用いられるが，材料の圧縮強度推定のための反発度法（リバウンドハンマ），コンクリート中の鉄筋位置を測定する電磁波法（レーダー法），PCグラウト充填状況確認のための放射線透過検査などがある．これらの非破壊検査とは別に，塩化物イオン濃度，中性化深さやアルカリ骨材反応などを調査するため，コアカッタやドリルなどにより微小材料を採取する微破壊検査も種々の状況下で採用され，行われている．

　機器を用いた点検として，鋼橋，コンクリート橋，下部構造，付属物の詳細調査時に使用する特殊な点検機器や検査方法について，代表的なものを説明する．なお，高力ボルトのゆるみや，コンクリートの浮き，空洞などを発見するためのたたき点検用ハンマ（テストハンマ，パールハンマ，ナイロンハンマ等）については，近接目視点検時に併用して使われるが，使用方法は先述しているのでここでは省略する．

# 8.1 鋼橋（鋼部材）の非破壊検査

　非破壊検査とは，調査対象となる構造物を壊さないで検査する手法の総称である．鋼構造物の非破壊検査の種類には，外観調査（目視調査），放射線（X線）透過試験，超音波探傷試験，磁粉探傷試験，浸透探傷試験，渦流探傷試験などがある．

　ここでは，鋼部材の亀裂損傷の発生部位となる溶接部の非破壊検査として，外部欠陥を探傷する磁粉探傷試験，内部欠陥を探傷する超音波探傷試験について説明する．その他，外部欠陥を探傷する手法としては，浸透探傷試験，渦流探傷試験があるが，磁粉探傷試験と比較すると探傷精度が劣る部分があることから，近年の採用は減少してきている．また，内部欠陥を探傷する手法としては放射線透過試験も一部使われているが，放射線を取り扱う安全面から既設橋での適用事例は少ない．

　なお，医療の分野にも超音波検査等の資格を持った臨床検査技師がいるように，橋梁を対象とする検査の分野にも磁粉探傷試験資格や超音波探傷試験資格などが制度化されている．実際の非破壊検査実施にあたっては，十分な知識，経験を有したこれらの有資格者による実施，もしくは協力を求めることが，適正な検査精度と効果を上げるためには必要である．

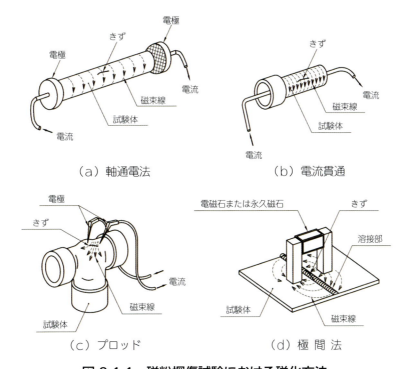

図 8-1-1　磁粉探傷試験における磁化方法

■キーワード：非破壊検査，磁粉探傷試験，超音波探傷試験，反発度法（リバウンドハンマ），電磁波法（レーダー法），放射線透過試験，微破壊試験，極間法，漏洩磁束，指示模様，垂直探傷法，斜角探傷法，前処理，合格欠陥，モニタリング，ヘルスモニタリング，東京ゲートブリッジ

## （1）磁粉探傷試験

　磁粉探傷試験は検査対象物の表面または表面近傍に発生した亀裂や欠陥を探傷するための非破壊検査手法であり，近接目視による損傷の検出が困難な開口の狭い亀裂を検出するための検査方法である．探傷には磁気を利用し，磁粉（高磁性体の微粒子）を亀裂表面に吸着させ，吸着した磁粉を調査することにより亀裂の存在を確認するものである．

　磁粉探傷試験には，調査対象物をより効率的に検査するため，いろいろな磁化方法がある．ここでは，試験体（供試体）の形状に応じた磁化方法の選定について説明する．

　まず，鋼棒のような部品の検査には，試験体の軸方向に直接電流を流す"軸通電法"（図8-1-1（a））を用いるとよい．鋼管のような筒状の部品には，導体を筒に通して磁束線を発生させる"電流貫通法"（図8-1-1（b）），複雑な形状の部品には，電極を試験体に押し当て調査局部に直接電流を流す"プロッド法"（図8-1-1（c））を用いることが一般的である．また，大型鋼部材の一部を細長い延長，例えば溶接部を全長にわたって検査する場合には"極間法"（図8-1-1（d））が用いられる．極間法は，電磁石を使って試験体を磁化する方法で，電磁石の磁極を試験体に押し当て，磁極間の試験体表面（または表面近傍）を効率よく調査することが可能となる．

## 1）極間法による探傷の概要

　磁粉探傷試験で調査可能な試験体は，鉄鋼材料（溶接部を含む）のような強磁性体である．検査対象となる溶接部に電磁石の磁極を当て試験体を磁化すると，試験体となる鋼材内部には磁気の流れを示す磁束が発生する．磁束は試験体中を磁極間で整流するが，亀裂のような非磁性体部（切欠き部）が存在すると，亀裂部分の磁束の流れが遮られ，磁束は亀裂を迂回するようになる．このとき，亀裂が試験体表面または表面近傍に存在すると，迂回した表面側の磁束は空間に漏れる．このような，亀裂近くの空間に漏れた磁束のことを漏洩磁束といい，漏洩磁束部，つまり亀裂表面部にはN極（磁束の出る側），S極（磁束の入る側）が発生し，小さな磁石が形成される．

　この漏洩磁束による亀裂部の磁化が，磁粉探傷試験のポイントである．溶接止端部近傍に発生した疲労亀裂は，開口幅の狭い（ほぼ密着）亀裂であることから，近接目視による亀裂の確認は非常に困難である．このようなことから，目視点検に代わる磁粉探傷試験によって亀裂表面の磁化箇所に磁粉を吸着させ，吸着した磁粉の調査によって亀裂の有無や亀裂の起終点等を検出するものである（図8-1-2参照）．

　磁粉探傷試験に使用される磁粉は磁化された亀裂表面に凝縮して吸着するため，一般的に亀裂の指示模様の幅は実際の亀裂幅に比べて大きく拡大される．このため，幅の狭い亀裂でも識別が容易となり，赤色や黒色に着色した着色磁粉や蛍光塗料を塗った蛍光磁粉を用いれば，試験体表面色と吸着磁粉色との見分けが容易になる．このとき，蛍光磁粉の調査には紫外線照射灯（ブラックライト）を使用する必要がある（写真8-1-1参照）．

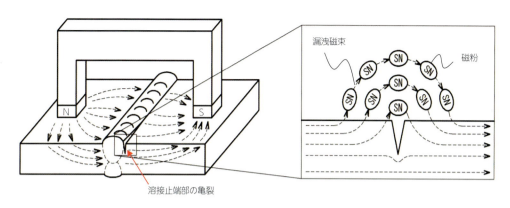

**図8-1-2 極間法による磁粉探傷**

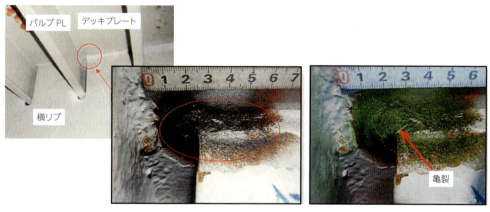

**写真8-1-1 疲労亀裂の目視写真，磁粉探傷試験写真の比較**

## 2）磁粉探傷試験の手順

磁粉探傷試験の探傷手順は①前処理，②磁化，③磁粉の吸着手法，④調査となる．ここでは，それぞれの手順について留意点を含めて説明する．

①前処理：前処理とは，磁粉探傷試験を行えるように実施する検査面の清掃である．磁粉液（磁粉を懸濁させた水または灯油）が検査箇所に十分供給されて亀裂表面に吸着するように，また，亀裂以外の凹部に磁粉がたまることのないように，さらに吸着した磁粉模様の識別性が良好となるようにするため，検査面の汚れを落とす作業である．検査対象面が塗装されている場合は，塗膜の除去作業も必要である．

　　　　前処理の留意点としては，磁粉の吸着を妨げる塗膜や油汚れを残さないこと，溶接止端部等の凹形状部に磁粉たまり（形状疑似模様）が出ないように，塗膜を完全に除去すること等である．前処理の良し悪しが試験結果に大きく影響するので非常に重要な作業工程である．

②磁化：亀裂部に漏洩磁束を発生させて，亀裂表面を磁化する工程である．電磁石を用いる極間法の場合，磁極間に並行して磁束が流れるので磁束に直交する方向の長さを

もった亀裂がよく磁化される．逆に磁束（＝磁極）と並行する方向の亀裂は磁化されにくい性質がある（**図8-1-2**参照）．

　　磁化時の留意点としては，溶接割れ，疲労亀裂等の予測される亀裂の方向を考慮し，亀裂方向にできるだけ直交する方向に磁極を設置することである．予測される亀裂の方向が不明の場合は互いに直交する2方向での磁化が必要となる．

③磁粉の吸着手法：磁粉探傷試験に磁粉を使用する場合，磁粉を水や灯油などの液体中に分散させ，液体ともに試験面に供給する湿式法と，乾燥させた磁粉そのものを空気中に漂わせて，磁化した亀裂表面に吸着させる乾式法がある．また，磁粉を亀裂磁化部に吸着させるために磁化電流を流し続けながら吸着させる連続法と，亀裂部の磁化後，磁化電流を切ってから吸着させる残留法とがあるが，一般的に利用されている手法は連続・湿式法である．

　　連続法は残留法に比べて試験体中の磁束密度が大きいため，亀裂の磁粉指示模様の形成能力に優れているといった半面，亀裂以外の形状による指示模様（以下，疑似模様）を形成する可能性もある．また，湿式法は磁粉液の流れを媒体として磁粉を亀裂表面に吸着させるため，磁粉液の流れが速かったり，亀裂部に直接磁粉液を供給したりすると，吸着した磁粉が流失するので留意する必要がある．

④調査：調査とは，亀裂表面に吸着した磁粉による亀裂の指示模様を検出する作業である．検査の手法に連続・湿式法を用いた場合，磁粉の流出を考慮して磁粉の供給段階から調査を開始し続ける必要がある．黒色や赤色の着色磁粉を用いた場合，鋼材面と磁粉の色との識別を可能とする明るさが必要となる．蛍光磁粉を用いた場合，紫外線照射によって発光した蛍光体を調査するので，試験面とのコントラストを確保できる程度の暗さが必要となる．

　　調査する際の留意点は，亀裂以外の場所で形成される疑似模様との識別である．疑似模様は，異種金属接触境界部や断面の急変部等に形成しやすくなるので，これらの選別には留意が必要である．

## （2）　超音波探傷試験

　超音波探傷試験は，潜水艦ソナー，魚群探知機などに使われている原理と同様で，検査対象物の内部に発生した亀裂や欠陥を探傷するための非破壊検査方法である．鋼材の調査で採用している超音波の周波数は，一般的に2 MHz，5 MHzである．人間が聞くことのできる周波数帯は20Hz〜20,000Hzと言われているので，その100倍程度の高い周波数（超音波）を用いていることになる．

　試験対象部材中を伝播する音の速度は周波数に関係なく一定であり，同じ音速であれば周波数が高いほど波長も短くなり，より小さな欠陥からの音の反射を捉えることが可能となる．また超音波は，音源から四方に伝播する可聴音と違い伝播方向が絞られるので，音波に指向性が生まれる．この指向性を持った超音波ビームをねらった方向に伝播し，欠陥からの反射波を捉

え，伝達時間と音速から距離を計算することによって欠陥の位置を特定することが可能となっている．なお，この超音波の指向性は周波数が高いほど鋭くなる傾向にあるので，対象となる亀裂の位置，形状によって分解能等から周波数を選択することになる（**写真8-1-2**参照）．

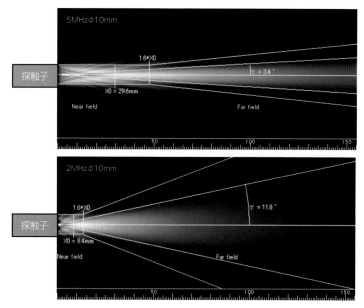

**写真 8-1-2　鋼材を伝播する超音波（縦波音速 5,900 m／s）**

　超音波の種類には大別すると縦波と横波がある．地震波と同様で，伝播速度が速い縦波（圧縮波）と伝播速度の遅い横波（せん断波）といった関係にあり，一般に鋼材中では縦波 5,900m/s，横波 3,230m/s とほぼ倍半分の速度差となっている．この伝播速度は周波数に関係なく一定であり，後述する垂直探傷法には縦波音波，斜角探傷法では横波音波が用いられることが一般的である．なお，水中や空中等の液体や気体の中ではせん断力を伝達できないため，縦波のみ伝播可能となる．

## １）各種探傷方法の概要

　超音波探傷試験の手法には垂直探傷法と斜角探傷法がある．一般的に垂直探傷法は縦波を試験体の探傷面に対して垂直に入射するため，探傷面とは反対面（底面）で超音波エコーの反射が得られる．これを底面エコーと言い，底面エコーの指示する距離（$W_B$）がそのまま板厚となっている．試験体内に欠陥があれば，探傷画面横軸（距離表示）において底面エコー指示の手前に欠陥エコー（$W_F$）が指示される（**図8-1-3**参照）．垂直探傷では，この欠陥までの距離（$W_F$）と垂直探触子の縦横移動によって得られた指示範囲，すなわち欠陥の大きさを求めることが可能となる．

　斜角探傷法は，45度，65度，70度といった入射角度（屈折角）を持たせた横波を鋼中に伝播させ，垂直探傷法では直接超音波を届けることが難しい十字継手やT継手等の溶接部の調査

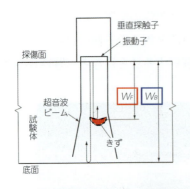 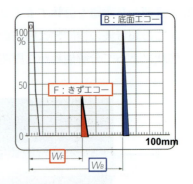

図8-1-3　垂直探傷法による超音波探傷試験

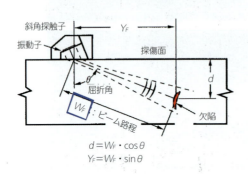 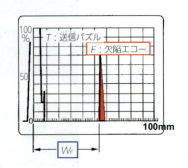

図8-1-4　斜角探傷法による超音波探傷試験

に適用されている．探傷面に対して斜めに超音波を入射しているので，底面での反射は鏡面反射となり遠方に伝播し反射波として戻ることはない．よって，試験体中から何らかの反射波が得られた場合，それは欠陥エコー（$W_F$）として判断する．一般的に適用される屈折角70度の斜角探触子を使用したとすると，欠陥までのビーム路程（$W_F$）＝53mmから探傷面距離（$Y_F = W_F \sin 70$）＝49.8mm，欠陥深さ（$d = W_F \cos 70$）＝18.1mmが算出できる（**図8-1-4参照**）．斜角探傷では，この探傷面距離（$Y_F$）と欠陥深さ（$d$）および斜角探触子の横移動によって得られた指示範囲，すなわち欠陥の長さを求めることが可能となる．

## 2）超音波探傷の手順

　超音波探傷試験の探傷手順は①前処理，②探傷操作，③反射エコーの確認，④欠陥の判定となる．ここでは，それぞれの手順について留意点を含めて説明する．

①前処理：前処理とは，超音波探傷を行えるようにする探傷面の清掃である．一般的には塗装膜を除去し，鋼材の表面を露出させる必要がある．また，鋼材表面が凸凹の場合，超音波探触子の操作がスムーズとならないため，へらやディスクグラインダ等で平滑にすることも必要となる．探触子と鋼材表面との間に空気層が存在すると超音波が鋼材内部に伝播しにくいため，探傷面に油やグリセリン等の接触媒質を塗

布して，超音波が鋼材内部に効率的に伝わるようにする．

②探傷操作：探触子の操作は専門技術者が手作業で行うのが一般的である．それに対して，探触子の操作を専用のスキャナ（ロボット）に行わせる方法がある．前者をマニュアル探傷（MUT），後者を自動探傷（AUT）といい，マニュアル探傷を手探傷と称することもある．

操作における留意点としては，探傷すべき欠陥に対して超音波探触子をまっすぐ向けることである．一般的には溶接内部に発生した溶け込み不足，融合不良といった溶接線に平行した面状欠陥を探傷することを目的とするので，探触子は検査対象溶接線に対して垂直方向に操作する必要がある（図8-1-5参照）．

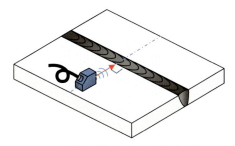

**図8-1-5　溶接部検査時の斜角探触子の方向**

③反射エコーの確認：溶接部の探傷によく用いられる射角探傷法を事例に説明する．探触子を溶接線に向けて操作すると，探傷器に本来何も反射するものがないはずの溶接内部位置から反射エコーを確認することがある．これが検出すべき欠陥エコーであり，この欠陥エコーを検出したら，そのエコーを見失わないように探触子を前後左右に操作し，反射エコーの高さが最大となる探触子位置を確認する．厳密には反射エコーの向きはその欠陥の向きや形状によって変わるが，超音波でその形状まで判定することは現状では難しく，通常は最大エコー位置で超音波ビームの中心が欠陥にまっすぐ当たり，そのまままっすぐに帰ってきたものと判断し，入射角と欠陥までの距離からその位置を特定することになる（図8-1-6参照）．

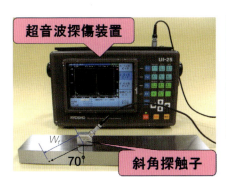
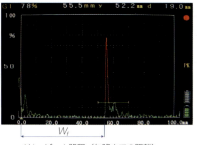

$W_f$：ビーム路程（欠陥までの距離）

**図8-1-6　斜角探傷法での欠陥からの反射エコーの確認**

④欠陥の判定：溶接欠陥や内在する損傷の判定は，欠陥の大きさ（長さ）に対する基準を設け，合否判定することによって，直すべき欠陥（不合格欠陥）と残してよい欠陥（合格欠陥）とを区別することが行われている．一般的には，JIS規格化された標準欠陥（一般的にはφ3横孔）で感度調整された探傷器を用い，定められた検出レベル（例えば標準欠陥から得られた反射エコーの大きさに対して1/2レベル，1/4レベル）にてその欠陥の溶接線方向（X方向）長さを求め，その欠陥長さが検査している鋼材板厚 $t$ の例えば $t/3$，$t/6$ までを合格欠陥，それを超えた場合を溶接内の不合格欠陥としている．

## 8.2 コンクリート橋（コンクリート部材）の非破壊検査，微破壊検査

　コンクリート橋に発生した損傷を対象に近接目視以外の調査法として非破壊検査，微破壊検査がある．非破壊検査や微破壊検査以外に必要に応じてセンサ技術を活用したモニタリングを行う場合もある．コンクリート橋の非破壊検査，微破壊検査としては，損傷発生状況や使用環境等で異なるが，コンクリート強度推定，塩化物イオン含有量調査，アルカリ骨材反応調査，内部鋼材配置状況調査，かぶり厚さ測定，中性化深さ測定など，多様な調査手法を選定して行われている．PC部材においては，残存プレストレス量測定も行われている．

（1）コンクリート圧縮強度推定調査
1）コア採取法
　コア採取法とは，構造物からコアを採取して強度試験を実施し，コンクリートの圧縮強度を推定する方法である．試験方法は，JIS A 1107「コンクリートからのコアの採取方法および圧縮強度試験方法」に規定されている．留意事項を以下に示す．
①供試体の直径または1辺の寸法は粗骨材最大寸法の3倍以上を原則とし，2倍以下にならないようにする．
②供試体の高さが直径の2倍でない場合は，補正係数によって補正する．

2）小径コア採取法
　小径コア採取法は，構造物から直径20mm程度のコンクリートコアを採取して，強度試験を実施する方法で，その試験結果に，あらかじめ定めた実験式を用いて補正することによって母材のコンクリートの圧縮強度を推定する方法である（図8-2-1参照）．

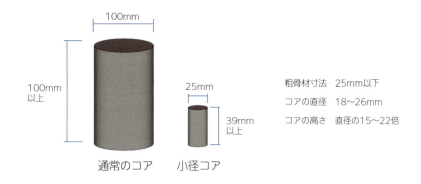

**図8-2-1　コア供試体の比較**

　小径コア採取法の利点は，コアの直径が小さいので構造物本体への影響が少ないことと，コアの直径が小さいのでコンクリート中の鉄筋を切断する可能性が低いということが挙げられる

が，通常のコアと比較すると圧縮強度推定に誤差があることから，調査目的を明確にし，小径コア試験を行うことが必要である．

### 3）反発度法（リバウンドハンマ法）

　反発度法とは，コンクリート表面を下記の写真に示す測定器を用いて打撃して，反発度より圧縮強度を推定する方法であり，コア採取によるコンクリート強度測定と比較して試験方法が簡便なこと，構造物を破壊することなしに測定できることから広く適用されている．反発度法は，先に示したコア採取法と比較すると測定精度が低いので，精度の高い強度を測定する必要がある場合は採用できない．

　反発度法の留意点としては，コンクリートの表面状態の影響を大きく受けるため，湿潤状態にないか，ジャンカ等大きな空隙が表面にないかを事前に確認することが必要である．なお，母材強度が$10 \sim 60N/mm^2$の場合には，測定精度は一般に±10％程度（コンクリート標準示方書では±50％）とされている（**写真8-2-1参照**）．

**写真8-2-1　リバウンドハンマと使用事例**

### （2）塩化物イオンおよび中性化深さ調査

　塩化物イオンおよび中性化深さ調査とは，対象部材に含有する塩化物イオンおよび中性化深さを調査する方法である．塩化物イオンおよび中性化深さの試験に使用する試料の採取方法としては，コア法またはドリル削孔によるドリル法がある．中性化深さ測定のための試料採取は，日本非破壊試験検査協会規格　NDIS 3419「ドリル削孔粉を用いたコンクリート構造物の中性化試験方法」を参考に行うとよい（**図8-2-2**，**写真8-2-2参照**）．

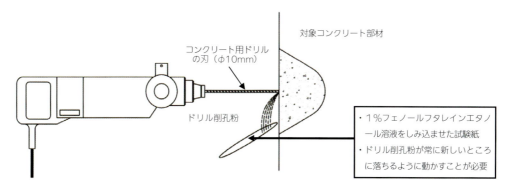

**図8-2-2　ドリル法による中性化深さ測定**

**写真8-2-2　中性化深さ測定状況**

　塩化物イオン分析用試料採取は，中性化深さのための試料採取に準じて行うとよい．塩化物イオン濃度測定は，JIS A 1154「硬化コンクリート中に含まれる塩分の分析方法」のうち，塩化物イオン電極を用いた電位差滴定法が用いられる．電位差滴定法の測定原理は，硝酸溶液に融解した塩化物イオンと硝酸銀溶液とを反応（Cl⁻ ＋Ag＋ →AgCl白色沈殿物）させ，硝酸銀溶液の滴定に伴う試料溶液中の塩化物イオンの濃度減少に伴って電位の変化を検知し，反応の当量点近傍で測定液の特性に大きな変化が生じるのを電位の測定結果から確認する試験法である．

### （3）アルカリシリカ反応（ASR）の詳細調査

　ASRは，ひび割れや変色，ゲルの滲出等を目視調査から確認することは可能であるが，より確実に判定するためには，対象部材からコアを採取し，偏光顕微鏡調査，残存膨張量試験，X線回析，アルカリ含有量分析等を行い判断することが必要である．

1）岩種外観肉眼調査
　岩種外観肉眼調査とは，顕微鏡を用い，岩種組織，構成鉱物，粒度などの調査によって，岩種の判定を行うとともに，ASR生成物の有無を確認する調査方法である．

2）偏光顕微鏡調査
　偏光顕微鏡調査とは，偏光顕微鏡を用いて骨材を調査し，岩種および構成鉱物を特定することによって，骨材が反応性骨材であるかを確認する調査方法である．

3）電子顕微鏡調査
　電子顕微鏡調査とは，ASR生成物が確認された場合，走査型電子顕微鏡調査によって，その生成物がアルカリシリカ型のゲルの組成であるかを確認する調査方法である．

4）アルカリ量試験
　アルカリ量試験とは，コンクリート細孔溶液中のアルカリ性成分量を測定し，アルカリ量から，ASRが起こる可能性があるかを判定する調査方法である．

5）促進膨張性試験
　促進膨張性試験とは，切り出したコンクリート片を促進養生させ，コンクリート長さの変化を測定する調査方法である．この試験で使用するコンクリート片は，測定誤差や骨材の最大寸法を考慮して，φ100×200mmのコア削孔供試体を用いることが望ましい．
　促進膨張性試験は種々の試験法があるが，短い期間で結果が得られるASTM法が一般に用いられている．しかし，より正確な判定を得るためにはデンマーク法やJCI-DD2法等があるが長い期間が必要となるため，必要に応じて選定するとよい（**表8-2-1**，**写真8-2-3**参照）．

表8-2-1　促進膨張性試験比較表

|  | 養生条件 | 測定期間 |
|---|---|---|
| JCI-DD2 | 40℃　温度95%以上 | 6ヵ月 |
| デンマーク法 | 50℃　NaCl溶液 | 6ヵ月 |
| ASTM法（カナダ法） | 80℃　NaOH溶液 | 14日 |

写真8-2-3　促進膨張性試験

(4) コンクリート中の鋼材位置調査
　コンクリート中の鉄筋やPC鋼材の位置を確認する方法として，対象部材を削孔し，調査する方法と非破壊で位置を調査する方法がある．非破壊で調査する方法には，電磁波法，電磁誘導法，自然電位法，弾性波法などがある．

## 1）電磁波法（レーダー法）

電磁波法は，送信アンテナから発射されたパルス状の電磁波がコンクリートに伝播し，鉄筋表面で反射した反射パルスが受信アンテナに到達するまでの時間を距離に換算することでPC鋼材および鉄筋位置を測定する方法である（**写真8-2-4**，**図8-2-3**参照）．

写真8-2-4　調査状況

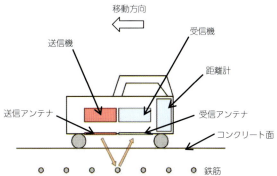
図8-2-3　電磁波レーダー法の概念

## 2）電磁誘導法

電磁誘導法は，磁界の変化によって位置を測定する方法である．電磁誘導法の原理は，コイルに交流電流を流すことによってできる磁界内に鉄筋を置くと，鉄筋が磁導電流を発生し，新たな磁界が形成され，この新たな磁界によってコイルの磁界変化を確認することである．電磁誘導法は磁界の変化を測定し，PC鋼材および鉄筋位置を求める方法である．

## 3）自然電位法

自然電位法は，鉄筋が腐食することによって変化する鉄筋表面の電位から鋼材腐食位置を測定する方法である（**図8-2-4**，**写真8-2-5**参照）．

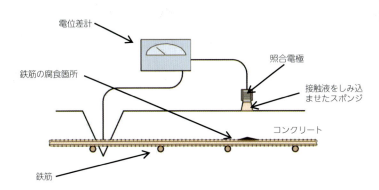
図8-2-4　自然電位法の測定概要

写真8-2-5　調査状況

(5) プレストレス調査

1) 応力解放法

　応力解放法とは，経年劣化や塩害等の被害を受けたPC橋において，現在の残存プレストレス量や部材の応力状態を直接的に推定する技術であり，対象コンクリート部材に3cm程度の切込み（スリット）を入れて，そのときに解放されるひずみからプレストレス量を測定する方法である．応力解放法は，対象部材にスリットを入れる前に当該箇所のひずみを計測，スリットを入れてプレストレスが開放された状態のひずみを計測，さらにフラットジャッキ等で元の状態に戻した入力値からプレストレス量を推定する方法である（**写真8-2-6，8-2-7参照**）．

写真8-2-6　スリット削孔状況

写真8-2-7　スキャナーによるひずみ計測

2) PC外ケーブル鋼材緊張力測定法

　PC外ケーブル鋼材緊張力測定方法とは，外ケーブルや斜長ケーブルなどのPC鋼材緊張力を測定する手法として，固有振動数を計測し，張力と固有振動数の関係から，間接的にPC鋼材の張力を推定する方法である．

## （6）グラウトに関する調査

　PC橋に使用されるPC鋼材の周囲に充填されるグラウトの調査方法としてX線透過法，打音振動法，衝撃弾性波法（インパクトエコー法），削孔目視調査（CCDカメラ，ファイバースコープ法）などがある．これらの各種非破壊検査方法と部分的な破壊検査方法は，それぞれ適用条件や環境に制約があるため，現場等に合った方法を選定することが必要である．

### 1）放射線透過試験を使ったグラウト調査法

　放射線透過試験とは，PC桁のグラウト調査対象箇所の裏側にX線検出媒体であるI.P.（イメージングプレート）を設置し，X線発生装置によりX線をコンクリート部材に透過させI.P.に撮影する非破壊検査手法の一つである．撮影された透過画面をコンピュータを使用してエンボス処理することで容易にグラウト充填状況を確認することができる（**図8-2-5，写真8-2-8，8-2-9**参照）．

　X線は，物質を透過する性質および放射線がフィルムなどの感光材料に当たったときに感光させる性質を持っている．鉄鋼材料は放射線を透過しにくく，空洞等の気体は放射線を透過し

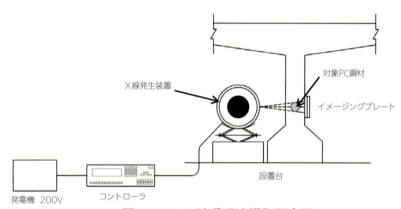

**図8-2-5　X線透過法撮影概念図**

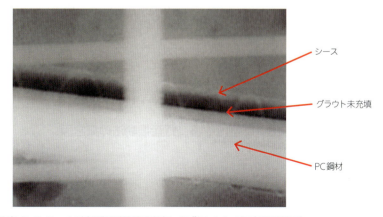

**写真8-2-8　X線透過撮影写真（グラウト未充填状況）**

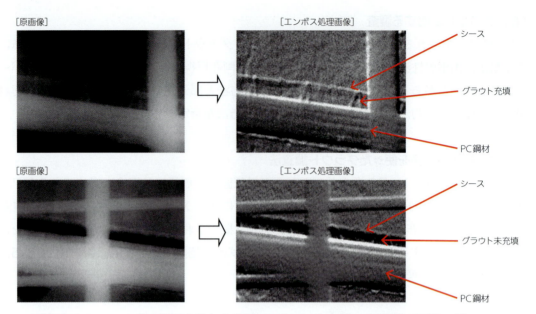

写真8-2-9　エンボス処理を施した場合のダクトの充填・未充填の画像の違い

やすい．したがって，コンクリート内の鋼材（鉄筋やPC鋼材等）は周囲に比べて白く写り，グラウト未充填部の空隙は黒く写る．この撮影された画像のコントラストの違いによってグラウト充填状況を識別することができる．撮影可能なコンクリート部材厚は400mm以下である．この検査は，X線管理技術者のもとで行われる．

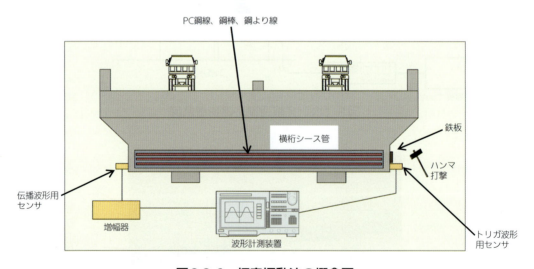

図8-2-6　打音振動法の概念図

## 2）打音振動法

　打音振動法は，PC橋の横締めPC鋼材の定着部付近のコンクリート表面をハンマなどで打撃して弾性波を入力し，その近傍の入力信号と伝播した弾性波を反対側の定着部付近で出力信

号として探触子センサを用いて受信する調査法である．打音振動法は，主に床版や横桁の横締めケーブルの1本全長に対するグラウト充填の確認に利用されている．グラウト充填状況によって内部鋼材の振動と，伝播特性が変化することを利用した非破壊検査手法である．

グラウトが充填されている場合は，PC鋼材を伝播するエネルギーが減衰し，出力波の振幅が小さくなる．グラウトが充填されていない場合は，伝播エネルギーの減衰が少なくなり，出力波の振幅減少量が少なくなる．また，PC鋼材を伝播する弾性波伝播速度は，グラウトが充填されているものの方が充填されていないものより遅くなる（図8-2-6参照）．

### 3）衝撃弾性波法（インパクトエコー法）

衝撃弾性波法（インパクトエコー法）は，コンクリート上面を打撃して発生する弾性波を計測することによってグラウト充填を確認する方法である．コンクリート表面に打撃などによっ

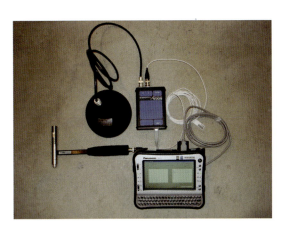
写真8-2-10　衝撃弾性波法使用機材

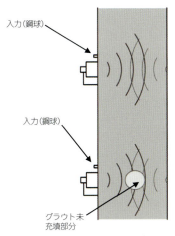
図8-2-7　弾性波概念図

充填されている場合　　　　　　　　　未充填の場合

写真8-2-11　直接視認によるグラウト充填状況写真

て弾性波が入力された場合，弾性波の縦波成分はコンクリート内部の欠陥あるいは異なる材料の境界面において反射を起こし，コンクリート表面と欠陥あるいは異なる材料の境界面との間に往復する定常な波が発生する（縦波共振現象）．この縦波共振現象を利用して入力点付近で計測された波形の周波数スペクトルのピーク位置からコンクリートの内部状況を推定する原理である．PCグラウト充填度を調査する場合は，PC鋼材が配置されている部分のコンクリート表面に弾性波を入力し，反射波をセンサで受信することによって，PCケーブル内部に生じた空隙の有無からグラウトの充填，未充填が判断できる．インパクトエコー法はPCケーブルの部分的なグラウト充填状況を確認できる手法であり，横締めケーブルに対しては適用性が高いが，主ケーブルに対してはまだ未開発部分が多い方法である（**写真8-2-10**，**図8-2-7**参照）．

### 4）コア・ドリル削孔による直接視認調査法

コア・ドリルによって対象コンクリート部材の削孔等を行い，PC鋼材を露出させ確認する方法である．詳細は，削孔コンクリート用の小径コアもしくはドリルを用いてシースをめくり，ドリル孔からCCDカメラ，ファイバースコープを挿入する．CCDカメラ等から得られた映像によってシース内部のグラウト充填状況を直接視認によって確認することが可能となる（**写真8-2-11**参照）．

# 8.3 道路橋のモニタリング

　道路橋のモニタリングは，対象橋梁の観測・調査・分析を行うことで，自然災害等の発生時に安全性や使用性の判断時に機能するモニタリングと定期的に行われる点検を支援する長期モニタリング（ヘルスモニタリング）の2種類に分類される．自然災害時に機能するモニタリング計測システムとは，地震や台風等の災害発生時において対象の橋梁が通行できる状態か安全性や使用性に問題のない状態かをリアルタイムで数値表示し，迅速な損傷把握が可能な仕組みである．長期的なモニタリングとは，供用開始後の橋梁に発生する亀裂，腐食，ひび割れなど種々の劣化・損傷が進展し，橋梁構造に影響が出始める，もしくは顕著な損傷に発展する初期の段階を数値で示し，耐久性等の向上に機能する仕組みである．ここでは，長期モニタリングについて東京ゲートブリッジに設置されたモニタリング装置などを事例に説明する．

## 1）東京ゲートブリッジに設置しているモニタリング装置

　東京ゲートブリッジに採用されたモニタリングシステムは，現地から離れた場所から，リアルタイムで橋梁の現況を定量的に評価し，適切なメンテナンスおよび地震等の自然災害発生時に安全性や使用性の判断を支援する目的で開発された仕組みである．

　平時は，第一に，車両等の活荷重，温度等の変化とその応答に対する動的なデータ測定を行い，第二に，対象部材等の健全性評価を，また第三に，周期的かつ連続的に変化する温度変形や床版・桁の挙動等の静的なデータ測定から橋梁の保有する機能の評価を行う目的である．

　これに対し，有事は，地震等の自然災害発生時に当初設計で求めた重大損傷予測部位を特定し，損傷のモード等をリアルタイムで計測することによって効率的に健全度判定を支援する目的である．ここで得られたデータおよび健全性判定結果を基礎として，橋梁管理者が交通規制の必要性を容易に，定量的なデータを基に判断できるシステムとしての機能がモニタリングに必要となる．また，動態観測の点に着目すると，東京ゲートブリッジは鋼トラス構造の長大橋であり，異常な風雨，大地震などの大きな環境変化に対して顕著な応答を示すことが予想される．さらに本橋特有のタイダウンケーブル，国内最大級の機能分散支承等の構造形状，トラスボックス一体化構造などの設計や，新たに導入された詳細構造等に対し，種々の作用荷重や環境変化にどのように挙動するかを計測することによって今後の新たな橋梁構造の設計，維持管理に役立つように設置されている．

　東京ゲートブリッジに設置したモニタリング装置によるメリットは平常時，異常時において専門技術者が行う種々の判断を比較的簡易にすることが可能な仕組みで構成されていることである．東京ゲートブリッジは，長大橋であることから近接目視点検を各部材に行うことは長時間を要し，多額の費用が必要となる．このような課題に対し，設置したモニタリングシステム

---

■キーワード：モニタリング，ヘルスモニタリング，東京ゲートブリッジ

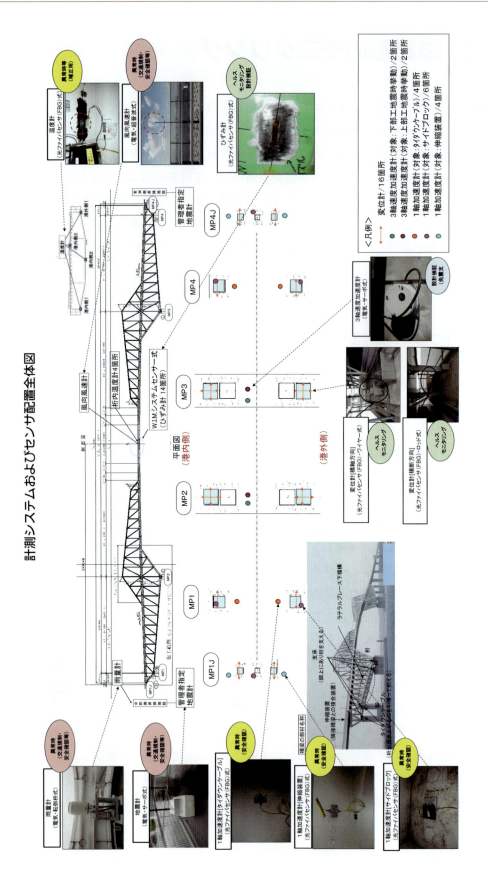

図8-3-1 東京ゲートブリッジモニタリングシステム概略図

8.3 道路橋のモニタリング

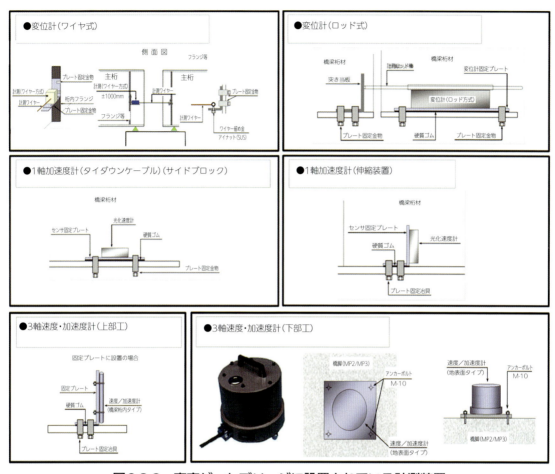

図8-3-2　東京ゲートブリッジに設置されている計測装置

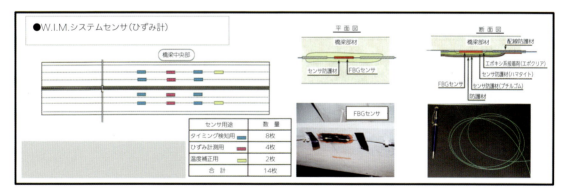

図8-3-3　東京ゲートブリッジW.I.M.システムに設置されている計測装置

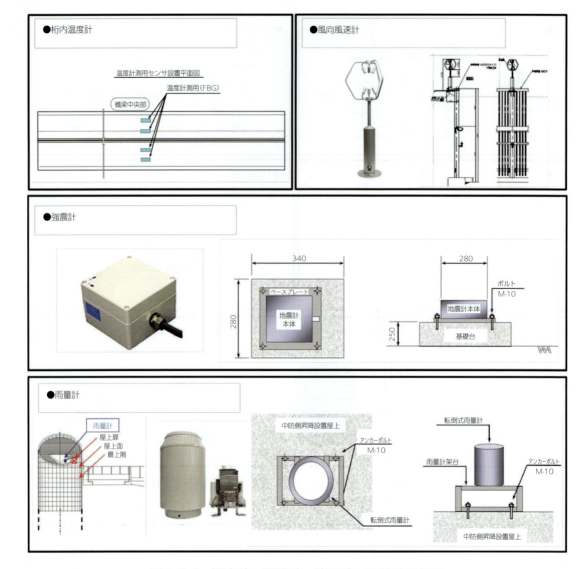

図8-3-4 温度計,風速計,強震計,雨量計の概要

から得られたデータを有効活用することによって，日常点検および定期点検の頻度や内容を定量的に変えることが可能となるばかりでなく，修繕計画策定時にも機能する重要なデータの収集が可能となる．さらに，今後予想されている首都直下地震や東南海地震等の発生時においては過去の同様な発災事例によると通過交通を規制し，安全性と使用性を短期に判断する必要があるが，その際にも本モニタリングシステムで得られたデータによって比較的短時間でその判定が可能となるようにシステム構成されている．

設置されたモニタリングシステムの構成は，構造物の状態を計測する計測装置および伝送装置等（センサ，センサデータの伝送システム）と，得られたデータに基づき橋の損傷状況を判定する分析評価システムに大別される．ここで示したモニタリングシステムの事例は，種々な場面で役立つ機能を期待して設置された先進的な仕組みとも言える．現在国においても今後のメンテナンスに役立つ新たな仕組みとしてモニタリングシステムについて取組み中であり，点検ロボット等と同様なICT技術を駆使した新たな仕組みの一つである（**図8-3-1**参照）．

東京ゲートブリッジに設置されているモニタリングシステムは，橋梁を通過する車両を検知し，頻度計測等によって疲労検証等を行う目的のW.I.M.，ゲートブリッジの大型支承の挙動および設計検証を行う目的の変位計および1軸・3軸加速度計，地震発災後の伸縮装置の遊間等を確認する目的の変位計，1軸加速度計，地震時に機能する橋梁端部に設置してあるタイダウンケーブルの挙動を確認する目的の1軸加速度計，地震時の橋梁および周辺地盤の挙動を確認する目的の強震計，強風時の風速を計測する目的の風向・風速計，降雨時の危険性を判断する目的の雨量計，温度による種々な動きの基本となる桁内温度を測定する目的の桁内温度計などが設置されている（**図8-3-2**，**8-3-3**，**8-3-4**参照）．

## 2）コンクリート橋に設置されたモニタリングシステム

コンクリート橋に設置するモニタリングシステムも先に示した東京ゲートブリッジと同様な目的で設置されている．コンクリート桁の挙動を計測し，長期的な変位等を取得することで安全性や使用性，耐久性を判断している（**写真8-3-1**参照）．

また，コンクリート橋やコンクリート部材に発生したひび割れの開閉，動き等を計測する目的で亀裂変位計を設置し，経過観察や追跡調査の目的で設置する事例もある（**写真8-3-2**参照）．

いずれにしても，コンクリート構造特有の損傷を定量的な数値によって取得し，活用するためのモニタリングシステムである．

遠　景

近　景

写真8-3-1　加速度計

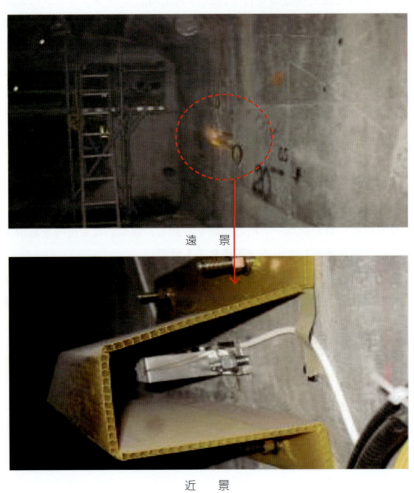

遠　景

近　景

写真8-3-2　亀裂変位計

# 資料編・索引

# 点検の書式，記入事例

道路橋の点検を行う際には，3.5（点検結果の記録）において説明したが，点検時，診断時，その後の維持管理や再点検の際に点検時の状態が誰にでも分かるように適切に記録することが必要である．

以下に国が法制度化した点検に使用する「道路橋定期点検要領（国土交通省 道路局）」に基づく記録方法について示し，記録事例も併せて記載した．

## （1）マーク図

点検結果を記録する場合に，位置を記録するために対象橋梁ごとのマーク図を事前に用意し，現場で写真方向，損傷位置，損傷内容等を記録する．

下記にマーク図の事例として4主桁のI桁橋について解説する．主桁，横桁，対傾構，横構や支承など各部材の呼び方，番号の付け方は理解しやすいように統一化している．国の点検要領では，主桁，横桁を格子として描き，主桁を呼ぶときは，部材を上から01，02行，左右の隔間を左から01，02と呼ぶこととし，行＋列を4桁の数字で示すこととしている（**資料1-1参照**）．

主桁（Mg）　01　01
　　　　　　　行

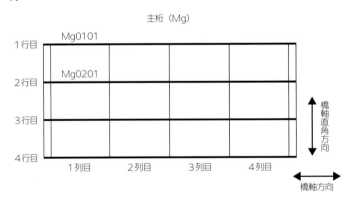

**資料1-1　主桁の表示方法事例**

横桁，対傾構など縦方向部材を呼ぶときも同様な考え方で，部材を左から01，02とし，上から隔間を01，02行として行＋列を4桁の数字で示すこととしている（**資料1-2参照**）．

横桁（Cr）　<u>01</u>　<u>01</u>
　　　　　　　行

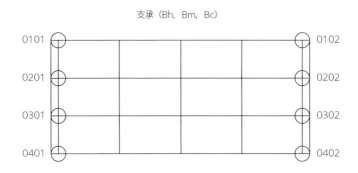

**資料 1-2　横桁の表示方法事例**

　床版については，図の上から下に向かって，地覆部を01，主桁で仕切られる隔間を02，03として，横方向は横桁で仕切られる隔間を左から01，02と数え，行＋列の4桁で位置を示している．

　支承の場合は，桁端部を橋軸直角方向に番号を付け，橋軸方向は，起点側から順番に番号付けを行う（**資料 1-3参照**）．

**資料 1-3　支承の表示方法事例**

## （2）点検結果記入様式と事例

　点検を行った結果は，決められた様式に沿って記入することになるが，記録の項目として橋梁名，路線名，所在地（住居表示，緯度・経度等），管理者名，点検実施年月日，点検者名，点検責任者名などを記載したうえで，部材単位の診断（判定区分・変状の種類等），道路橋ごとの健全度診断を記載し，写真を貼付することが必要である．なお，対象橋梁に損傷が確認された場合で措置を行った場合は，措置後に再判定し記録することが必要となる．

記録様式の記入項目を説明する.

## 1）記入項目

点検の記録は，橋梁名等の基本的な諸元から点検時に得た情報，点検結果によって評価・判定した結果等を適切に記録する（**資料1-4**参照）.

**資料1-4　道路橋定期点検の記入項目と記入例**

| 記入項目 | 記入例 |
|---|---|
| 橋梁名 | 橋梁名は，カタカナと漢字を表記する. |
| 路線名 | 橋梁が架設されている路線名称を記述する. |
| 所在地 | 橋梁が架設されている場所を住居表示等を参考に記載する. |
| 起点側位置（緯度，経度） | 緯度　139° XX' XX.X" |
| | 経度　35° XX' XX.X" |
| 管理者名 | 当該橋梁の管理者名を記述する. |
| 点検実施年月日 | 点検を行った記述を西暦を基本として和暦併記記述する. |
| 自専道or一般道 | 自動車専用道，一般道等の区分を行い，記述する. |
| 占用物件（名称） | 橋梁に添架されている管路を管理者別に記述する. |
| 点検者 | 現地で点検を行った点検者の氏名を記述する. |
| 部材単位の診断 | 部材別に判定区分（Ⅰ～Ⅳ）に分けて記述する. |
| 上部構造　主桁 | |
| 　　　　　横桁 | 5項目について，「Ⅰ健全，Ⅱ予防保全段階，Ⅲ早期措置段階，Ⅳ緊急措置段階」の診断結果を記入する. |
| 　　　　　床版 | |
| 下部構造 | |
| 支承部 | |
| 点検時に記録が必要な事項 | |
| 判定区分 | 現況に応じてⅠ～Ⅳの4段階で記入 |
| 損傷の種類 | 腐食，ひび割れ，破断等 |
| 備考 | 添付する図面の問題箇所の番号，写真番号 |
| 要措置となった場合，措置後を記録する.（判定区分Ⅱ以上の部材に対し記入） | |
| 再判定区分 | 措置後の状態に応じてⅠ～Ⅳの4段階で記入 |
| 損傷の種類 | 腐食，ひび割れ，破断等 |
| 措置および再判定年月日 | 措置日および措置後の再判定日を記入する. |
| 全景写真 | 点検橋梁が判別できるように側面からの全景，起終点側からの路面の全景を撮影し，記録する. |

## 2）状況写真（損傷状況）

- 部材単位の判定区分がⅡ，ⅢまたはⅣの場合には，損傷程度が明確に分かるように撮影し，損傷写真を記載する．
- 写真は，損傷している部分だけでなく，次回以降の点検時に損傷が発生した場合，対比が可能となるように主要な部分の健全箇所も数カ所撮影し，記録することが必要である（**資料1-5**参照）．

**資料1-5　道路橋定期点検の損傷状況写真と判定事例**

## 3）損傷箇所の図示例

当該橋梁の損傷がどの位置でどの程度かを前述したマーク図を基本として記録する．
位置，形状，程度が分かるように可能であれば数値を併記し，記録することが必要である．

①主桁，横桁の損傷箇所図示事例

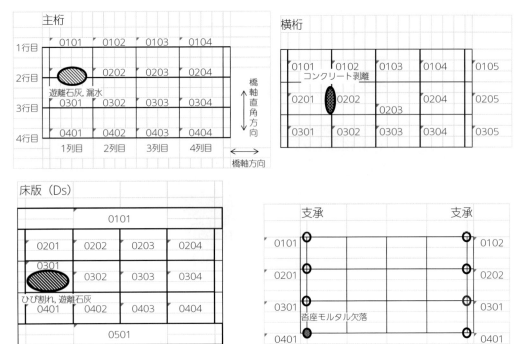

　部材番号は前述したが，例えばMg0205のように部材記号＋数字4桁で表し，数字は2桁ずつで行，列番号を示す．Mg0205は主桁2行5列目を意味する．部材名は他に縦桁（St），横桁（Cr），対傾構（Cf），横構（Lu，Ll），床版（Ds）などと記述する．

## ②橋梁点検表記録様式記入事例

| 橋梁名 | | 路線名 | | 所在地 | | 起点側 | 緯度 | 139°00′00.0″ |
|---|---|---|---|---|---|---|---|---|
| | | | | | | | 経度 | 35°00′00.0″ |
| (ふりがな) | ○○ハシ | (地区名) | (路線) | ○○市○○丁目○○番○○号 | | | | |
| | ○○橋 | | | | | | | |
| 管理者名 | | 点検実施年月日 | 路下条件 | 代替路の有無 | 自専道or一般道 | 緊急輸送路の指定 | 占用物件(名称) |
| ○○県○○市 | | 2008年9月1日 | 道路((地区名)○号線) | 有 | 一般道 | 無 | 無 |

部材単位の診断(各部材ごとに最悪値を記入)　　点検者　○○設計株式会社　　点検責任者　△△□□

| | | 点検時に記録 | | | 措置後に記録 | | |
|---|---|---|---|---|---|---|---|
| 部材名 | | 判定区分(Ⅰ~Ⅳ) | 変状の種類 | 備考 | 措置後の判定区分 | 変状の種類 | 措置および判定実施年月日 |
| 上部構造 | 主桁 | Ⅰ | 健全 | | | | |
| | 横桁 | Ⅱ | ひび割れ | 写真1 | Ⅰ | | 2015年○月○日 |
| | 床版 | Ⅲ | ひび割れ | 写真2　内部の腐食あり | Ⅱ | ひび割れ | 2015年○月○日 |
| 下部構造 | | Ⅰ | 健全 | | | | |
| 支承部 | | Ⅲ | 腐食, ボルトゆるみ | 写真3　変状が進行すると板厚減少が発生 | Ⅰ | | 2015年○月○日 |
| その他 | | Ⅰ | 健全 | | | | |

道路橋ごとの健全性の診断(判定区分Ⅰ~Ⅳ)

| 点検時に記録 | | 措置後に記録 | |
|---|---|---|---|
| 判定区分 | 所見等 | 再判定区分 | 再判定実施年月日 |
| Ⅲ | コンクリートのひび割れにより, 内部の鉄筋の腐食有 | Ⅱ | 2015年×月××日 |

全景写真(起点側, 終点側を記載すること)

| 架設年次 | 橋長 | 幅員 |
|---|---|---|
| 1971年 | ○○.○○m | ○○.○m |

始点側　　　　　　　　　　　　　　　　　　　　　　　　終点側

# 索 引

## あ行

アーチ橋　12, 13, 15, 17, 20, 24, 25, 85, 88, 127, 128, 131
足場板　94, 96
アスファルト系　69, 70
アスファルト針入度　230
アスファルト乳剤　69, 70
アプローチ方法　90
America in Ruins（荒廃するアメリカ）　5
アルカリシリカ反応　82, 157, 167, 168, 259
アルミニウム　54, 113, 118, 230, 238
アンカーフレーム　48, 51
安全靴　90, 95
安全帯　90, 95
安全保護具　94, 95
安全保護用具　90
安定　14, 22, 48, 50, 114, 210
育成　4, 8, 9, 108, 154, 196,
異種金属接触腐食　111, 117
異常時点検　78, 80, 82
一次応力　111, 146
ウイング（翼壁）　49, 202
ウェス
F11T　111, 115, 116
F13T　111, 116
エフロレッセンス　81, 88, 157, 171
L形式　48
遠望目視点検　8, 78, 80, 81, 248
ACCP資格　104, 106, 107
オーバーハング型遮音壁　69, 74
応力集中　21, 25, 31, 111, 118, 125, 129, 146, 153
応力状態　84, 85, 126, 130, 262
温度応力　157, 158, 160, 164

## か行

改質アスファルト乳剤（PKR-4）　70
改質アスファルト舗装　69
開粒度アスファルト混合物　69, 70
街路樹　69
架橋環境　84, 86, 87
拡大鏡　90, 92, 130
滑動　48, 62
加熱アスファルト混合物　69
下部工　12, 13, 48, 51, 56, 62, 88, 92, 219, 263, 270

壁式　13, 71, 72, 200, 204, 205, 209, 236
カメラ　88, 90, 91, 95, 102, 132, 133, 213, 233, 263, 266
乾燥収縮　41, 157, 158, 160, 161, 164, 175, 199, 200
陥没　149, 152, 217, 230, 232
ガードパイプ　69, 71, 72, 230, 236
ガードレール　69, 71, 72, 230, 236
基礎　12, 13, 48, 50, 51, 81, 199, 202, 207, 208, 209, 210, 211
基層　69, 70
木曽川大橋　2
規則性　200
逆T式　48
脚立　90, 93, 94, 149
橋脚　12, 13, 29, 41, 48, 87, 94, 199, 200, 204, 205, 206, 207, 208, 209
橋座　48, 200, 204, 205, 206
橋台　12, 13, 48, 199, 200, 201, 202, 203, 204, 211
橋台背面アプローチ部　48
橋長　8, 12, 16, 48, 85, 225
強風時対策　94, 96
橋面舗装　69, 70, 230, 231, 232, 233
橋梁（コンクリート橋）診断　104, 105
橋梁（コンクリート橋）点検　104
橋梁（鋼橋）診断　104
橋梁（鋼橋）点検　104
橋梁台帳調査　84
橋梁定期点検要領　99, 111, 123
橋梁点検技術者　8, 9
橋梁点検車　84, 89
橋梁の長寿命化　5, 6
橋梁の点検調書　98
極間法　105, 249, 250, 251
局部応力　126, 157, 162, 164, 166, 167
局部腐食　111, 117
記録　3, 78, 79, 84, 86, 91, 92, 98, 99, 102, 103, 131
記録の調査　84, 86
記録媒体　90
記録用具　90, 91
記録様式　98
緊急対応　78, 80, 88, 213
近接目視　3, 8, 78, 80, 81, 82, 88, 90, 111, 129, 134, 148, 149, 171, 248, 267
近接目視点検　3, 8, 9, 78, 80, 81, 82, 90, 129, 148, 149

金属溶射　111, 113, 114, 130

杭基礎　12, 13, 48, 50, 51, 210

くし型鋼製伸縮装置　200, 212

躯体　12, 13, 48, 51, 88, 200, 201, 202, 203, 205, 206, 208, 210, 211

グラウト　32, 33, 159, 174, 181, 248, 263, 264, 265, 266

クラックゲージ　90, 91, 101

クラックスケール　90, 91

クリープ　41, 157, 175, 189, 190, 194, 207

グースアスファルト混合物　69, 70

径間別　98

携行用検査用具　90, 91

傾斜　48, 199, 204, 209, 211, 222, 236, 243

ケーソン基礎　12, 13, 48, 50, 51

携帯型発電機　90

ケーブル型防護柵　69, 71, 230, 236

桁構造　12, 15, 19, 27, 41, 134, 137, 139

桁端部　20, 36, 52, 62, 85, 117, 118, 119, 122, 135, 159, 162, 165, 173

桁橋　12, 13, 14, 16, 17, 18, 19, 20, 35, 36, 37, 38, 39, 40, 85, 119, 127, 145, 163, 180, 183, 184,

ゲルバー　16, 17, 21, 32, 41, 42, 166

健康・衛生対策　94, 96

研修　9, 94

健全度診断　78, 80, 83

現地踏査　84, 87, 94

合格欠陥　249, 256

高機能舗装　69, 230

孔食　111, 117, 118

高所作業車　84, 87, 89, 90, 148

高所作業用器具　90, 92, 93

剛性防護柵　69, 71, 230, 236, 237

剛性舗装　69

構造特性　84, 85

交通整理員　84, 89

交通整理要員　84

高欄　52, 69, 71, 73, 80, 81, 156, 174, 209, 211, 216, 234, 235, 237

黒板　98, 102

個人装着用具　90

骨材分離　230

ゴミ袋　90, 93

ゴム入りアスファルト乳剤　69, 70

ゴム系接着剤　69, 70

コルゲーション　230

コンクリート系 26, 69, 70

コンクリート単柱橋脚　200, 208

コンベックス　98, 100

コンポ橋　32, 35, 38, 40, 41, 183, 184, 185, 186

## さ行

再生粗粒度アスファルト混合物　69, 70

再生密粒度アスファルト混合物　69, 70

細粒度アスファルト混合物　69, 70

座屈　18, 44, 101, 102, 217

酸素欠乏災害防止対策　94, 95

酸素欠乏症　94, 96

酸素濃度　94, 95, 96

シート系防水層　69, 70

資格　82, 104, 105, 106, 107, 196, 213, 245, 249

支間長　12, 14, 16, 33, 34, 35, 36, 37, 38, 39, 43, 180

仕口形式　111, 136, 137, 138

支持機能　48, 51

支持地盤　12, 13, 51

指示模様　249, 250, 252

磁石テープ　90, 92

支承　12, 13, 19, 41, 48, 52, 55, 56, 57, 58, 59, 60, 61, 62, 63, 81, 118, 119, 135, 163, 165, 166, 200, 204, 206, 211, 219, 220, 221, 222, 223, 224

湿食　111, 117

地盤　12, 13, 26, 29, 48, 50, 51, 88, 111, 175, 199, 202, 268

地盤変位　48

磁粉探傷試験　105, 249

締固め不足　157, 171, 176, 199, 230, 231, 233

遮音壁　69, 74, 196, 213, 216, 230, 239, 242, 243

斜角探傷法　249, 253, 254, 255

斜材　2, 12, 13, 14, 23, 25, 43, 88, 121, 122, 141, 142, 143, 152, 153

写真　98, 99, 100, 101, 102, 103

写真の撮り方　98, 100, 101

遮熱性舗装　69, 230

縦断凹凸　230

重力式橋台　48

主桁　12, 13, 18, 19, 20, 21, 29, 35, 36, 37, 38, 40, 43, 45, 88, 118, 120, 126, 127, 128, 131, 136, 139, 140, 145, 160, 161, 164, 181, 190, 191

主構　127, 131, 153

主構造　12, 13, , 14, 17, 33, 34, 46, 131, 157, 187, 216, 217, 243

しゅん功図書調査　84, 85

上・下弦材　12, 13

詳細調査　78, 79, 80, 82, 86, 90, 93, 131, 248, 259

詳細調査用器具　90, 93

床版　12, 13, 18, 19, 21, 26, 27, 28, 29, 33, 34, 35, 38, 40, 46, 47, 53, 54, 69, 81, 88, 118, 119, 120, 127, 128, 129, 134, 142, 147, 149, 151, 161, 167, 171, 172, 174, 177, 179, 182, 184, 185, 186, 192, 193, 194, 195, 230

資料編・索引

281

上部工　12, 13, 48, 50, 85, 211, 219

照明　72, 73, 80, 91, 149, 216, 230, 238, 239

照明器具取付け部　230, 238

書類調査　84, 85, 87, 89

伸縮装置　12, 41, 52, 53, 54, 55, 68, 80, 81, 118, 119, 135, 166, 173, 199, 211, 212, 216, 217, 218, 222, 230

浸食　200, 204, 205, 208

水圧　12, 13, 199

垂直材　12, 13, 25, 121, 127, 128

垂直探傷法　249, 253, 254

すき間腐食　111, 117, 118, 120, 121

スケール　82, 90, 91, 98, 99, 100, 132

スケッチ　98, 99, 100, 101, 102, 103, 131, 157, 213, 233

ステンレス　67, 117, 118, 230, 238

すべり抵抗性　69, 70, 230

ぜい性破壊となる　111, 146

清掃用具　90, 93

赤外線サーモグラフィ試験　104, 106, 107

石油アスファルト乳剤（PK-4）　69, 70

接着層　69, 70

セメントコンクリート舗装　69, 70

洗掘　81, 88, 198, 199, 200, 202, 208, 209, 210, 211

洗浄液スプレー　90, 93

全面腐食　111, 117, 234

走行性　16, 41, 42, 69, 230

掃除機　90, 93

塑性変形抵抗性　69, 70

外ケーブル　32, 43, 44, 262

粗粒度アスファルト混合物　69, 70

損傷位置情報　98, 102, 132

損傷図　98, 99, 226, 228

損傷程度　98, 99, 122, 131

ソールプレート　57, 111, 126, 128, 136, 145, 213, 219

## た行

対傾構　12, 13, 18, 20, 88, 119, 136, 140, 141, 142, 143, 154, 193, 194

耐候性鋼　111, 112, 130

第三者被害　94, 110, 156, 157, 171, 172, 183, 184, 216, 218, 229, 237, 243

打音点検　90, 171, 176, 178, 193, 194, 234, 237, 243

タックコート　69, 70, 233

竪壁（たてかべ）　49

たわみ性防護柵　69, 71, 72, 230, 236, 237

たわみ性舗装　69

単スロープ型　71, 230, 236

単せん断形式　111, 136, 137, 139

中央自動車道・笹子トンネル　2, 3

中間配電盤設置部　230, 238

中性化　82, 157, 167, 169, 199, 202, 237, 248, 257, 258, 259

超音波探傷試験　249

超音波探傷試験装置　93, 111

調査機器　90, 92, 248

直接基礎　12, 13, 48, 50, 210, 211

直壁型　71.230, 236

チョーク　98, 101, 102, 132

ちり取り　90, 93

沈下　48, 81, 111, 175, 199, 202, 204, 207, 209, 210, 211, 217, 221, 224

追跡調査　78, 83, 177, 179, 181, 183, 248, 268

T形　13, 200, 204

定期点検　3, 78, 80, 81, 88, 122, 131, 268

低騒音舗装　69, 230

鉄筋コンクリート　19, 26, 32, 40, 48, 70, 72, 157, 168, 169, 185, 187, 189, 201, 235, 237

鉄筋コンクリート床版　18, 26, 27, 29, 33, 34, 37, 45, 46, 47, 119, 120, 145, 146, 184, 192, 193, 233

鉄筋段落とし部　200, 208

手袋　90, 91

添加剤　230

点検　2, 3, 4, 5, 6, 7, 8, 9, 10, 17, 25, 28, 31, 42, 62, 78, 79, 80, 81, 82, 83, 84, 85, 86, 87, 88, 89, 90, 91, 92, 93, 94, 95, 96, 97, 98, 99, 100, 101, 102, 103, 104, 105, 106, 107, 110, 111, 116, 117, 118, 119, 124, 129, 130, 133, 134, 135, 140, 143, 145, 146, 147, 149, 151, 152, 157, 177, 192, 199, 200, 217, 218, 219, 222, 225, 227, 267

点検技術者　4, 8, 9, 15, 26, 79, 84, 85, 86, 88, 94, 95, 96, 99, 151

点検計画　79, 84, 85, 86, 87, 88, 89

点検項目　84, 88, 90, 147, 237, 243

点検車両　84, 89, 95

点検体制　84, 88, 90

点検の制度化　2, 3

点検ハンマ　90, 92, 95, 130, 157, 171, 176, 221

点検方法　9, 14, 26, 80, 81, 84, 88, 90

点検補助器具　90

点検用装備　90, 91, 93

電磁波法（レーダー法）　261

転倒　48, 93, 94, 96, 208, 235, 238, 243, 269, 271

土圧　12, 13, 48, 199

凍害　67, 174, 175, 199, 200, 201, 202

東京ゲートブリッジ　23, 249, 267, 268, 269, 270

灯具　230, 238, 240

灯具取付け部　230, 238, 239

点検の書式、記入事例

凍結　108, 111, 112, 113, 118, 119, 159, 166, 167, 174, 200, 201

凍結防止剤　108, 111, 112, 113, 118, 119, 166, 167, 201

道路橋の予防保全に向けた有識者会議　2

道路照明　69, 72, 73, 80, 128, 216, 238, 239

道路騒音低減　69

道路標識　69, 74, 80, 128, 216, 230, 239, 240, 241, 242

道路メンテナンス会議　2, 3, 4, 9

土木（橋）配筋探査技術者資格　104, 106

塗膜割れ　8, 9, 100, 124, 129, 130, 134, 135, 148, 149, 213, 248

留め金　230, 238, 270

トラス橋　2, 12, 13, 14, 17, 18, 20, 22, 23, 121, 122, 127, 131, 152, 153

トラス斜材破断　2

## な行

熱中症対策　94, 96

能力　22, 58, 85, 104, 107, 111, 131, 133, 252

ノギス　90, 91

## は行

ハイウェータイプ道路照明　69, 73

排水性舗装　69, 230

配線開口部　230, 238

背面土圧　12, 13

白亜化（チョーキング）　111

白板　90, 92, 98, 102

はく離　35, 42, 55, 81, 82, 88, 92, 112, 113, 158, 167, 168, 169, 170, 171, 174, 175, 177, 178, 179, 180, 183, 184, 186, 189, 193, 199, 200, 201, 202, 204, 205, 208, 217, 230, 233, 234, 235, 237, 238, 243

はしご　90, 93, 94, 149

パラペット（胸壁）　48

半たわみ性舗装　69

反発度法（リバウンドハンマ）　248, 249, 258

控え式　48

膝パッド　90, 91

PC合成床版　45, 47

PC床版　34, 38, 45, 46, 47, 194

PC舗装　69, 70

筆記具　90, 92, 95

非破壊検査　8, 9, 31, 33, 82, 88, 90, 93, 105, 106, 107, 130, 131, 248, 249, 250, 252, 257, 263

微破壊検査　80, 82, 248, 249, 257, 259, 261, 263, 265

非破壊検査に関する資格　104, 105

非破壊試験　91, 104, 105, 106, 107, 168, 258

ひび割れ　32, 42, 55, 70, 81, 82, 85, 88, 91, 93, 99, 101, 118, 120, 151, 152, 157, 158, 159, 160, 161, 162, 163, 164, 165, 166, 167, 168, 169, 170, 171, 172, 173, 174, 175, 176, 177, 179, 180, 181, 182, 183, 186, 188, 189, 190, 191, 192, 193, 194, 195, 199, 200, 201, 202, 204, 205, 206, 207, 208, 211, 222, 224, 230, 232, 233, 234, 235, 237, 248, 259

ひび割れ間隔　200

ひび割れの方向　157, 200

評価　6, 9, 82, 83, 85, 86, 98, 99, 111, 122, 123, 132, 133, 186, 245, 248, 267, 268

標識版　230, 240

表層　54, 69, 70, 170

飛来塩分　15, 111, 112, 114, 118, 166, 167, 168

疲労亀裂　25, 27, 28, 31, 81, 82, 84, 85, 86, 99, 100, 103, 110, 111, 114, 124, 125, 126, 127, 128, 129, 130, 131, 133, 134, 135, 136, 145, 146, 147, 148, 149, 151, 152, 153, 219, 233, 239, 240, 250, 252

疲労破壊抵抗性　69, 70

ビード紋様　98, 103

腐食　2, 15, 26, 33, 56, 67, 68, 81, 82, 85, 88, 93, 100, 111, 112, 113, 114, 116, 117, 118, 119, 120, 121, 122, 123, 135, 147, 153, 159, 165, 166, 167, 168, 169, 170, 171, 174, 176, 177, 179, 181, 183, 184, 186, 189, 193, 199, 201, 202, 209, 219, 220, 221, 222, 224, 225, 226, 228, 229, 234, 236, 237, 238, 239, 240, 243, 261

付属物　52, 81, 84, 99, 125, 128, 216, 217, 218, 230, 240, 248

踏掛版　48, 49

プレキャスト　32, 36, 37, 38, 40, 41, 46, 47, 160, 172, 185, 189, 194, 195

プレストレストコンクリート　16, 18, 26, 32, 42, 44, 47, 105, 228

プレテン　32, 33, 34, 35, 36, 40, 41, 47, 165, 177, 178, 179, 180, 189

フロリダ型　71, 230, 236

粉塵対策　94, 96

平たん性　54, 69, 71, 230

ベースプレート取付け部　230, 238

ヘッドランプ　90

ヘルスモニタリング　108, 249, 267, 269

ヘルメット　90, 91, 95, 97

変位誘起型　111, 126, 127

変形　18, 52, 58, 62, 67, 81, 82, 88, 101, 102, 111, 114, 124, 146, 151, 165, 175, 199, 209, 219, 222, 223, 225, 230, 234, 236, 243, 248

防音壁　69, 74, 230, 242

ほうき　90, 93

資料編・索引

283

防護柵　　52, 69, 71, 72, 80, 209, 211, 213, 216, 230, 236, 237
放射線透過試験　　107, 249, 263
防塵メガネ　　90, 96
防水層　　69, 70
法制度化　　8, 9, 78
ポーラスアスファルト混合物　　69, 70
保水性舗装　　69.230
ボステン　　32, 33, 34, 35, 36, 37, 38, 39, 40, 41, 46, 164, 180, 181, 183, 184, 185, 186, 187, 190
ボックスビーム　　69, 71, 230, 236
ポットホール　　230, 231
ポリッシングはがれ　　230
ポリマー改質アスファルト混合物　　69, 70
本荘大橋　　2

## ま行

前処理　　249, 251, 254
巻尺　　98, 100
マグネット板　　98, 102
摩擦抵抗性　　69, 70
マスク　　90, 96
間詰めコンクリート　　32, 33, 34, 35, 36, 40, 161
マーク線　　230, 240
水抜き孔　　111, 122
密粒度アスファルト混合物　　69, 70
密粒度ギャップアスファルト混合物　　69, 70
ミネアポリス高速道路橋　　2
民間資格　　104, 105, 245
面外変形　　111, 146
メンテナンス元年　　2, 3
メンテナンスサイクル　　3, 5, 6, 75, 80
モニタリング　　97, 108, 249, 257, 267, 268, 269, 271
門形　　13, 29, 204, 205
門型道路標識　　230, 240, 241, 242

## や行

野帳　　79, 90, 92, 100, 102, 132
融解　　159, 174, 200, 201, 259
遊間　　48, 53, 54, 55, 58, 200, 211, 212, 217, 221, 222, 225, 227, 268
有ヒンジ　　32, 41, 42, 187, 188, 189
遊離石灰の析出物　　200
床組　　12, 13, 18, 20, 23, 126, 127, 152
ゆるみ　　81, 85, 88, 90, 92, 115, 116, 135, 148, 199, 209, 219, 221, 222, 224, 225, 228, 234, 238, 239, 240, 243
溶剤型アスファルト接着剤　　69, 70
溶剤型ゴムアスファルト系接着剤　　69, 70

養生シート　　94, 96
溶接ゲージ　　90, 91
要素番号　　98, 99
溶融亜鉛めっき　　111, 113
横桁　　13, 18, 20, 22, 26, 35, 36, 37, 38, 88, 100, 128, 136, 138, 145, 146, 160, 173, 174, 228
横構　　13, 18, 20, 23, 24, 88, 119, 127, 128, 143, 144, 152

## ら行

ラチス式鋼製門型道路標識　　230, 242
ラベリング　　230
リブ補強部　　230, 238
流水部　　200, 205, 208
緑地生育機能　　69
類似の損傷（損傷劣化）事例の収集　　84, 87
連続鉄筋コンクリート舗装　　69, 70
漏洩磁束　　249, 250, 251
路肩部　　66, 69, 71, 236
路面性状調査　　230
路面騒音の低減　　69

## わ行

わだち掘れ　　69, 70, 75, 230, 231, 232

## これならわかる 道路橋の点検

2015年12月11日　初版第1刷発行

編　者　一般財団法人 首都高速道路技術センター
発行者　高橋 功
発行所　株式会社 建設図書
　　　　〒101-0021
　　　　東京都千代田区外神田2-2-17　共同ビル6階
　　　　電話 03-3255-6684
　　　　http://www.kensetutosho.com

著作権法の定める範囲を超えて，本書の一部または全部を無断で複製することを禁じます．
また，著作権者の許可なく譲渡・転売・出版・送信することを禁じます．

製　作　株式会社 キャスティング・エー

ISBN978-4-87459-218-2　　　　　　　　　　Printed in Japan